国家出版基金项目
NATIONAL PUBLICATION FOUNDATION

U0120338

智慧渔业

Intelligent Fishery

李道亮　王聪　著

河南电子音像出版社
·郑州·

图书在版编目（CIP）数据

智慧渔业 / 李道亮，王聪著 . — 郑州：河南电子
音像出版社，2023.8
  ISBN 978-7-83009-496-6

  Ⅰ．①智… Ⅱ．①李… ②王… Ⅲ．①智能技术 - 应
用 - 渔业 Ⅳ．① S951.2

  中国版本图书馆 CIP 数据核字（2022）第 241528 号

智慧渔业

李道亮 王聪 著

出 版 人：张煜		责任编辑：李敏	
责任校对：敖敬华 李晓杰		装帧设计：杨柳	

出版发行：河南电子音像出版社
地　　址：郑州市郑东新区祥盛街 27 号
邮政编码：450016
电　　话：（0371）53610190
印　　刷：河南瑞之光印刷股份有限公司
开　　本：787 mm×1092 mm　1/16
印　　张：23 印张
字　　数：390 千字
版　　次：2023 年 8 月第 1 版
印　　次：2023 年 8 月第 1 次印刷
定　　价：98.00 元

如发现印装质量问题，请联系印刷厂调换。
地址：武陟县产业集聚区东区（詹店镇）泰安路与昌平路交叉口　　电话：0371-63956290

前　言

　　渔业是农业农村经济的重要组成部分，对保障国家粮食安全和重要农产品有效供给、促进农民增收、服务生态文明建设和政治外交大局等具有重要作用。"十四五"期间，渔业将按照"稳产保供、创新增效、绿色低碳、规范安全、富裕渔民"的工作思路，坚持数量质量并重、创新驱动、绿色发展、扩大内需、开放共赢、统筹发展和安全的基本原则，推进渔业高质量发展，统筹推动渔业现代化建设。

　　要想实现渔业现代化，必须用先进的技术去武装。智慧渔业是实现水产养护、拓展和高技术三大发展战略，以及高效、优质、生态、健康和安全可持续发展战略目标的有效途径。农业农村部发布的《数字农业农村发展规划（2019—2025年）》是智慧渔业发展的纲领性文件，文件中"渔业智慧化"部分明确指出，未来一段时期要大力推进智慧水产养殖，构建基于物联网的水产养殖生产和管理系统，推进水体环境实时监控、饵料精准投喂、病害监测预警、循环水装备控制、网箱自动升降控制、无人机巡航等数字技术装备发展普及应用，发展数字渔场。以国家级海洋牧场示范区为重点，推进海洋牧场可视化、智能化、信息化系统建设。大力推进北斗导航技术、天通通信卫星在海洋捕捞中的应用，加快数字化通信基站建设，升级改造渔船卫星通信、定位导航、防碰撞等船用终端和数字化捕捞装备。加强远洋渔业数字技术基础研究，提升远洋渔业资源开发利用的信息采集分析能力，推进远洋渔船视频监控的应用。发展渔业船联网，推进渔船智能化航行、作业与控制，建设涵盖渔政执法、渔船进出港报告、电子捕捞日志、渔获物可追溯、渔船动态监控、渔港视频监控的渔港综合管理系统。

　　智慧渔业的核心内容是智慧水产养殖，按照工业发展理念，以信息和知识为生产要素，以智能装备为载体，通过物联网、互联网、云计算、大数据、人工智能等现代信息技术与水产养殖深度跨界融合，实现水产养殖生产全过程的信息感知、定量决策、智能控制、精准投入和个性化服务的全新养殖生产方式，是水产养殖信息化发展从数字化到网络化，再到智能化的高级阶段。

笔者团队长期围绕先进感知技术、智能信息处理技术、测控系统与智能装备、农业农村信息化战略等研究方向，面向国家重大需求，重点开展水产养殖物联网应用基础性研究、关键技术产品原型研发，积极开展内培外引，将基础理论研究与工程实践紧密结合，自主研发与国际合作相结合，人才培养与科学研究相结合，先后有多个课题获得国家级和省部级资助。本书资料主要是基于团队多年来进行的集约化水产养殖关键技术研究成果的总结和智慧养殖项目实施案例的积累与梳理，其内容是全面、客观和严谨的，出版的宗旨是通过相关内容的介绍，使读者能够对现代渔业领域的基本概念、技术原理、发展历程以及研究现状有一个全面的了解，并通过对具体案例的深入介绍，使读者了解该领域中所采用的技术方法、技术手段以及分析问题和解决问题的技术路径。因此，本书不仅从内容的广度上给读者带来了一个全面的概览性视野，还从理论和技术深度上给读者一个深入的审视性透视，使读者通过本书的内容，全面了解并深刻领会相关领域的技术内容和技术问题。

本书从立项到成稿历时5年，团队博士研究生郝银凤（第一章、第二章）、徐先宝（第三章、第四章、第十五章）、杜玲（第五章、第六章）、杜壮壮（第七章、第八章）以及硕士研究生白壮壮（第九章、第十章）、王广旭（第十一章、第十二章）、李新（第十三章）、邹密（第十四章）对初稿的修改做出了重大贡献，硕士研究生宋朝阳、全超群、白羽、杨建安、于家旋、胡洋参与了本书的文字勘误工作，之后笔者又进行了反复修订和通稿。鉴于本书的内容涵盖面广，涉及的技术领域众多，专业性强，并且具有相当的深度和难度，因此，其中如有不妥和错误之处，望广大读者予以批评指正。

李道亮

2022年11月于北京

目 录

第一章

智慧渔业概述

第一节 智慧渔业的概念与内涵

智慧渔业是运用物联网、大数据、人工智能、卫星遥感、移动互联网等现代信息技术，深入开发和利用渔业信息资源，全面提高渔业综合生产力和经营管理效率的过程，是推进渔业供给侧结构性改革，加速渔业转型升级的重要手段和有效途径。在新一代信息技术的支撑下，数字赋能农业逐渐成为社会发展共识，世界主要发达国家都将数字农业作为战略重点和优先发展方向，加快推动信息技术渗透农业全产业链条，构筑新一轮产业革命新优势。2019 年 2 月，农业农村部、生态环境部等十部委联合印发了《关于加快推进水产养殖业绿色发展的若干意见》（农渔发〔2019〕1 号），明确提出"推进智慧水产养殖，引导物联网、大数据、人工智能等现代信息技术与水产养殖生产深度融合，开展数字渔业示范"。《数字农业农村发展规划（2019—2025 年）》（农规发〔2019〕33 号）明确提出要"渔业智慧化"发展，用数字化引领驱动农业农村现代化，为实现乡村全面振兴提供有力支撑。渔业经济增长方式要向提高资源利用率和产品质量转变。

当前，我国经济发展进入新常态，渔业发展的内外部环境正面临着巨大危机：资源环境约束趋紧，渔业资源日渐枯竭，水域污染严重，濒危物种增多；渔业发展方式粗放，设施装备落后，生产成本上升，效益持续下滑；水生生物疫病增多，质量安全存在隐患。由于水产养殖发展过程中一些长期积累的生产问题、生态矛盾尚未有效化解，渔业转方式、调结构任务日益紧迫，现代渔业建设在新的发展阶段，必须由注重产量增长转到更加注重质量效益，由注重资源利用转到更加注重生态环境保护，由注重物质投入转到更加注重科技进步和从业者素质提高。此外，我国渔业信息化建设已进入快速发展阶段，信息化需求日益增加，但顶层设计不完善、支撑引领作用不充分、保障措施不健全等问题仍亟待解决。

智慧渔业打破了传统的水产养殖模式，它能够有效地化解水产养殖的被动局面并降低风险，通过智能化的管理，以集约化和规模化的生产方式进行水产养殖，从而实现了水产养殖模式的革命性突破。利用人工智能技术，智慧渔业可以在大数据计算的基础上对水产养殖进行智能管控，如：通过对水产养殖的水质进行检测，判定水质是否符合环境卫生要求；通过智能喂养、水体智能增氧的方式管控渔业生产过程。与传统的水产养殖模式相比较，智慧渔业养殖可大大提升养殖效率，降低养殖难度，减少劳动力投入。

智慧渔业是以信息化服务渔业发展为中心，构建"两核一圈"的信息化体系（"两核"即分别以水产品、渔船为核心，"一圈"即智慧渔业生态圈），有效融合水产品、渔港、渔船、船员等的数据，借助互联网、云计算、大数据技术，对海量的渔业数据进行采集和存储，利用大数据技术、模型、算法，从数量巨大和种类繁多的数据中，快速筛选出有价值的信息，化"数"为"据"，分析规律，为渔业领域各种决策与预测提供强有力的数据支撑，实现业务协同、智慧服务，促进渔业高效可持续发展，促使渔业向信息化、智能化、现代化转型升级，加快渔业经济发展。

第二节　智慧渔业的主要技术特征

一、智慧渔业具有高精确性

智慧渔业可利用现代化信息技术最大限度节约使用渔业资源。与传统粗放型的渔业生产不同，智慧渔业具有极高的精确性，它可以通过对养殖水质、环境小气候等环境参数的准确测量及记录，科学制订生产管理计划，合理分配渔业资源，并最终达到绿色生产、少投多得的效果。

二、智慧渔业具有高效性

智慧渔业可运用现代化智能控制技术实现远程自动化农事操作，这种生产方式的改变极大地提升了生产效率，而效率高意味着人工成本更低，对农业资源的消耗也更少。尤其是随着现代渔业的集约化和规模化发展，这种高效率的生产方式更有助于生产管理，实现工厂化生产，进而获得更高的农业生产价值。

三、智慧渔业具有可追溯性

智慧渔业利用现代信息技术，可实现水产品从池塘到餐桌的全程溯源，而消费者可以通过扫描水产品的二维码，快捷地追溯该水产品的全部信息。这种可追溯的管理方式，促进了渔业的规范化和标准化生产，也保证了水产品的品质安全。

四、智慧渔业具有可复制性

传统水产养殖依靠的是经验，而智慧渔业依靠的是技术，经验很难复制，而技术却可以复制。在智慧渔业中，成功的生产经验可以被复制和推广，使用智能化、标准化的方案生产，可以让人人都成为水产养殖专家，不仅彻底改变了传统水产养殖的经验型操作模式，而且让养殖方式实现了质的飞越，智能化程度大大提升，水产养殖经营规模也越来越庞大。

第三节　智慧渔业面临的主要挑战

渔业是人们依托水域资源，对水产资源进行合理开发，并取得人类生活需要的水产品的产业，是我国国民经济中的一个重要组成部分。渔业系统是复杂的，并具有适应性和动态变化的特点。渔业系统按其产业链可分为三大构成要素，即三大产业（图 1-1），三大产业之间关系密切，相辅相成，协同推动渔业系统的完善和我国渔业经济的发展。

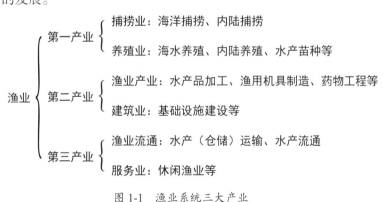

图 1-1　渔业系统三大产业

我国是渔业生产大国，却不是渔业生产强国。20 世纪 80 年代以来，我国水产品市场日益繁荣，政府相继颁布了多项政策以保障渔业的快速发展。在"以养为主"渔业发展方针的支撑下，我国渔业发展迅速，劳动力也得到了充分的解放，在大幅度提高水产品产量的同时，更加注重水产品的鲜度和质量，渔业经济得到空前发展[1]。

随着渔业的快速发展，我国已成为海产品出口大国。但在取得良好成绩的同时，一些问题也逐渐显现出来，如不时出现的水产品质量安全问题、养殖生态环境恶化、渔业资源枯竭等，这些问题的出现严重阻碍了我国渔业的可持续发展[2]。

我国渔业发展所面临的问题主要表现在以下几方面。

一、养殖品种过于单一，支撑服务体系不完善

传统养殖中，养殖品种过于单一，养殖结构大都相似，养殖设施也比较落后，不能做到与时俱进，无法及时地引进优良品种，导致自身竞争力差，未能形成一条特色养殖产业链。同时，由于养殖技术体系不健全，未能建立围绕水产养殖的合作机制。从良种鱼苗的繁育，到养殖过程中的疫病防控，以及生产过程中的标准化产品精加工和产品质量安全检测等方面技术的支撑和服务体系的完善迫在眉睫。

二、生态资源污染严重，渔业资源衰退迅速

随着工农业的发展，农业化肥、农药流失，以及工厂废水、生活污水的乱排乱放，水域环境受到破坏，鱼类生存环境受到严重影响。水域污染和陆源污染的不断加剧，使得水生生物赖以生存的生态环境被破坏，严重影响鱼类的繁殖能力，部分水域渔场出现了"荒漠化"现象，一些近海渔场也出现了不同程度的衰退现象。除此之外，渔业资源的合理利用是关乎我国渔业发展的命脉，我国对渔业资源的利用在很长时间里处在"三无"状态，即无序、无度、无偿，水生生物生存条件的不断恶化，珍稀水生动物濒危程度的不断加剧，加速了渔业资源的衰退[3]。

三、渔业监管力度不大，水产品质检存在隐患

我国对渔业生产的管理采用"统一领导、分级管理"的管理体制，这种体制在实际管理中暴露了很多问题：首先，由于未能考虑渔业资源的特点（即流动性和共有性），在实际运营中，这种分级管理通常更多考虑局部利益而没有顾全渔业宏观发展，由此导致渔业资源不能被充分利用、渔船管理职能未能及时行使；其次，职能部门经费少、监管工作压力大，渔业基础设施得不到正常的维护和保养，处于无人监管的状态；再次，责任划分不明确，机构设置不明晰，渔业管理中的职能和从属责任划分也不统一，进而导致渔业监管不力，阻碍渔业规范化、标准化进程。此外，随着人们生活水平的提高，消费者越来越注重产品的安全性，这就要求确保水产品的质量安全。在我国，由于监管力度不够，水产品质量安全检测方面并未形成完整

的体系，很多水产养殖不合理用药现象较为普遍，水产品药残超标事件屡有发生。体制不健全、技术水平低、质检机构和人员数量少，这些问题的存在制约着我国渔业经济的发展。

四、科技支撑不足，技术装备落后

渔业发展需要科技的支撑，信息化的渔业养殖场背后是先进技术的支撑，科技装备的落后导致渔业资源开发利用不充分，渔业经济发展缓慢。特别是在良种选育研究方面，水产养殖中的主要养殖种类大多依旧是野生鱼苗和改良的品种，人工选育的良种很少。同时，水产品深加工、精加工的重要技术，以及配套产品加工技术的落后在很大程度上制约着渔业结构中第二产业的进一步发展。初级产品比较多，加工的产品比较少，渔业效益也就难以得到有效的提升，进而直接影响水产养殖业的快速发展。此外，技术装备的落后，如渔船老旧耗能高、机械化程度不高、信息化建设落后等也制约着渔业经济的发展。

五、低级产业结构占比较大，高级产业结构发展滞后

目前，在我国渔业产业结构中，第一产业占绝对比重，第二和第三产业占比较少，其主要原因在于我国渔业经济发展模式依然处于原始阶段，主要通过人力、物力捕捞大量鱼类资源来寻求渔业发展，没能向第二和第三产业转型，导致渔业经济总产值中大部分是第一产业创造的。在渔业未来的发展中，渔业生产的精加工以及与渔业相关的休闲、旅游等项目才是推动渔业经济发展的主力。优先发展高级产业是我国渔业经济发展的首要任务。

未来，养殖环节完全依靠设施进行，养殖者通过手机或者电脑屏幕就可以进行操作和控制；水产品加工环节可实现流水线作业，每个环节只需专人监管，无须投入大量劳动力；流通环节上，冷链物流基本实现，车上的温度、鱼的存活状态、物流车的位置、路径优化以及质量追溯等，都可以进行全程监控；销售环节，未来的电商售卖的不仅仅是产品，还会包含食谱和佐料配制。智能渔业实现后，大量劳动力从繁重的体力劳动中解放出来，将会促进第三产业的发展，产业链将会更加细化，每个环节工作会更加细致。机器代替劳力、电脑代替人脑是解决目前劳动生产率、土地产出率、资源利用率低的根本途径，是现代渔业发展的必然方向[4]。

参考文献

[1] 于宁，徐涛，王庆龙，等.智慧渔业发展现状与对策研究 [J].中国渔业经济,2021,39(1):13-21.

[2] 楼卓成.海南省智慧渔业发展现状与建议 [J].科学养鱼,2021(7):73-74.

[3] 童水明，钟红福，邬新宾，等.智慧渔业技术初探 [J].河北渔业,2016(11):58-60.

[4] 邱宇忠.智慧渔业水产养殖模式创建分析 [J].江西水产科技,2020(2):42-44.

第二章

智慧渔业技术体系

本章详尽地阐述了智慧渔业中的技术体系架构，重点介绍了物联网、大数据、人工智能以及智能装备和机器人技术，并对各种关键技术的工作原理和在渔业中的主要应用做了详细的描述，深度分析了在上述领域应用中仍存在的有待解决的问题和困难，同时也分析了未来的发展趋势，并提出了相关政策建议。

第一节　智慧渔业系统构架

　　智慧渔业是指将信息技术贯穿于渔业全过程，进而提高渔业资源配置、组织管理和综合生产效率，促进渔业供给侧改革和转型升级的新型养殖模式。在梳理渔业重点产业环节的基础上，按照"互联网"的发展模式，将智慧渔业分为渔业生产智慧化、基础信息数据化、加工流通智慧化和服务管理智慧化4个方面19个具体领域，如图2-1所示。

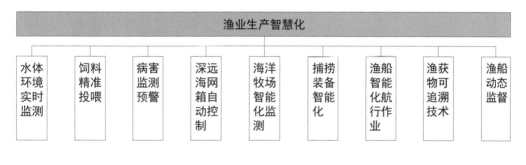

图2-1　智慧渔业4个方面19个具体领域

一、渔业生产智慧化

　　我国水产养殖智慧化研究起步于20世纪90年代。2011年，江苏建立了我国首个物联网水产养殖示范基地。2012年，全国水产技术推广总站开发应用水生动物疾病远程辅助诊断服务网，为基层水产养殖户提供在线的水生动物疾病防控技术咨询和辅助诊断，有效解决了基层水产养殖户"看鱼病难"的问题。在养殖技术优化创新、集中集约水平显著提升和养殖模式丰富多样的基础上，特别是深远海大型网箱养殖、工厂化循环水养殖等产业形式和模式的推广与应用，使水产养殖智慧化技术和产品成为研究重点和销售热点，环境监测、自动投喂、远程监控和病害监测等经济实用、操作简便的管理软件和设施设备应运而生，结合精准识别、智能分析和自动控制等技术，我国建立了精准投喂、繁殖育种数字化管理、疫病监测预警和粪便自动清理等系统，提高了养殖的机械化、自动化和智能化水平。在实践应用基础上，以产业发展需求和服务为导向，我国提出将水产养殖业智慧化发展分类为功能模块和数据产品，并相应提出具体领域子系统。

二、基础信息数据化

我国在 2006 年建立了"全国种植业产品质量追溯系统"，2008 年建立了"农垦农产品质量追溯系统"，此后又建立了"动物标识及疫病可追溯体系"和"水产品质量安全追溯平台"。很多省市相继开发了水产品质量管理与信息服务系统，建设了集智能监管、谣言识别、风险预警等于一体的智能监管平台。如山东省"渔业通"信息化综合服务与管理平台，结合条形码、二维码和无线通信技术，集成无线打印设备，实现了对上市产品从养殖环境到投入品管理，从生产过程控制到销售信息追溯的互联网查询，消费者通过扫描商品条形码，即可查询相关追溯信息。

三、加工流通智慧化

在水产品加工方面，发达国家的水产品加工与流通智慧化发展主要体现在处理装备和加工装备的机械化与自动化上。我国在水产品加工和流通装备领域，冷冻与保鲜装备的连续化、节能化水平也不断提高，冷冻鱼糜加工及鱼糜制品加工生产线、鱼粉加工生产线等装备已经实现国产化。智能化芯片和高速电子器件以及检测仪器的广泛应用，有效地缩短了检测周期；微电子技术和生物传感器的开发利用，使检测仪器逐步走向小型化、便携化和快速化。

四、服务管理智慧化

服务管理智慧化实现了渔业资源、渔情信息、远洋渔业、渔船监管以及渔业互保等渔业生产管理信息平台的一体化展示。远洋渔业和渔业管理领域智慧化发展较快。在远洋渔业领域，早在 20 年前，日本和欧美国家就将 RS（remote sensing，遥感）

技术和 GIS（geographic information system，地理信息系统）技术用于渔场预测。上海今阳信息技术有限公司开发建设的远洋渔业渔情预报信息系统 V2.0，有机融入了 GIS、GPS（global positioning system，全球定位系统）和 RS 技术，具备了地图基本操作、海洋图基本操作、渔情预报和产量分析四大功能，可以准确开展中西太平洋金枪鱼、西南大西洋阿根廷滑柔鱼等 10 个海区（鱼种）的渔情预报，并在海洋地图上直观展现鱼群分布海域以及该区域鱼群产量。在渔业决策指挥方面，深圳市云传物联技术有限公司开发建设了"渔友云"智能水产养殖系统，整合了雷达监控、红外光电、地理遥感、飞行测绘、视频传输和 AIS（automatic identification system，船舶自动识别系统）等信息化领域前端技术，有效破解了各子系统之间的"信息孤岛"问题，形成了上下衔接、互联互通的信息化管理系统平台。洪泽湖应用该管理系统软件，渔政管理实现了科学化和智能化，2018 年湖区非法捕捞案件数量较 2017 年减少了 45%。

第二节　物联网技术与智慧渔业

1995 年出版的《未来之路》一书中首次提及了物联网的基本思路。1999 年，美国 Ashton 教授在研究无线射频识别技术（radio frequency identification，RFID）时提出了物联网的概念。2005 年，在突尼斯举行的信息社会世界峰会上，国际电信联盟（International Telecommunications Union，ITU）发布互联网报告，正式提出物联网概念[1]。2009 年，物联网在我国迅速升温，物联网的概念也在不断更新，物联网被视为互联网的应用扩展，应用创新是物联网的发展核心，以用户体验为核心的创新是物联网发展的灵魂[2]。

物联网是通过将电子标签、条形码等能够存储物体信息的标识嵌入物品，然后这些标识通过无线网络将收集的信息发送到后台信息处理系统，由后台信息处理系统统一管理，从而达到对物品进行实时跟踪、监控等智能化管理的目的。

一、物联网的内涵

物联网的内涵可以从两个方面来讲：从技术上讲，物联网是指物体的信息先是由感应装置采集，再通过无线网络传递至信息处理中心，并实时反馈和监控物体的状态，最终实现物与物、人与物之间的自动化信息交互、处理的智能网络；从应用上讲，物联网是指通过网络把物体连接在一起，从而形成"物联网"，再将其与现有的"互联网"相结合，实现人机交互、人类社会与现实物体的联合，以更加智能的方式去管理生产和生活。

目前，物联网的定义和范围已经不再只是基于 RFID 技术的物联网，单从字面上看就是"物物相连的网络"，这里有两层含义：第一，物联网是在互联网基础上进行延伸和扩展的网络；第二，物联网是扩展到任何物体之间，并且可以进行信息交换和通信的网络。从本质上看，物联网是利用各种感知技术，通过射频识别、红外感应器、全球定位系统、激光扫描器等信息传感设备，按照约定的协议，把任何物体与互联网相连接，进行信息交换和通信，以实现对物体的智能化识别、定位、跟踪、监控和管理的一种网络。

二、物联网技术体系

物联网的价值在于让物体也拥有了"智慧"，从而实现人与物、物与物之间的沟通。物联网的特征在于感知、互联和智能的叠加。物联网的技术体系主要由感知层、网络层、应用层三个层次构成。感知层，即通过一些能够自动感应外部信息并能对信息进行存储的一些传感器、RFID、二维码标签、ZigBee（蜂舞协议）终端节点等器件，并辅以自动感应系统实现信息的监测和收集；网络层，包括接入层、聚合层、核心交换层三个层次，其功能是通过对收集的数据进行打包、传输，保证物联网能够将数据从感知部分快速、安全、准确地输送到应用层；应用层，主要通过中间件技术、海量数据存储和挖掘技术以及云计算支持等手段，实现传感硬件和应用软件之间的物理融合、无缝连接和智能管理。

目前我国物联网普遍使用的是 M2M（Machine to Machine，将数据从一台终端传送至另一台终端）体系的三层体系结构模型。从物联网的体系结构模型来看，各个国家根据国内需求和物联网技术的发展，都已形成了自己的一套体系结构，三层体系结构模型是我国以及国际上最为常见的结构模型，并在此基础之上形成了统一标准。如同计算机网络体系结构一样，物联网各层之间都有着自己独特的关键技术和核心技术。

物联网体系结构的最底层是用于感知和获取数据的感知层；第二层是用于网络通信，进行数据传输、打包的网络层；最上面一层是对接收数据进行管理的应用层。如图 2-2 所示。

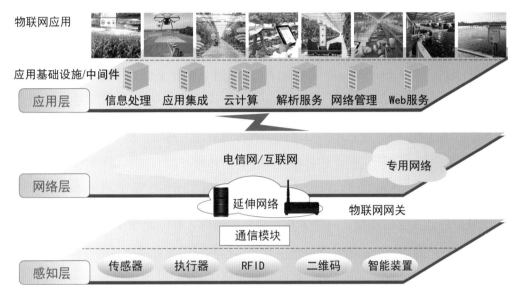

图 2-2 物联网三层体系架构

感知层（图 2-3）是物联网的最底层，也是整个物联网系统的基础，通过感知层可以将真实存在的物理世界与网络世界联系起来。感知层最核心的功能就是通过RFID、ZigBee 终端节点、各类传感器等技术和设备对物体的物理信息进行采集，采

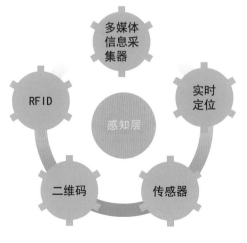

图 2-3 感知层

集的信息包括各类物理参量、环境信息等数据，赋予"物"以身份，并对"物"进行区别。感知层可进一步划分为两个子层：首先是对信息的收集，主要是通过传感器、图像采集仪器等设备对物理世界的数据进行感知和采集；然后通过一些短距离传输技术对收集的数据进行传输，常见的短距离传输技术有 ZigBee、RFID、蓝牙、红外线、工厂现场总线等。特别是当物品仅有唯一识别码的时候，可以只有短距离传输数据这一层。在实际生产生活中，这两个子层有时很难明确区分开。感知层中的关键技术包括传感检测技术、短距离有线和无线通信技术等。

网络层（图 2-4）是在 Internet（互联网）基础之上，利用已经发展起来的无线和有线网络技术，将数据在不同层之间进行传输的庞大网络。这个庞大的网络总体来说是由硬件和协议组成的：硬件由网络设备、传输介质、服务器及计算机终端组成；协议主要是指设定通用的协议，进而形成逻辑上的单一、巨大的全球化网络[3]。互联网是信息社会的基础，解决了长距离传输问题，在一定程度上就实现了远距离监控和管理的功能，这些数据通常由移动通信网、国际互联网、企业内部网、各类专网、小型局域网等网络传输。特别是当三网融合后，有线电视网也能承担物联网网络层的功能，有利于物联网的加快推进。网络层所需要的关键技术包括长距离有线和无线通信技术、网络技术等。

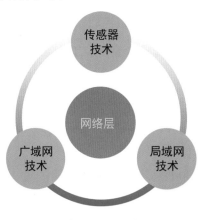

图 2-4　网络层

应用层（图 2-5）是物联网三层体系结构中的最顶层，主要功能是"处理"，是通过对感知层采集的数据进行云计算、数据挖掘等处理，实现对物理世界的实时控制、精准管理和科学决策的智能信息处理平台。应用层按其形态可划分为两个子层：一个是应用程序层，主要借助云计算对收集的海量数据进行处理分析；另一个是终端设备层，借助终端设备实现人机交互、智能决策，给予用户直接使用的各种应用。根据用户需求，可以构建各类管理平台和运行平台，并根据各种应用特点，集成相关的服务内容。为了更好地提供准确的信息服务，还要结合不同行业的专业知识和业务模型，以完成更加精细和准确的智能化信息管理。应用层的设备包括各类用户界面显示设备及其他管理设备，还需要集成、整合各种各样的用户应用需求，并结合专业模型构建面向行业实际应用的综合管理平台。

图 2-5　应用层

物联网体系架构之间的信息传递不局限于单向传递，可有交互、控制等，所传递的信息多种多样，其中最主要的是物理世界的关键信息。三层之间的信息传递形成了一张数据网，在这个过程中，软件和集成电路技术发挥着关键作用。

三、物联网技术与现代渔业的关系

早在 20 世纪 80 年代初，我国渔业经济界就开始了渔业现代化问题的探讨，主要提出了"四化"理论，即渔业科学技术现代化、渔业装备现代化、渔业管理现代化和资源利用合理化。随着物联网技术以及智能装备技术的不断革新，我国的渔业发展融入了更多现代科技，渔业发展取得了举世瞩目的伟大成就，开创了"以养为生、多业并举、绿色发展"的中国特色渔业现代化道路[4]。

纵观人类历史，渔业首先是从捕捞或开采水生动植物的生产活动开始的。随着社会分工的细化，根据需求将渔业内部产业链结构划分为第一产业（捕捞业和养殖业）、第二产业（渔业产业和建筑业）和第三产业（渔业流通和服务业）。传统渔业，以养殖和开发淡水、近海渔业资源为主，经营状态属于封闭型的。随着产业之间边界的突破和某种程度上相互融合的实现，以及网络技术和服务行业的快速发展，先进的科学技术和生产经营方式逐步融入渔业，传统渔业开始与外部产业相互融合，逐渐形成了一个完善的现代渔业产业体系。

现代渔业产业体系具有高产、高效、优质、生态和安全的本质，并具备养殖装备化、经营集约化、操作自动化、作业数字化、物流信息化、技术集成化和生产标准化特征。渔业信息的感知、传输和处理，可以实现渔业生产的精准化、自动化、智能化和标准化。利用二维码、RFID、渔业专业传感器、GPS、遥感等技术实现对渔业环境信息、个体信息的采集和获取；通过传输网络将所采集的信息进行实时传输，终端系统可以利用云计算、数据融合与数据挖掘、优化决策等各种智能计算技术，对渔业感知数据和信息进行融合、分析和处理，做出智能化的决策，实现智能化管理渔业系统[5]。

渔业物联网总体架构如图 2-6 所示。

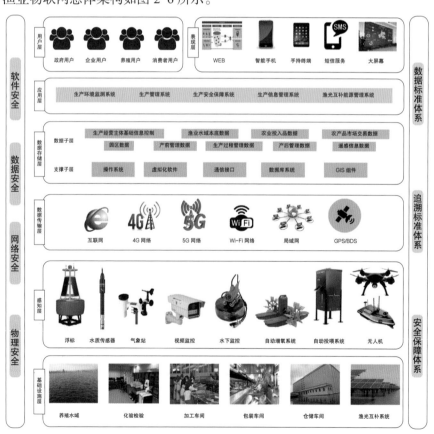

图 2-6   渔业物联网总体架构

（一）渔业物联网关键技术

1. 信息感知技术

信息感知技术是渔业物联网上最基础的环节，主要涉及传感器技术、RFID、GPS 等。新型材料技术、微电子技术、微机械加工技术的快速发展使得传感器技术也得到了大幅度提升，如用于采集水产养殖业中水体溶解氧、酸碱度、氨氮、电导率和浊度等参数的传感器精度和灵敏度得到提升。RFID，俗称电子标签，是一种非接触式的自动识别技术，它通过射频信号自动识别目标对象并获取相关数据。该技术在水产品质量追溯中有着广泛的应用。GPS 具有全天候、高精度、自动化和高效益等显著特点，可实现精准定位，对养殖情况、产品流向、产量等进行实时描述和跟踪。在现有信息感知技术的基础上，基于 EPC（electronic product code，电子产品编码）的物联网系统通过将物品编码技术、射频识别技术、无线数据通信技术等技术相结合，实现单件产品的跟踪和追溯[6]。

2. 信息传输技术

信息传输技术是对渔业信息及时输送、反馈的重要技术，主要涉及无线传感器网络、ZigBee 技术等。目前运用最广泛的是无线传感器网络（wireless sensor network，WSN），是以无线通信方式形成的一个多跳的自组织的网络系统，由部署在监测区域内的大量传感器节点组成，负责感知、采集和处理网络覆盖区域中被感知对象的信息，并将信息发送给信息处理终端。ZigBee 技术是一种基于 IEEE（Institute of Electrical and Electronics Engineers，电气电子工程师学会）802.15.4 标准的双向无线通信技术，被广泛应用在无线传感器网络的组建中，如水环境监测、水产养殖和产品质量追溯等，可用于水产养殖中水体测控等方面[7]。此外，基于 Android（安卓）等移动手机平台系统且具备水产养殖远程监控等功能的信息传输技术的开发，使得远程控制更为方便快捷。

3. 信息处理技术

信息处理技术是实施渔业自动化控制的技术基础，主要涉及云计算（cloud computing）、GIS、专家系统（expert system，ES）和决策支持系统（decision support system，DSS）等信息技术。其中云计算是指将计算任务分布在大量计算机构成的资源池上，使各种应用系统能够根据需要获取计算力、存储空间和各种软件服务。GIS 主要用于建立空间信息数据库和进行空间信息的地理统计处理、图形转换与表达等，为分析差异性和实施调控提供处置决策方案。专家系统指运用特定领域的专门知识，通过推理来模拟通常由人类专家才能解决的各种复杂的、具体的问题，达到与专家具有同等解决问题能力的计算机智能程序系统。决策支持系统是辅助决策者通过数据、模型和知识，以人机交互方式进行半结构化或非结构化决策的计算机应用系统。

4. 智能控制技术

智能控制技术（intelligent control technology，ICT）是控制理论发展的新阶段，主要用于解决那些用传统方法难以解决的复杂系统的控制问题。智能信息处理技术研究内容主要包括 4 个方面：人工智能理论研究，即智能信息获取的形式化方法、海量信息处理的理论和方法，以及机器学习与模式识别；先进的人机交互技术与系统，即声音、视频、图形、图像及文字处理，以及虚拟现实技术与流媒体技术；智能控制技术与系统，即赋予物体智能，以实现人与物或物与物之间互相沟通和对话，如准确地定位和跟踪目标等；智能信号处理，即信息特征识别和数据融合技术。

（二）物联网技术在现代渔业中的应用

物联网技术目前已延伸到渔业的各个环节：水产养殖管理、水产品溯源、水产品供应链、水产品加工、海洋渔业资源监控、海洋环境监测、渔港监管、渔船活动信息收集、渔具辅助设备等[8]。

1. 水质控制

水质是水产养殖的第一要素，俗话说得好，"养鱼先养水""好水养好鱼"，只有在确保水质良好的前提下，才能减少鱼、虾、蟹类的疾病，从而实现高产、优质、高效的目的。在过去，养鱼大多依靠经验，投食时间、投食量均是估摸着进行，这样就存在过少影响生长，过多污染水质、浪费鱼食的情况[9]。采用智能控制管理系统，可以实现对水质的监测，最大限度地优化投饵量。特别是物联网智能控制管理系统能够按实际情况自动启动增氧设备，确保水产养殖过程中不发生因缺氧而导致的水产品死亡事故[10]。

2. 水产养殖环境监测

水产养殖环境监测主要借助于 WSN 水质监测站、溶解氧控制站、现场监控中心、远程监控中心进行。WSN 溶解氧监测站包括 WSN 无线数据采集终端与溶解氧传感器、pH（氢离子浓度指数）传感器、水位传感器、氨氮传感器，主要完成对溶解氧、pH 值、水温、水位和氨氮数据的实时采集、在线数据处理与无线传输功能，实现对现场养殖环境的在线监测，优化管理方式。

3. 远程视频控制

通过在养殖塘口、养殖区出入口及一些重要场所设置探头，实现对养殖水面状况的监控，达到防盗、防逃及水产品养殖过程全程监控，确保水产品质量和安全。在建设水质监测与远程控制系统的基础上，随时随地了解养殖塘内的溶氧量、温度、水质等指标参数情况，根据远程终端内参数标准，对增氧机、投喂机等开关进行实时调节。

4. 水产养殖管理

在水产养殖方面，传感器可以用于水体温度、pH 值、溶解氧、盐度、浊度、氨氮、COD（化学需氧量）和 BOD（生化需氧量）等对水产品生长环境有较大影响的水质参数及环境参数的实时采集，进而为水质控制提供科学依据。中国农业大学李道亮教授团队开发的集约化水产养殖智能管理系统，可以实现对溶解氧、pH 值、氨氮等水产养殖水质参数的监测和智能调控，目前已在全国十几个省市开展了应用示范[11]。

5. 水产品安全溯源

随着人们生活质量的提升，食品安全越来越受到广大消费者的关注。由于近年来"多宝鱼""瘦肉精猪肉"等农产品质量安全事故频发，北京、上海、南京等地已开始采用条码、IC 卡和 RFID 等技术建立农产品质量安全追溯系统，利用 RFID 技术的快速响应特性和信息存储特性来追根溯源，及时掌握出现农产品质量问题的环节。我国结合国情，在物联网追溯技术基础上，增加了对水产品供应链中的物流环节的全程监控与追踪。

6. 基于物联网技术的水产品供应链

作为新式的信息技术手段，在水产品供应链中引入的物联网技术，不仅能提高水产品供应链各个环节的作业效率与质量，还集成了供应链中各环节主体的生产运作信息，包括水产品生产者、加工企业以及经销商之间的信息，实现了无缝衔接，提高了每个个体对供应链整体信息的可见度，有效地控制了供应链中的信息流，提升了供应链管理的柔性。以冷链运输控制为例：通过对水产品在运输过程中的温度、光照等环境条件的智能控制，降低货损率。在车厢中安置车厢控制单元 TCU（telematics control unit，远程信息控制单元），采用 ZigBee 技术实现车厢内部传感器与 RFID 采集数据的传输，并将其传递给车头控制单元 OBU（on board unit，车载单元），而在 OBU 中装有 GPS、基于 RFID/NFC（near field communication，近场通信）的司机身份验证系统、ZigBee 模块和其他管理功能模块，将采集到的 TCU 数据，监测到的车辆速度、位置、转速等信息，以及 RFID 扫描的司机识别信息通过互联网传递给分布式数据采集逻辑单元处理，构建起水产品冷链在途运输的无线传感器网络，最终实现监控中心对车辆的在途运输实时智能监控，保持运输过程的低温等环境，有效降低水产品的在途货损率[12]。

7. 在水产品加工中的应用

一是在原材料入库环节，从生产基地运送到加工厂的活体水产品外包装上贴有 RFID 电子标签，标签中记录了当前批次水产品的生长信息以及健康状况，加工厂检测人员通过扫描电子标签中的信息，对水产品进行筛选和分类，记录原材料检测结果和入库信息，并将读取到的信息传递到生产管理系统中。二是在加工过程中，RFID 系统能够实现对整条生产线的自动识别和跟踪，及时获得产品数量、传送路线、质量水平等与生产工艺直接相关的数据，从而确保整个生产计划的顺利进行。三是当水产品加工完毕后，需要对产品进行冷藏。冷藏间的货架上贴有 RFID/EPC 标签，水产品成品入库时会扫描托盘上的 RFID/EPC 标签，系统将找出对应的货架位置进行存放。冷藏间还装配有数个温度传感器，物联网系统可多点定时采集冷藏间的温度，如果温度超出设定安全范围将自动发出报警信息。当需要查找产品时，只需要在系统中输入产品的名称或条码信息，就可以通过物联网生产管理系统快速找到货物存放的位置，方便货物出库。

8. 海洋渔业资源监测

在沿海大陆架水域，寒、暖流交汇水域，利用物联网技术部署环境参数传感器、实时图像采集系统、海事通信卫星、远洋监测船、遥感航空器、全自动海洋监测站等共同组成立体数据传输网络，通过检测海洋水体温度、盐度、溶解氧含量、浮游生物种类等环境数据，并对数据进行处理，得出渔业生物生长状况资料，为渔业决策部门提供实时海洋渔业资源状况信息。

9. 海洋环境监测

海洋面积广阔，受监测活动区域范围、海上交通和人力的限制，海洋环境监测很难做到全面和及时。物联网以微波通信和卫星通信为数据传输介质，打破了地域、时间限制。数据通过卫星实时传输，以传感技术和网络技术为基础，建立自动海洋环境监测站，在海洋监测船无法到达或不能长期驻留地区对周围环境进行 24 小时不间断监测并实时传输数据，实时反馈污染性质、污染物种类、污染状况、污染来源等一系列信息，提供环境预警信息，为治理和改善海洋环境污染、应对突发海洋环境污染事件、有效保护渔业资源提供帮助。

物联网智能控制管理系统的引进使得水产养殖生产技术日趋完善，通过实施标准化养殖要求，严格控制投入品的使用，以及池塘水质的净化循环使用，保证养殖生态系统的良性循环，减少水产养殖污染，提高生态环境质量，在保证渔业养殖环境的基础上实现渔业经济的可持续发展。

（扫码看视频）

第三节　大数据技术与智慧渔业

一、大数据的基本内涵

"大数据"是继物联网、云计算之后信息技术产业又一次重要的技术变革，已成为数据挖掘和智慧应用的前沿技术，科技已经进入了"大数据"时代。大数据主要来源于大联网、大集中、大移动等信息技术的社会应用，是信息技术从单项应用到多项融合的结果，是信息技术从前端简单处理向后端复杂分析演变的表现，是社会高度信息化的必然产物[13]。

基于大数据的定义，其主要具备以下基本特征：①具备一定级别的数据量，必须达到 TB、PB 级甚至更高；②数据集并非标准数据，数据形式多样化、非结构化特征明显；③数据集中蕴含着巨大的应用价值，值得进一步的分析、挖掘；④对数据集中价值的挖掘需要在一定时间范围内，不能无限制延长。

国际上通过图像识别、机器学习等技术，将农业领域大量结构化和非结构化数据（如天气、土壤、动植物生长发育、市场数据、社交媒体等）转化为知识，并提供智能决策，实现部分或全部替代人工决策，在节省时间、增加安全性的同时，减少潜在的人为错误，大幅度提高决策的科学性和准确性。目前，美国、荷兰、以色列、日本等国家在农业数字模型与模拟、农业认知计算与农业知识发现、农业可视交互服务引擎等技术、算法、模型方向处于国际领先地位。我国在大数据研究领域已提出指导性方针，《国家中长期科学和技术发展规划纲要（2006—2020 年）》《"十三五"国家战略性新兴产业发展规划》中都提出要加强大数据与各行业的深度融合与应用创新，努力突破数据采集、存储、清洗、分析、挖掘、可视化、安全性等方面的难点，利用大数据相关技术变革传统行业的生产管理模式，使其科学化、智能化。

水产养殖大数据技术架构如图 2-7 所示，金字塔右面是水产养殖业中所应用大数据技术的总称及其所处层次，左面是相应层级所包含的主要技术类别。金字塔底层是海量水产养殖大数据的来源，自下而上，数据采集技术用于采集水产养殖生产、

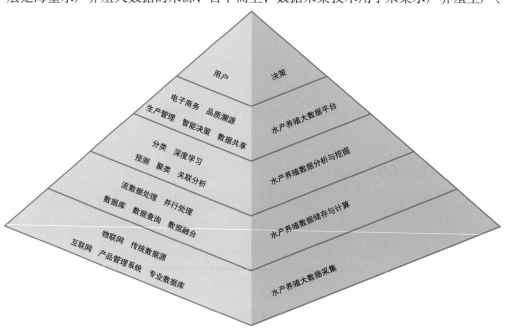

图 2-7　水产养殖大数据技术架构

加工和销售过程中产生的数据；数据存储与计算技术用于存储和处理水产养殖数据；数据分析与挖掘技术用于构建水产养殖数据分析与挖掘模型；所有数据会集成在水产养殖大数据平台上；将数据分析结果和数据服务提供给用户进行决策。每个层次的数据量依次递减，但每个层次中数据的价值却依次递增。

二、大数据关键技术

（一）关系型数据管理技术

为了从数据中获取有用信息、发现知识并加以利用，进行预测和指导决策，必须对数据进行深度的分析，而不是仅仅生成简单的报表。这些复杂的分析依赖于复杂的分析模型和工具。关系数据库技术经过了几十年的发展，已成为一门成熟的、不断演进的主流数据管理和分析技术。关系数据管理的主流技术包括 OLTP（online transaction processing，联机事务处理）和 OLAP（online analytical processing，联机分析处理）应用，以及数据仓库等。SQL（structured query language，结构化查询语言）作为存取关系数据库系统的标准语言，经过不断扩充，其功能和表达能力不断增强。但是在大数据时代，由于数据类型、数据量等均发生了巨大变化，面对海量的半结构化和非结构数据，关系数据管理技术丧失了优势，其主要原因是关系数据管理系统（并行数据库）的扩展性遇到了前所未有的障碍和瓶颈，不能胜任大数据分析的要求，难以依赖简单的技术进行分析和提取知识。关系数据管理的对象主要是标准化的结构化数据，即可以用二维表结构来实现逻辑表达的行数据，并存储在数据库里，目前成熟的数据库大多都是结构化的设计。但在实际应用中，非结构化数据逐步上升为主导地位，包括所有格式的办公文档、文本、图片、XML（extensible markup language，可扩展标记语言）、HTML（hypertext markuplanguage，超文本标记语言），以及各类报表、音频和视频信息，等等。因此，关系型数据管理技术在大数据时代面临着巨大的挑战。

（二）大数据核心技术

大数据核心技术是基于存储的计算，从本质上来说，大数据主要解决的是海量数据搜集、存储、计算、挖掘、展现和应用等问题。可以将其简单归纳为三个层面：大数据的云存储（计算资源虚拟化）、大数据处理（云计算模型）和大数据挖掘（各类算法库、模型库构建）。从为用户服务的角度，还应提供更多的应用功能：可视化交互分析引擎，提供启发式、人机交互、可视化数据挖掘新技术，具备海量数据挖掘高度人机交互功能；建立工作流引擎，为用户创建海量数据处理、分析流程提供图形化流程设计工具，自动执行用户创建的数据处理分析流程，提供资源调度及优化服务；提供 Open API（开放平台）功能，并通过平台的接口与第三方应用系统连接，以做更多的数据挖掘等。

三、大数据在智慧渔业中的应用

大数据在智慧渔业中的应用主要包括以下几个方面。

一是基于智能终端、移动终端、视频终端、音频终端等现代信息采集技术在渔业生产、加工以及水产品流通、消费等过程中广泛使用，文本、图形、图像、视频、声音、文档等结构化、半结构化、非结构化数据被大量采集，渔业数据的获取方式、获取时间、获取空间、获取范围、获取力度发生了深刻变化，极大地提高了渔业数据的采集能力。

二是跨领域、跨行业、跨学科、多结构交叉、综合、关联的渔业数据集成共享平台取代了关系型数据库成为数据存储与管理的主要形式，基于数据流、批处理的大数据处理平台在水产养殖业中的应用越来越广泛，交互可视化、社会网络分析、智能管理等技术大量应用在水产养殖业生态环境监测、水产品质量安全溯源、智能装备等环节。

三是渔业产业链各个环节中的主体——政府、科研机构、高校、企业达成了竞争与合作的平衡，水产养殖业大数据协同效应得到了更好的体现，渔业大数据形成了一个可持续、可循环、高效、完整的生态圈，数据隔离的局面被打破，不同部门乐于将自己的数据共享，全局、整体的产业链得以形成，数据获取的渠道通畅，成本大大降低。

四是大数据的理念、思维被政府、企业、农民广泛接受，海量的水产养殖业相关数据成为决策的依据和基础，天气信息、食品安全、消费需求、生产成本、市场价格等多源数据被用来预测水产品价格走势、水质变化、水产品质量、气候变化、饲养品种、养殖技术、产业结构等多种因素被用来分析水产品安全问题，政府决策更加精准，政府管理能力、企业服务水平、劳动人员生产能力都得到了大幅度提高。

（扫码看视频）

第四节　人工智能技术与智慧渔业

一、人工智能概述

随着物联网、大数据、人工智能等新一代信息技术的不断进步，在水产养殖中利用机器替代人工成为可能。其中，农业物联网技术可感知和传输养殖场信息，实现智能装备的互联；大数据与云计算技术可以完成信息的存储、分析和处理，实现养殖信息的数字化；人工智能技术作为智能化养殖中最重要的一部分，通过模拟人类的思维和智能行为，学习物联网和大数据提供的海量信息，对产生的问题进行分析和判断，最终完成决策任务，实现养殖场精准作业。物联网、大数据和人工智能三者相辅相成，深度融合，共同为加快完成我国水产养殖转型升级提供技术支持。与传统技术相比，人工智能技术侧重对问题的计算、处理、分析、预测和规划，这也是实现机器代替人工的关键。人工智能技术在水产养殖中应用的总体结构、过程和相关技术如图2-8所示。在传输和收集数据之后，通过人工智能技术进行数据归纳、分析以及经验学习，最后制定相关管理决策。

二、人工智能在智慧渔业中的应用

人工智能技术在水产养殖中主要应用在生命信息获取、生长调控与决策、疾病预测与诊断、环境感知与调控、水下机器人等领域。

（一）水产生物生命信息获取

现代水产养殖中主要依靠传感器获取鱼、虾、贝等水产生物的生命信息，这些信息不仅量大而且杂乱，难以被充分利用。作为实现"机器换人"的关键技术，人工智能技术的首要任务就是获取水下生物生命信息，具体内容为种类、行为识别和生物量估算。其中种类和行为识别的主要对象为鱼类，该过程是利用水产养殖对象

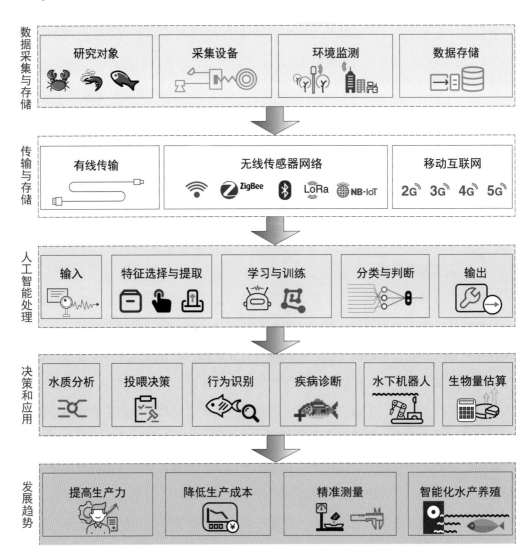

图 2-8　人工智能为智慧渔业提供技术支持逻辑框图

的外部特征进行相关生命信息的获取，这些特征信息也是开发、应用水产养殖领域智能化监测方法的数据基础。种类识别过程必须排除输入的多余信息，抽取出关键的信息，并将分阶段获得的信息整理成一个完整的知识印象。人工智能技术应用于水产养殖信息获取关键技术的主要技术方法、具体流程如图 2-9 所示，其中需要获取的水产生物个体信息主要包括种类识别、行为识别和生物量估算。

（二）水产生物生长调控与决策

1. 生长决策调控

人工智能技术在生长决策调控中的应用主要是根据环境参数以及一个养殖周期

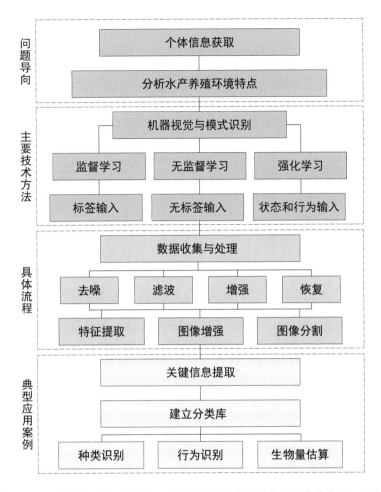

图 2-9　人工智能技术应用于智慧渔业信息获取关键技术的主要技术方法和流程

内生物的体长、体重等数据，利用计算机分析体重与各个环境因素之间的关系，建立其相应的生长模型，再通过决策支持系统综合模型结果，提出高效的生长调控方案，实现生长阶段智能化控制。基于人工智能技术的生长调控决策支持系统通常包括数据库、模型库、策略评估系统、人机接口和用户界面等，具有系统性、动态性、机理性、预测性、通用性、研究性等特点。

2. 智能投喂控制

智能投喂控制可分为检测残饵决定投喂量和分析行为确定摄食强度估测投喂量两种方法。水产养殖中的投喂工作是一个复杂的系统工程，受多种因素影响。由于鱼类等水生动物运动速度快，其运动会引起身体重叠、遮挡等不利因素，从而影响监测方法的准确性。通过了解水产养殖环境、生物生理和饵料质量等因素对鱼类摄

食行为和生长的持续影响，将人工智能技术和大数据、物联网等技术结合，采用多信息融合的方法，从多个角度获取所需数据，可以有效弥补因个体重叠以及监测技术单一造成的数据丢失等缺憾。

（三）鱼类疾病预测与诊断

基于人工智能技术的鱼类疾病预测主要是利用水质监测结果，建立鱼类疾病预测模型，构建完善的鱼类疾病预测系统。基于人工智能技术的鱼病诊断常用方法为基于模型诊断和基于案例推理、知识库比对诊断，这两种方法可以实现鱼类疾病快速、大规模诊断。

（四）水产养殖环境感知与调控

水环境是水生生物赖以生存的环境，水环境的优劣将直接影响水生生物的生长和发育情况。优质的水环境是保障水产养殖产量和质量的关键因素。基于人工智能技术的水产养殖环境调控主要集中在水质预测和增氧控制两方面。

基于人工智能技术的水质环境预测是指借助计算机软、硬件技术，寻求某些不能或者不易测量的变量与其余易获取变量之间的关系，通过测量相关的辅助变量，间接地获取被估计主导变量的含量，常用方法包括灰色预测法、回归分析、神经网络和支持向量机等。

基于人工智能的增氧方法是指利用传感器等监测设备对水体中的溶解氧含量进行实时监测，再将获取的数据通过物联网反馈给智能控制系统，智能控制系统根据适于该养殖场内生物生长溶解氧含量的上限和下限，对增氧机进行智能控制，从而提高操作的可靠性和易用性，节省大量人力、物力。基于人工智能进行增氧控制的方法主要可分为直接控制和预测控制两种。直接控制是指智能系统根据水质实时环境直接制订方案进行控制，常用方法有模糊控制和专家系统控制两种。预测控制是指在充分掌握溶解氧变化规律的基础上进行的智能控制，常用的方法有时间序列、数理统计、神经网络以及支持向量机等，或者几种方法结合使用。

（五）水产养殖水下机器人

水产养殖水下机器人又称为无人水下潜水器，是指可以对水产养殖水体环境进行远程监测、感知养殖对象信息和实现智能作业功能的机器人，可实现清理、放苗、饲养、管理、收获等智能化作业。水下机器人将人工智能、探测识别、信息融合、智能控制、模式识别、系统集成等技术应用于同一载体上，具有良好的可操作性和准确性。

（扫码看视频）

第五节　渔业智能装备与机器人技术

一、智能装备内涵

智能装备是指具有预测、感知、分析及决策功能的各类制造装备，统称智能制造装备，它是先进生产制造技术、互联网技术和人工智能技术的集成与深度融合[14]。智能装备是国家高端装备制造业发展的重点，也是信息化工业与装备制造技术融合的具体表现。

智能制造在行业上并没有比较具体的定义，我国"2015年智能制造试点示范专项行动"中将智能制造定义为基于新一代信息技术，贯穿设计、生产、管理、服务等制造活动各个环节，具有信息深度自感知、智慧优化自决策、精准控制自执行等功能的先进制造过程、系统与模式的总称。智能制造一般分为四个环节：智能设计、智能生产、智能管理、智能服务。

近年来，随着国家对智能制造装备的扶持力度不断加大，我国对智能制造的发展越来越重视，研究项目和研究资金有了大幅增长。《"十四五"智能制造发展规划》《智能制造装备发展专项》等相关政策的颁布，在一定程度上规范了智能制造装备产业，加快了智能装备的创新发展和产业化，为产业转型升级起到了积极的推动作用。在此基础之上，我国以新一代多融合传感器、成套自动化生产线、智能化控制系统为代表的智能制造装备产业体系初步形成，拥有了一大批具有自主知识产权的智能制造装备[15]。

智能制造的特征在于数据的实时感知、优化决策、动态执行等三个方面[16]。

一是数据的实时感知。智能制造需要大量的数据支持，通过利用高技术含量的传感器对物理世界信息进行实时采集、自动识别，并将采集的信息传输到分析决策系统，实现数据的实时收集、处理。

二是优化决策。以深度学习、大数据、人工智能等技术为基础，对面向产品全生命周期的海量异构信息进行一系列的挖掘提炼、计算分析、推理预测，形成优化制造过程的决策指令。

三是动态执行。根据优化的决策指令，通过指令控制执行系统完成执行系统对制造过程的状态调整，实现稳定、安全的运行和动态调整。

智能装备一般由感知系统、决策系统、运动控制系统和执行系统组成。

感知系统：感知系统是整个智能装备体系的基础，是智能的输入和起点。感知系统模拟智能体的视觉、听觉、触觉等，通过参考人类的智能去解决实际问题，仿真人类的智能，因此在人类基础之上会发展出各种超越人类感知能力的传感器，比如超声、红外传感器等。目前感知系统是智能装备高速发展的一个方向，更新、更高精度的传感器是研究者和业界不懈追求的目标。智能装备常用的传感器有视觉传感器（如摄像头）、距离传感器（如激光测距仪）、射频识别传感器、声音传感器、触觉传感器等。

决策系统：决策系统相当于人的大脑，是"智能"的核心所在。决策系统根据各种感知系统收集的信息，进行复杂的决策计算，优化并输出合理的指令，指挥控制系统来驱动执行系统，从而最终实现复杂的智能行为。智能决策系统是目前智能装备发展的瓶颈。

运动控制系统：运动控制系统是智能装备发挥作用的桥梁，通过对感知系统获取的信息进行分析、处理，借助系统的计算、存储能力，在智能算法基础上，给运动控制系统下达特定的复杂指令。

执行系统：执行系统赋予传统机械执行机构"智能"，通过将现有的机械执行机构进行结构的改进以及算法优化控制，实现高精度、高稳定性的操作，通过将各类传感器与末端执行器相融合，构建各类功能复杂的执行系统。

二、智能装备技术体系

智能制造的本质是实现贯穿企业设备层、控制层、管理层等不同层面的纵向集成，跨企业价值网络的横向集成，以及产品全生命周期的端到端集成。2015 年 12 月，我国发布了《国家智能制造标准体系建设指南》，提出了从生命周期方面、系统层级方面、智能功能方面三个维度构建智能制造参考架构模型，有助于认识和理解智能制造标准的对象、边界、各部分的层级关系和内在联系[17]。智能制造标准化参考模型如图 2-10 所示。

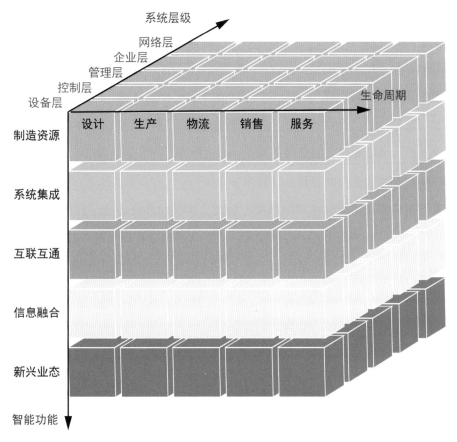

图 2-10　智能制造体系架构

智能制造体系架构自下而上分为五层。

第一层是设备层，包括传感器、仪器仪表、条码、射频识别、数控机床、机器人等装置，是企业进行生产活动的物质技术基础。

第二层是控制层，包括可编程逻辑控制器（programmable logic controller，PLC）、数据采集与监视控制（supervisory control and data acquisition，SCADA）系统、分布式控制系统（distributed control system，DCS）、现场总线控制系统（fieldbus control system，FCS）、工业无线控制（wireless networks for industrial automatic，WIA）系统等。

第三层是管理层，由控制车间 / 工厂进行生产的系统构成，主要包括制造执行系统（manufacturing execution system，MES）、产品生命周期管理（product lifecycle management，PLM）软件等。

第四层是企业层，由企业的生产计划、采购管理、销售管理、人员管理、财务管理等信息化系统构成，实现企业生产的整体管控，主要包括企业资源计划（enterprise resource planning，ERP）系统、供应链管理（supply chain management，SCM）系统和客户关系管理（customer relationship management，CRM）系统等。

第五层是网络层，是由产业链上不同企业通过互联网共享信息而实现的协同研发、配套生产、物流配送、制造服务等。

智能制造九大关键智能基础共性技术如下。

一是新型传感技术，包括高灵敏度、精度、可靠性和环境适应性的传感技术，采用新原理、新材料、新工艺的传感技术，微弱传感信号提取与处理技术。

二是模块化、嵌入式控制系统设计技术，包括不同结构的模块化硬件设计技术、微内核操作系统和开放式系统软件技术、组态语言和人机界面技术，以及实现统一数据格式、统一编程环境的工程软件平台技术。

三是先进控制与优化技术，包括工业过程多层次性能评估技术、基于海量数据的建模技术、大规模高性能目标优化技术、大型复杂装备系统仿真技术、高阶导数连续运动规划、电子传动等精密运动控制技术。

四是系统协同技术，包括大型制造工程项目复杂自动化系统整体方案设计技术以及安装调试技术、统一操作界面和工程工具的设计技术、统一事件序列和报警处理技术、一体化资产管理技术。

五是故障诊断与健康维护技术，包括在线或远程状态监测与故障诊断、自愈合调控与损伤智能识别以及健康维护技术，重大装备的寿命测试和剩余寿命预测技术，可靠性与寿命评估技术。

六是高可靠实时通信网络技术，包括嵌入式互联网技术、高可靠无线通信网络构建技术、工业通信网络信息安全技术和异构通信网络间信息无缝交换技术。

七是功能安全技术，包括智能装备硬件和软件的功能安全分析、设计、验证技术及方法，建立功能安全验证的测试平台，研究自动化控制系统整体功能的安全评估技术。

八是特种工艺与精密制造技术，包括多维精密加工工艺，精密成型工艺，焊接、粘接、烧结等特殊连接工艺，微机电系统技术，精确可控热处理技术，精密锻造技术等。

九是识别技术，包括低成本、低功耗 RFID 芯片设计制造技术，超高频和微波天线设计技术，低温热压封装技术，超高频 RFID 核心模块设计制造技术，基于深度学习的三维图像识别技术，物体缺陷识别技术。

（扫码看视频）

第六节　智慧渔业的发展趋势

未来在资源、技术、空间和环境等多重因素叠加作用下，发展智慧渔业可以加速培育产业发展新动能，推动水产养殖业向绿色发展和信息化时代转型升级。张瑞敏曾说"鸡蛋从外面打破只是人们的食物，但从内部打破就会是新的生命"，发展智慧渔业就是实现传统水产养殖向现代水产养殖转变的助推器和加速器。成本要降低，数据要增值，数据已成为关键生产要素。未来渔业发展应以水产品、渔船、渔港、船员为主体，以物联网、云计算、大数据、人工智能等技术为支撑，以政府、企业和公众为服务对象，深入分析水产养殖、捕捞、渔政、渔业产业、渔业执法等渔业领域不同部门的信息化需求及价值实现需求，建设一整套智慧渔业解决方案，提供综合型智慧渔业信息化建设和运营服务。

本章小结

智慧渔业代表着最先进的水产养殖生产力，可以极大地提高劳动生产率，提高资源利用率和单位水资源产出率，实现渔业劳动力的彻底解放，是未来渔业的发展方向，也必将引领数字渔业、精准渔业等现代渔业方式的发展。智能化技术是新一代信息技术的高度集成和综合应用，是支撑智慧渔业自动化作业、信息互联互通的关键。本章详尽地阐述了智慧渔业中的技术体系架构，重点介绍了物联网、大数据、人工智能以及智能装备和机器人技术，并对各种关键技术的工作原理和在渔业中的主要应用做了详细的描述，深度分析了在上述领域应用中仍存在的有待解决的问题和困难，同时也分析了未来的发展趋势，并提出了相关政策建议。渔业特有的生产方式、气候条件、地理位置、局域环境、生物组成等因素的不确定性制约着智能技术在渔业中的大范围应用，目前基于智能化技术在水产养殖中的各项应用大多处于试验阶段，不能有效地转成产业。尽管如此，智能技术仍然在数据处理、信息提取、实时监测、决策管理等方面为水产养殖提供了相对高效的技术方法。本文力图使读者了解智慧渔业技术体系及相关集成方法，以期作为未来无人渔场建设的理论依据。

参考文献

[1] 刘润暄. 浅析物联网技术的发展及应用 [J]. 中国新通信 ,2018,20(21):108.

[2] 唐琳. 物联网技术研究现状及其体系结构分析 [J]. 赤峰学院学报 (自然科学版),2013(11):14-15.

[3] 许敏 , 刘亚辉 . 物联网技术体系架构 [J]. 数字通信世界 ,2015(12):43-47.

[4] 杨子江 , 刘龙腾 、李明爽 . 四十年来我国渔业发展阶段与重大改革举措 [J]. 中国水产 ,2018(10):61-63.

[5] 史磊 , 高强 . 现代渔业的内涵、特征及发展趋势 [J]. 农业经济与管理 ,2009(3):7-10.

[6] 传道授业解众惑 经世致用展雄才 : 访中国农业大学信息与电气工程学

院教授、中国渔业物联网与大数据产业创新联盟执行理事长李道亮 [J]. 中国水产 ,2016(9):54-56.

[7] 张红燕 , 袁永明 , 贺艳辉 , 等 . 物联网技术在现代渔业中的应用 [J]. 农业网络信息 ,2014(6):8-11.

[8] 周洵 , 杨丽丽 . 物联网与中国渔业 [J]. 中国水产 ,2015(2):37-39.

[9] 李健华 . 发展现代渔业面对的三大安全问题 [J]. 中国水产 ,2007,385(12):8-10.

[10] 麦绿波 , 徐晓飞 , 梁昀 , 等 . 智能制造标准体系构建研究 [J]. 中国标准化 ,2016(10):101-108.

[11] 李道亮 . 物联网支撑现代渔业　大数据助推产业升级 [J]. 中国科技产业 ,2016(2):78-79.

[12] 朱祥贤 , 卢素锋 .ZigBee 技术在水产养殖业中的应用 [J]. 现代电子技术 ,2009,32(23):168-170,181.

[13] 郭雷风 . 面向农业领域的大数据关键技术研究 [D]. 北京 : 中国农业科学院 ,2016.

[14] 段新燕 . 智能制造装备的发展现状与趋势 [J]. 中外企业家 ,2017(8):115.

[15] 何汉斌 . 智能制造装备的发展现状与趋势 [J]. 科学技术创新 ,2018(31):150-151.

[16] 徐新新 , 孝成美 . 智能制造能力评价体系研究 [J]. 智慧工厂 ,2018(6):59-62.

[17] 国家智能制造标准体系建设指南（2021 版）[EB/OL].http://www.gov.cn/zhengce/zhengceku/2021-12/09/content_5659548.htm.

第三章

渔业智能传感技术

本章围绕水产养殖生产过程中水质和环境检测的需求，介绍了几种常规环境和水质参数的定义、检测方法和变送技术，重点讲述了可以比较方便接入农业物联网的相关水质和环境传感器的结构及工作原理。

第一节　概述

本章围绕水产养殖生产过程中水质和环境检测的需求，介绍了几种常规环境和水质参数的定义、检测方法和变送技术，重点讲述了可以比较方便接入农业物联网的水质和环境传感器的结构和工作原理。

传感器是把被测量的信息转换为另一种易于检测和处理的量的独立器件或设备，传感器的核心部分是具有信息形式转换功能的敏感元件。在物联网中，传感器的作用尤为突出，是物联网中获得信息的唯一手段和途径，物联网依靠传感器感知每个物体的状态、行为等信息。传感器采集信息是否准确、可靠、实时，将直接影响控制节点对信息的处理与传输。传感器的特性、可靠性、实时性、抗干扰性等性能，对物联网应用系统的性能起到举足轻重的作用。在农业水质监测方面，传感器可以用于水体溶解氧、氨氮、电导率、pH、浊度、叶绿素等对水产品生长环境有重大影响的水质及环境参数的实时采集，进而为水质预测和调控提供科学依据。

养殖水体信息感知，指包括养殖水体溶解氧、水温、pH、电导率、氨氮、浊度、叶绿素等影响养殖对象健康生长的水体多参数信息获取。

一、溶解氧

溶解氧是水体经过与大气中的氧气交换或经过化学、生物化学等反应后溶解于水中的氧，用"DO"表示。水中溶解氧的含量与空气中氧的分压、水温、水的深度、水中各种盐类和藻类的含量以及光照强度等多种因素有关。溶解氧是决定养殖成败的一个非常重要的因素，是病害是否发生的一个决定性因素。

二、水温

水温是养殖水质监测的一个基本参数，用来校正那些随温度而变化的参数，如酸碱度、溶解氧等，传感元件主要采用铂电阻温度计。

三、pH

pH 也叫作氢离子浓度指数，是溶液中氢离子浓度的一种标度，也就是通常意义上溶液酸碱程度的衡量标准，标示了水的最基本的性质。通过控制水体弱酸、弱碱的离解程度，降低氯化物、氨、硫化氢等的毒性，防止底泥重金属的释放，对水质的变化、生物繁殖的消长、水体的腐蚀性、水处理效果等均有影响，是评价水质的一个重要参数。

四、电导率

电导率是水质无机物污染的综合指标，测量电导率的传感器主要有两种——接触型和无电极型传感器。前者适用于测定比较干净的水质，而后者适用于测定污水，且有不易被污染、不易结垢的特性。

五、氨氮

氨氮是水产养殖中重要的水质理化指标，养殖水体中的氨氮主要来自水体生物的粪便、残饵及死亡藻类。氨氮浓度升高，会制约鱼类生产，是造成水体富营养化的主要环境因素。就养殖水体而言，氨氮污染已成为制约水产养殖环境的主要胁迫因子，影响鱼虾类生长和降低其对不良环境及疾病的抵抗能力，成为诱发病害的主要原因。

六、浊度

浊度是表示水的透明程度的量度，浊度升高显示出水中存在大量的细菌、病原体或某些颗粒物。这些颗粒物可能保护有害微生物，使其在消毒工艺中不被去除。无论在饮用水、工业过程或产品中，浊度都是一个非常重要的参数，浊度高意味着水中各种有毒、有害物质的含量高。因此，水的浊度是一项重要的水质指标。通常采用散射光测量方法，通过测定液体中悬浮粒子的散射光强度来确定液体的浊度。

环境小气候信息感知包括空气温湿度、大气压、光照度和二氧化碳（CO_2）等影响养殖对象健康生长的环境多参数信息获取。空气温湿度和大气压的变化会影响养殖水体中各类溶解盐的饱和度，低气压和高湿度极易造成水体严重缺氧，让水产动物产生不适，引发养殖对象应激反应。水产动物的正常生理活动都会直接或间接受到光照的影响，光照被认为是引起鱼类代谢系统以适当方式工作的指导因子。另外，光照能促进养殖水域浮游植物的光合作用，增加水体溶氧量，改善水生动物的生活环境。CO_2 对水产养殖动物和水环境有较大影响，是水生植物光合作用的原料，缺少 CO_2 会限制水生植物的生长、繁殖；高浓度 CO_2 对养殖动物有麻痹和毒害作用，如使其血液 pH 降低，减弱对氧的亲和力。风力和降水会影响空气温湿度及大气压力，进而影响养殖水质条件。

第二节　水质智能感知类传感技术

一、溶解氧传感器

（一）溶解氧简介

溶解氧是水生生物生存不可缺少的条件。对于水产养殖业来说，水体溶解氧对水中生物如鱼类的生存有至关重要的影响，当溶解氧浓度低于 3 mg/L 时，就会引起鱼类窒息死亡。对于人类来说，健康的饮用水中溶解氧含量不得低于 6 mg/L。溶解氧是衡量水质的综合指标，水体溶解氧含量的测量，对于水产养殖业的发展具有重要意义。

目前溶解氧的检测主要有碘量法、电化学探头法和荧光猝灭法三种方式，其中碘量法是一种传统的纯化学检测方法，测量准确度高且重复性好，在没有干扰的情况下，此方法适用于各种溶解氧浓度大于 0.2 mg/L 和小于氧饱和度两倍（约 20 mg/L）的水样。但碘量法分析耗时长，水中有干扰离子时需要修正算法，程序烦琐，无法满足现场测量的要求 [1]。对于需要长期在线监测溶解氧的场合，一般采用电化学探头法和荧光猝灭法。

（二）溶解氧检测原理

1. 电化学探头法

根据工作原理，电化学探头法可分为极谱法和原电池法两种，它们都采用薄膜氧电极。薄膜氧电极最早由 L.C.Clark 研制，故亦称 Clark 氧电极，它实际上是一个覆盖着聚乙烯或聚四氟乙烯薄膜的电化学电池，由于水中溶解氧能透过薄膜而电解质不能透过，因而排除了被测溶液中各种离子电解反应的干扰，成为测定溶解氧的专用电极。氧气通过膜扩散的速度与氧气在膜两侧的压力差是成正比的。因为氧气在阴极上快速消耗，可以认为氧气在膜内的压力为零，所以氧气穿过膜扩散的量和外部的氧气的绝对压力是成正比的。

覆膜氧电极的优点是灵敏度高，响应迅速，测量方法比较简单，适用于地表水、地下水、生活污水、工业废水和盐水中溶解氧的测定，可测量水中饱和百分率为 0 ~ 200% 的溶解氧。

（1）极谱法（Polarography）

极谱法的氧电极，由黄金（Au）或铂金（Pt）作阴极，银 – 氯化银（或汞 – 氯化亚汞）作阳极，电解液为氯化钾溶液。在两电极之间加一适当的极化电压，此时溶解氧透过高分子膜，在阴极上发生还原反应，电子转移产生了正比于试样溶液中氧浓度的电流，其反应过程如下：

阳极氧化反应：$4Ag + 4Cl^- \rightarrow 4AgCl + 4e^-$

阴极还原反应：$O_2 + 2H_2O + 4e^- \rightarrow 4OH^-$

全反应：$4Ag + O_2 + 2H_2O + 4Cl^- \rightarrow 4AgCl + 4OH^-$

根据法拉第定律：$i = K \cdot N \cdot F \cdot A \cdot C_s \cdot P_m / L$，其中 K 为常数，N 为反应过程中的失电子数，F 为法拉第常数，P_m 为薄膜的渗透系数，L 为薄膜厚度，A 为阴极面积，C_s 为样品中的氧分压。当电极结构固定，在一定温度下，扩散电流的大小只与样品中氧分压（氧浓度）成正比关系，测得电流值大小，便可知待测试样中氧的浓度 [2-3]。

（2）原电池法（galvanic cell method）

原电池法氧电极一般由铅（Pb）作阴极，银（Ag）作阳极，电解液为氢氧化钾溶液。当外界氧分子透过薄膜进入电极内并到达阴极的三相界面时，产生如下反应：

阳极氧化反应：$2Pb + 2KOH + 4OH^- \rightarrow 2KHPbO_2 + 2H_2O + 4e^-$

阴极还原反应：$O_2 + 2H_2O + 4e^- \rightarrow 4OH^-$

即氧在银阴极上被还原为氢氧根离子，并同时由外电路获得电子；铅阳极被氢氧化钾溶液腐蚀，生成铅酸氢钾，同时向外电路输出电子。接通外电路之后，便有信号电流通过，其值与溶氧浓度成正比。

对于这两种类型的氧传感器，其内部的氧气都在阴极上快速消耗，可以认为氧气在膜内的压力为零，因此氧气穿过膜扩散的量和外部的氧气的绝对压力是成正比的。但在实际应用中，氧电极的输出信号除了与水体氧气分压有关外，还与水体的温度、流速、pH、EC（电导度）、水质、大气压力等因素有关，而且电极本身也存在零点漂移和膜老化等问题，其中水体温度对传感器响应的影响最为明显，在海水中应用时，盐度的影响也必须考虑。因此，为保证溶解氧的测量精度，必须采取有效的温度和盐度补偿措施，并对电极进行定期校准[4]。

极谱法传感器的优势是有比较长的阳极寿命、较长的质保期和在电解液中不会有固体产生，缺点是需要较长的极化预热时间。原电池法的优点是不需要极化预热、响应快、校准维护方便，缺点是电极寿命相对较短。

2. 荧光猝灭法（fluorescence quenching method，FQM）

荧光猝灭是指荧光物质分子与溶剂分子或溶质分子之间发生的导致荧光强度下降的物理或化学作用过程，与荧光物质分子发生相互作用而引起荧光强度下降的物质称为荧光猝灭剂。荧光猝灭法的测定原理是基于氧分子对荧光物质的猝灭效应，根据试样溶液所发生的荧光的强度或寿命来测定试样溶液中荧光物质的含量[5]。

荧光猝灭法的检测原理是根据 Stern-Volmer 的猝灭方程：

$$\frac{I_0}{I} = \frac{\tau_0}{\tau} = 1 + K_{SV}[Q] \qquad （3-1）$$

其中 I_0、I、τ_0、τ 分别为无氧气和有氧气条件下荧光的强度和寿命，K_{SV} 为方程常数，$[Q]$ 为溶解氧浓度。根据实际测得的荧光强度 I_0、I 及已知的 K_{SV}，可计算出溶解氧的浓度 $[Q]$。由于荧光寿命是荧光物质的本征参量，不受外界因素的影响，因此，对荧光寿命的测定可提高检测准确度、增强抗干扰能力。

采用相移法可以实现对荧光寿命的测定。因采用的激发光是正弦调制过的光信号，故指示剂发射的荧光也呈正弦变化，但由于吸收和发射之间的时间延迟，荧光比激发光在相位上延迟 θ 角，且滞后相位 θ 与荧光寿命 τ 存在如下关系：

$$\tan\theta = 2\pi f\tau \qquad （3-2）$$

式中 f 为正弦调制频率。因此，通过测定 θ 即可得到不同溶解氧浓度下荧光的寿命 τ，从而得出溶解氧的浓度值。由于检测对象是待测信号与参考信号之间的相位的变化，而不是光强的变化，从而可以排除杂散光对荧光信号的影响，具有较强的抗干扰能力和较高的测量准确度。

由式 3-1 可得：

$$\frac{\tan\theta_0}{\tan\theta}=1+K_{sv}[Q] \tag{3-3}$$

式中 θ_0、θ 分别为无氧气时和有氧气时的滞后相移，$[Q]$ 为溶解氧的浓度。因此，测定不同情况下的 θ，即可导出溶解氧质量浓度的值[6]。

与电化学探头法相比，荧光猝灭法的优点在于它不需要透氧膜，无电解液，基本不需要维护。另外，荧光溶氧探头在工作时无氧气消耗，没有流速和搅动要求，反应更灵敏，测量更稳定可靠。

二、pH 传感器

（一）pH 值检测原理

pH 是指溶液的酸碱度，也称为氢离子浓度指数，是用来衡量溶液酸碱性强弱的一个指标。在既非强酸性又非强碱性（2 < pH < 12）的稀溶液中，pH 定义为氢离子浓度的负对数，如式 3-4 所示。因此，pH 电极就是用来测量氢离子浓度即溶液酸度的装置，属于离子选择性电极（ion selective electrode，ISE）的一种[7]。

$$pH=-\lg[H^+]=\lg\frac{1}{[H^+]} \tag{3-4}$$

电化学分析方法的重要理论依据是能斯特（Nernst）方程，它是将电化学体系的电位差与电活性物质的活度（浓度）联系起来的一个重要公式。

$$E=E^0-\frac{RT}{nF}\ln\frac{\alpha_{i_1}}{\alpha_{i_2}}=E^0+2.303\frac{RT}{nF}\lg\frac{\alpha_{i_1}}{\alpha_{i_2}} \tag{3-5}$$

在上式中，E 为单电极电位；E^0 为标准电极之间的电位差；T 为绝对温度，单位为 K；R 为气体常数，等于 8.31 J/（mol·K）；n 为在 E^0 下转移电荷的摩尔数；F 为法拉第常数，为每摩尔电子所携带的电量，等于 96 467 C；α_i 为离子活度（下标 1、2 对应离子的两种状态——还原态和氧化态），对应液体溶液，离子活度定义为 $\alpha_i=C_if_i$，其中 C_i 为第 i 种离子的浓度，f_i 为离子活度系数，对于很稀（< 10^{-3} mol/L）的溶液，$f_i\approx1$。

在室温条件（25 ℃）下，能斯特方程可简化为如下形式：

$$E=E^0+\frac{0.05915}{n}\lg\frac{\alpha_{i_1}}{\alpha_{i_2}} \qquad (3\text{-}6)$$

此公式表明，单个电子电荷的氧化或还原过程中，离子浓度每变化 10 倍，电化学体系的电位差将变化 59 mV。需要注意的是，能斯特方程仅适用于低离子浓度的场合，这里所指的离子浓度，不仅仅是参与电化学反应的活性离子，还包括了体系中的各种离子。

由于玻璃敏感膜内阻非常大，在常温时达几百兆欧，因此，插头和连接端之间必须保持绝缘电阻大于 10^{12} Ω，但当被测溶液温度升高时，内阻则会有所减小。

（二）pH 传感器的变送技术

由于 pH 电极的输出阻抗特别高，所以放大电路的第一级必须选用高输入阻抗的运算放大器进行阻抗匹配。另外，在实际应用中发现，电极探头输出的信号容易受 50 Hz 工频信号干扰，所以需在信号调理模块中增加低通滤波环节。图 3-1 是 pH 电极变送调理电路的工作原理，其中阻抗匹配电路是由高输入阻抗运算放大器构成的一级电压跟随器，在其输入端和模拟地之间，需放置一个 1 nF、低漏电流的涤纶电容，既可起到电荷保持的作用，又可以起到一定的滤波作用，但由于电容较小，对于 50 Hz 工频信号滤波作用并不明显，还需要增加一级低通滤波电路[8]。然后经过零点调整和量程转换变为 0 ~ 2.5 V 的电压信号，最后通过微控制器或单片机内的 A/D 转换电路转换为数字信号，为后面的标定补偿做准备。

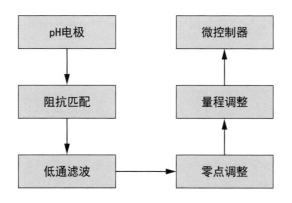

图 3-1 pH 电极变送调理电路工作原理

为了对 pH 传感器进行标定,在室温(25 ℃)下分别用 0.05 mol/L 邻苯二甲酸氢钾、0.025 mol/L 混合磷酸盐和 0.01 mol/L 硼砂制备 pH = 4、pH = 6.86 和 pH = 9.18 的标准溶液,然后将活化后的 pH 探头浸入标准溶液中,待数值稳定后记录,可得一条标定曲线。因标定曲线的线性度很好,可用 pH = $Ax + B$ 来表示,故只需将斜率(A)和截距(B)写入传感器的标定算法即可。

三、电导率传感器

电导率传感器技术是一项非常重要的工程技术,用于对液体的电导率进行测量,被广泛应用于人类生产生活中,成为电力、化工、环保、食品、半导体工业、海洋研究开发等工业生产与技术开发中必不可少的一种检测与监测技术。电导率传感器主要对工业生产用水、生活用水、海水特性、电池中电解液性质等进行测量与监测。

电导率传感器根据测量原理与方法的不同可以分为电极型电导率传感器、电感型电导率传感器以及超声波电导率传感器。电极型电导率传感器根据电解导电原理,采用电阻测量法对电导率进行测量,其电导测量电极在测量过程中表现为一个复杂的电化学系统;电感型电导率传感器依据电磁感应原理实现对液体电导率的测量;超声波电导率传感器根据超声波在液体中的变化对电导率进行测量。其中,前两种传感器应用最为广泛,本书仅对前两种电导率传感器进行综述。

(一)电极型电导率传感器

1. 两电极电导率传感器

两电极电导率传感器的电导池由一对电极组成,在电极上施加一恒定的电压,因电导池中液体电阻变化导致测量电极的电流发生变化,并符合欧姆定律,可用电导率代替电阻率,用电导代替金属中的电阻,即用电导率和电导来表示液体的导电能力,从而实现液体电导率的测量。

目前,两电极电导率传感器的测量范围为 $0 \sim 2 \times 10^4$ μS/cm,不同的电极常数具有不同的量程:电极常数为 0.01/cm,测量范围为 $0 \sim 20$ μS/cm;电极常数为 0.1/cm,测量范围为 $0.1 \sim 200$ μS/cm;电极常数为 1.0/cm,测量范围为 $10 \sim 2 \times 10^4$ μS/cm。

传统电极型电导率传感器电极是由一对平板电极组成,电极的正对面积与距离决定了电极常数。这种电极结构简单,制作工艺简单,但存在电力线边缘效应以及电极正对面积、电极间距难以确定等问题，电极常数不能通过尺寸测量计算得出，需要通过标准液进行标定。

电极型电导率传感器具有以下特点：①结构简单、制造方便；②后续处理电路简单、容易实现；③测量精度高；④使用方便。

2. 三电极电导率传感器

三电极电导率传感器又称三电极电导池（图 3-2），测量时用来存储待测液体，并结合转换电路，感知、测量待测液体的各项物理参数。三电极电导池外壳由玻璃管制成，3 个电极由稳定性好、耐腐蚀的金属铂制成。电导池共有 3 个电极，分别为电极 1、电极 2、电极 3，电极 2 称为中间电极，电极 1、电极 3 称为端电极。两个端电极电位相同，电流通过中间电极流入电导池中的待测液体，然后由两端电极流出，这样就能测出电导池中两端电极之间液体的等效电阻，从而计算出待测液体的电导率。在三电极电导池中，电流由中间电极流向两端电极，电场由中间电极向两端电极扩散，并完全包含在两端电极之间，使电场无泄漏，避免了三电极电导池之外物质的干扰和电导率传感器外壳生物污染的影响，使得三电极电导率传感器具有极强的抗干扰性和稳定性[9]。

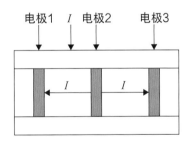

图 3-2 三电极电导池

图 3-3 所示为与三电极电导池匹配的三电极电导率转换电路，主要包括文氏振荡器、自动增益控制电路、抗干扰电路、AC/DC 电压变换电路及 V/F 电路等几部分。三电极电导率转换电路的主要工作原理：电导池和高精度电阻电容组成文氏振荡器桥路，文氏振荡器产生频率信号，信号经过放大后经自动增益控制电路形成负反馈，从而使电路形成闭环，达到测量过程中的动态平衡，最终输出信号为与被测电导率相关的频率信号 f。

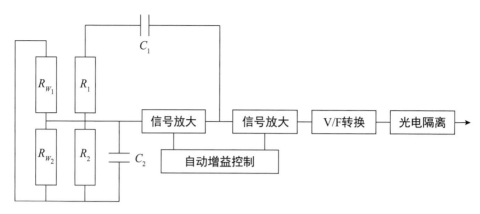

图 3-3　三电极电导率测量电路原理

注：文氏振荡器由 R_1、R_2、C_1、C_2 及 R_W 组成，R_1 和 R_2 代表高精度桥路电阻，C_1 和 C_2 代表高精度桥路电容，R_{W_1} 和 R_{W_2} 分别为三电极电导池中间电极与两端电极之间海水的等效电阻。

3. 四电极电导率传感器

四电极电导率传感器的电导池由 2 个电流电极和 2 个电压电极组成，电压电极和电流电极同轴。测量时，被测液体从 2 个电流电极间的缝隙中通过，在电流电极两端施加一个交流信号并通过电流，在液体介质里建立起电场，2 个电压电极感应产生电压并使 2 个电压电极两端电压保持恒定，此时通过 2 个电流电极间的电流和液体电导率呈线性关系。为了满足海洋研究开发的需要，中国国家海洋技术中心李建国对开放式四电极电导率传感器展开了研究与开发[10]，成功研制了用于海水电导率测量的四电极电导率传感器，其性能指标达到了国际先进水平，其测量范围为 0 ~ 65 mS/cm，测量精度为 ±0.007 mS/cm。目前，成熟的四电极电导率传感器的测量范围为 0 ~ 100 mS/cm，并且不同电极常数具有不同的测量范围。

四电极电导率传感器具有以下特点：①电流电极与电压电极分开，电流电极采用恒流源供电，有效地避免了极化阻抗的影响；②灵敏度高、抗污染能力强；③四电极电导池具有超微结构，导流空间大、距离短，适于长期现场测量。

4. 七电极电导率传感器

七电极电导率传感器的电导池如图 3-4 所示，是一个圆形管[11]，7 个环形电极嵌在圆管内壁上，电导池由长约 100 mm、直径 15 mm 的非金属材料制成。七电极电导率传感器的激励信号为一个恒流的交流信号 i_{const}，i_{const} 接到中间电极 1 上，最

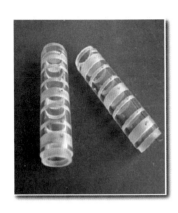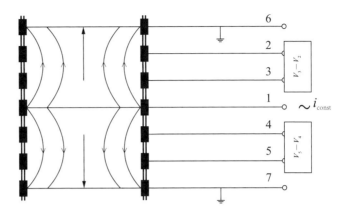

图 3-4　七电极电导率传感器的电导池及其原理

外侧的电极 6 和电极 7 接地，交流信号 i_{const} 分别流向电极 6 和电极 7。

电极 1 上的激励信号 i_{const} 为交流电流，在流向接地电极 6 和电极 7 的同时建立起感应电场。环形电极 2、3、4、5 分别位于不同的等势面上，从电极 2、3 之间和电极 4、5 之间取其电压差，被测液体电导率的高低决定了这两个电压值的大小。

四电极电导率传感器的测量原理是保持电压电极上的电压不变，测量通过被测液体的交流电流来测量电导率。七电极电导率传感器包含两对共 4 个电压电极，如果也采取四电极电导率传感器的方式同时保持这两个电压恒定不变，在硬件电路方面有一定难度，所以七电极电导率传感器选用了另外一种测量方式，即被测液体的电导率信号通过 4 个电压电极来获得。七电极电导池总共有 7 个环形电极，理想的情况是上下的 6 个电极以中间电极 1 为对称轴上下对称，这样两对电压电极上的电压在理论上应该相等，测量任意一个电压值都可以反应被测液体的电导率。但是，由于受加工精度的制约，很难做到上下完美对称，所以也很难使两条支路的电流完全一致。但如果传感器常数能做到保持不变，则两条支路电流之和就会为一个定值，所以，可以通过分别测量电压电极 2、3 间的电压 V_{2-3} 和电压电极 4、5 间的电压 V_{4-5}，取这两个电压之和再平均，即以 $V = (V_{2-3} + V_{4-5})/2$ 作为计算被测液体电导率信号的参数，更有利于减小测量误差。

七电极电导率传感器电路原理如图 3-5 所示，电路同样采用交流电流激励，分别从两对电压电极上取被测海水的电导率信号，将这两个电压取平均值，经过运算放大器电路反馈调节，实现闭环增益控制，使得两个电压保持不变，则被测液体的电导率与流过两对电压电极间的电流成比例关系。

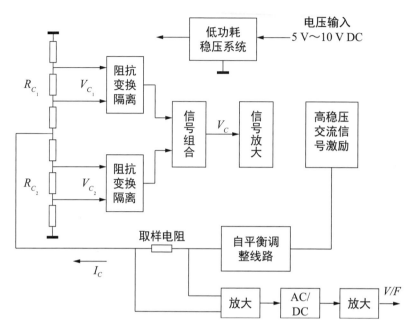

图 3-5 七电极电导率传感器电路原理

$$C = K/R_c = K \cdot I_c/V_c \qquad (3-7)$$

式中 C 是电导率，K 是传感器常数，$V_c = V_{c_1} + V_{c_2}$，$R_c = R_{c_1} + R_{c_2}$，V_c 为 R_c 两端的电压差，I_c 为流过两对电压电极的电流。

与四电极电导率传感器相比较，七电极电导率传感器在电导池两边最外端增加了环形接地电极，所以七电极电导率传感器内部的液体被两端的接地电极屏蔽起来，外部环境的电磁干扰无法影响到传感器内部的被测液体。与三电极电导率传感器相比较，七电极电导率传感器增加了两对共 4 个用于获取感应电压的电压电极，通过获取这两对电压来反映出被测液体电导率信号。三电极电导率传感器和四电极电导率传感器各自的优点在七电极电导率传感器身上得以集中体现，并且七电极电导率传感器避免了三电极电导率传感器的极化影响和四电极电导率传感器的加工精度影响，测量性能进一步提高。此外，七电极电导率传感器结构尺寸小、相对直径大，测量过程中不需要外加水泵就能实现快速测量。

（二）电感型电导率传感器

电感型电导率传感器采用电磁感应原理对电导率进行测量，液体的电导率在一定范围内与感应电压 / 激磁电压呈正比关系，激磁电压保持不变，电导率与感应电压成正比。电感型电导率传感器不直接与被测液体接触，因此，不存在电极极化与电极被污染的问题。电感型电导率传感器的原理决定了这类传感器仅适用于测量具有高电导率的液体，其测量范围为 $1 \sim 2 \times 10^3$ mS/cm。

电感型电导率传感器具有以下特点：①极强的抗污染能力与耐腐蚀性；②不存在电极极化、电容效应，可以用于高电导率液体测量；③结构简单，使用方便；④制作工艺简单。

四、氨氮传感器

水体的氨氮含量是指以游离态氨（NH_3）和铵离子（NH_4^+）形式存在的化合态氮的总量，是反映水体污染的一个重要指标。含有大量氨氮的废水排入江河湖泊，不仅会造成自然水体的富营养化，滋生有害水生物，使水体缺氧，导致鱼类死亡，而且给生活和工业用水的处理带来较大困难。特别是游离态的氨氮达到一定浓度时对水生物有明显的毒害作用，例如大多数鱼类在游离态的氨氮含量达到 0.02 mg/L 时即会中毒。氨在水中的溶解度在不同温度和 pH 下是不同的，当 pH 偏高时，游离氨的比例较高；反之，则铵离子的比例较高。一定条件下，水中的氨和铵离子存在如下平衡：

$$NH_3 + H_2O \rightleftharpoons NH_4^+ + OH^- \tag{3-8}$$

测量水中氨氮的常用方法有比色法、分光光度法、氨气敏电极法、蒸馏滴定法等。氨气敏电极法应用于测定水和污水中的氨氮，一般不需预处理，适用于氨氮浓度为 $10^{-6} \sim 10^{-1}$ mol/L 的水体，测定结果与化学法接近，是目前比较快速、灵敏、可靠的方法。

水体中的分子氨和铵离子的浓度与水的离子积常数 K_w 和 NH_3 的碱解离常数 K_b 有关，而不同温度下 K_w 和 K_b 是变化的，通过查表 3-1 可以得到 $0 \sim 50$ ℃ 范围内水的离子积常数 K_w 和 NH_3 的碱解离常数 K_b，进而可以通过如下公式计算水体中的分子氨和铵离子的浓度比例。

$$\frac{[NH_4^+]}{[NH_3]} = \frac{K_b}{K_w}[H^+] = \frac{10^{\Delta^*}}{10^{pH}} \tag{3-9}$$

其中：$\Delta^* = pK_w - pK_b$；$pK_w = -\lg K_w$；$pK_b = -\lg K_b$。当向水样中加入强碱

溶液将 pH 值提高到 11 以上时，$NH_3+H_2O \rightleftharpoons NH_4^++OH^-$ 的反应向左移动，使铵盐转化为氨，生成的氨由于扩散作用通过半透膜（水和其他离子则不能通过），使氯化铵电解质液膜层内 $NH_4^+ \rightleftharpoons NH_3 + H^+$ 的反应向左移动，引起氢离子浓度改变，由 pH 玻璃电极测得其变化。

（一）氨气敏电极测量原理

氨气敏电极为复合电极，如图 3-6 所示，它以 pH 玻璃电极为指示电极，Ag/AgCl 电极为参比电极，此电极置于盛有 0.1 mol/L 氯化铵内充液的塑料电极杆中，其下端紧贴指示电极敏感膜处装有疏水半渗透薄膜（聚偏氟乙烯薄膜），使内部电解液与外部试液隔开，半透膜与 pH 玻璃电极间有一层很薄的液膜。

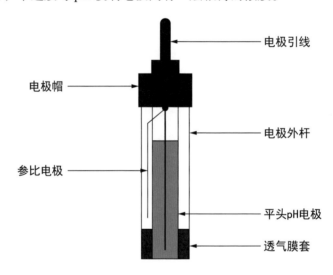

图 3-6　氨气敏电极结构

实验表明，当 pH 值大于 11 时，有 99% 以上的离子氨（NH_4^+）转化为游离态的氨（NH_3），游离态的氨通过选择性隔膜进入电极。在一定温度下，氨气敏电极输出的电压和水中被测试的氨氮浓度有关。如果预先标定氨氮浓度和氨气敏电极电压的关系，就可以通过测量氨气敏电极输出的电压来得到试样中氨氮的含量。

（二）基于铵离子的复合电极测量法

铵离子探头是由一个 Ag/AgCl 金属丝电极放在一个特制的填充液中组成的。用无活菌素（Nonactin）膜将内部的溶液和样品介质隔开，这种膜可以选择性地与铵离子作用。当它和铵离子溶液接触时，在它的敏感膜和溶液的相界面上产生与该离子活度直接有关的膜电势，通常用电压值表示，这个电压读数是以复合电极中内参比电极为基准测定的。对于所有的离子选择性电极（ion-selective electrode，ISE），待测离子活度（或者在稀溶液中的浓度）的对数与观察到的电压之间的线性关系（Nernst 方程）是测定的理论基础。

所有的离子选择电极都会遇到与被测物性质相似的物质的干扰。例如，钠离子和钾离子都会与铵离子膜相互作用，即使介质中并不存在铵离子，这种作用也会产生一个正的铵离子读数。盐水或海水中含有大量的钠离子和钾离子，足以产生很大的干扰，以至于传感器不适合测量此介质。

复合电极可以检测铵离子（NH_4^+），而铵离子是多数环境样品总氨氮的最主要的形式。但是，根据同时检测的 pH 值、温度和钾离子，以式 3-9 和表 3-1 为理论计算依据，传感器也可以向用户提供待测样品中游离氨（NH_3）的浓度[12]。

表3-1　水的离子积常数和NH_3的碱解离常数随温度发生变化

温度/℃	pK_w	pK_b	Δ^*
0	14.943 5	4.862	10.081 5
5	14.733 8	4.83	9.903 8
10	14.534 6	4.804	9.730 6
15	14.346 3	4.782	9.564 3
20	14.166 9	4.767	9.399 9
25	13.996 5	4.751	9.245 5
30	13.833	4.74	9.093
35	13.680 1	4.733	8.947 1
40	13.534 5	4.73	8.804 5
45	13.396	4.726	8.67
50	13.261 7	4.723	8.538 7

五、叶绿素传感器

叶绿素以多种形式存在于藻类、浮游植物和其他在环境水样中存在的植物中。叶绿素是一种重要的生物化学分子，它是光合作用的基础，而光合作用是一个重要的过程，它用太阳能产生生命赖以生存的氧气。通常可以用收集的水样中叶绿素的量来计算悬浮的浮游植物的浓度，而这一浓度对水质有非常大的影响。

《水和废水标准检测方法》（*Standard Methods for the Examination of Water and Waste Water*）的 10200A 节中详细介绍了将浮游植物作为指示物来检测水质的相关知识。检测特定地点水样中的叶绿素量的经典方法是收集相当大量的水样，然后将其做实验室分析。过程包括：将水样过滤以浓缩叶绿素（包括有机体），对收集的细胞进行机械破碎，再将破碎细胞中的叶绿素萃取到有机溶剂丙酮中，然后用已知的叶绿素光学性质进行光谱光度测定或者用 HPLC（高效液相色谱）对萃取物进行分析。通常使用的方法在《水和废水标准检测方法》的 10200A 节中有详细的描述，多次的试验和应用表明只要进行实验室分析的分析员操作正确，这种方法是非常准确的。这种操作通常在科学文献的报道中是可接受的。但是这种方法耗时长，通常需要一名有经验的、高效率的分析员，以得到长期准确和重复性好的结果。而且，这种方法用于叶绿素和浮游植物的连续监测也不方便，因为在一定的时间间隔（比如 1 小时）内对样品进行收集是非常烦琐的。所以，在实际应用中，通常选用荧光分析法进行叶绿素的活体测定，以达到快速估计浮游植物浓度的目的。

（一）叶绿素的活体测定

对于某一荧光物质的稀溶液，在一定波长和一定强度的入射光照射下，当溶液的厚度不变时，所激发的荧光强度和该溶液的浓度成正比，这是荧光定量分析的基础。由此可以通过使用荧光仪探测荧光强度来计算水体中叶绿素分子的浓度[13]。

荧光分析法在浮游植物叶绿素含量测定中的应用如图 3-7 所示。根据朗伯-比尔定律（Lambert-Beer law），当叶绿素分子经波长为 470 nm 左右的光激发后，会发出波长为 680 nm 左右的荧光，所发射的荧光强度为：

$$I_f = kQI_0(1 - e^{-\varepsilon cb}) \tag{3-10}$$

式中：k 为仪器常数，Q 为物质荧光效率，I_0 为激励光强，c 为物质浓度，b 为样品光程差，ε 为摩尔吸收系数。

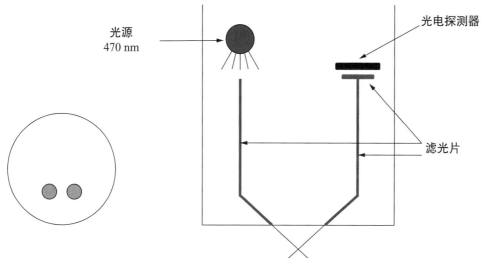

图 3-7　荧光分析法光纤式叶绿素传感器

在荧光物质的溶液非常稀的情况下（$\varepsilon cb \leq 0.05$），以一定波长和一定强度的入射光照射，当溶液的厚度不变时，所激发的荧光强度和该溶液的浓度成正比。此时公式 3-10 变成：

$$I_f = kQI_0 \qquad\qquad (3\text{-}11)$$

荧光分析法之所以发展得如此迅速，且其应用日益广泛，主要的原因是荧光分析法具有很高的灵敏度。在微量物质测定的各种分析方法中，应用最为广泛的有比色法和分光光度法，但是在物质定量测定灵敏度方面，荧光分析法的灵敏度要比这两种方法至少高 2 ~ 3 个数量级。

荧光分析法的另一个主要优点是选择性非常高。吸光物质由于内在本质的一些差别，不一定都会发射荧光。而且，能发射荧光的物质彼此在激发波长和发射波长方面都会有差异，因此通过选择特定的激发波长和荧光检测波长，便可以实现选择性测定的目的。

荧光分析法除了具有灵敏度高、选择性好的显著优点外，还具有重复性好、线性范围宽、操作简便等优点。

（二）影响荧光强度的主要因素

1. 浊度

在对现场水样进行荧光强度测定时，会不可避免地受浊度的影响，并且浊度可以成为显著的物理干扰源。悬浮在水中的这些物质或者微粒虽不具有荧光性，但是它们会反射或者折射光线，这种反射或者折射的影响程度与它们的数量、形状、大小，以及在水中的运动情况和粒子密度相关。如果浊度过高，将会严重影响对荧光的检测，因此一定要尽可能消除浊度的影响[14]。

2. 其他荧光物质

"gelbstoff"的原意是海水中的黏质胶性溶解物，因其对海水的光学性质影响很大，受到人们的关注。从光谱曲线可见，gelbstoff与纯海水形成鲜明对比，由于其在黄色波段吸收最小，使其呈黄色，故又称这类复杂的混合物为"黄色物质"（yellow substance）。随着对黄色物质的形成、成分和演化机理研究的逐渐深入，自20世纪90年代，国际上对黄色物质的称谓逐渐改为"有色可溶性有机物质"（chromophoric dissolvable organic matter，CDOM），以使其更能代表它的理化属性，但国内仍多称为"黄色物质"。黄色物质是一类含有多种活性较高的化学功能团的大分子聚合物，它的某些成分在受到激发光照射时能够发出荧光，具有较高的荧光效率，其荧光光谱峰值在435 nm附近。污染油中的芳香族碳氢化合物受较短波长的光激发时，也会产生荧光，荧光光谱峰值在365 nm附近，而叶绿素的光谱峰值在680 nm附近，由此可见，黄色物质和污染油受激发发出的荧光的光谱峰值与叶绿素受激发发出的荧光的光谱峰值相距较远，通过高阻塞系数窄带干涉滤光片能够消除大部分影响。若进一步减小影响，可考虑采用双激光激发的办法。在测量过程中，一些不含叶绿素的生物在用470 nm的光线照射时也会产生光谱范围在630 nm以上的荧光。因此，传感器测量的是全部荧光而不仅仅是来源于叶绿素的荧光，但其大部分来源于叶绿素。

3. 测量地点的光线条件

浮游植物中叶绿素的荧光性会根据周围的光线条件发生变化，这个因素被认为是"光学限制"，叶绿素暴露在太阳光下会导致较低的荧光性读数。从实践的观点来看，即使水中包含的浮游植物是不变的，由于"光学限制"，叶绿素也会表现出白天较低的荧光性，晚上较高的荧光性，这就导致对测量结果产生影响，影响程度取决于海藻的类型和测量位置的深度。如果测量过程是在很强的太阳光照射下进行的，这种"光学限制"作用实际上会成为在线测量与用萃取分析方法测量相比最显著的误差来源。

第三节　环境小气候信息感知类传感器

环境小气候是影响水产养殖的重要因素，恶劣的气候条件会对水生动物的摄食、生长和发育产生重要的影响。随着生产规模的日益扩大和集约化程度的不断提高，越来越多的养殖户意识到气候要素的变化在水产养殖中的重要性。因此，及时、准确地感知养殖环境小气候信息显得尤为重要。

一、空气温湿度传感器

（一）温度传感器检测原理

空气温度是表示空气冷热程度的物理量。气象上常用的气温是指离地面 1.5 m 高度上百叶箱中干球温度表所测的空气温度，单位为摄氏度（℃）。温度不能直接测量，只能借助于冷热不同的物体之间的热交换，以及物体的某些物理性质（随冷热程度不同而变化的特性）来间接测量[15]。根据热敏元件的热敏效应，测温原理可分为膨胀式、压力式、电阻式、热电势式和热辐射式。由此可以看出，现代温度传感器在原理和结构上千差万别，根据具体的测量目的、测量对象、测量环境合理地选用温度传感器对于测量结果的可靠性至关重要。

热电阻是中低温区最常用的一种热敏元件，对于线性变化的热电阻来说，其电阻值与温度的关系如下式：

$$R_t = R_{t_0}[1 + \alpha(t - t_0)] \tag{3-12}$$

$$\Delta R_t = \alpha R_{t_0} \Delta t \tag{3-13}$$

式中，R_t 为温度 t 下的电阻值，R_{t_0} 为参考温度 t_0 下的电阻值，α 为线性系数。

热电阻式温度传感器常用的热电阻有 PT100 铂热电阻和 PT1000 铂热电阻，其测量精度远高于 DS18B20 数字温度计。在水产养殖环境小气候信息感知的实际应用中，虽然 PT100、PT1000 铂热电阻法测量温度线性度好，但是变送电路的设计比较复杂且制作成本高，因此多采用 NTC（negative temperature coefficient，阻值随温度上升而呈指数关系减小的现象和材料）热敏电阻法测量温度。NTC 热敏电阻阻值随着温度的升高而变小，属于负温度系数的热敏元件。NTC 热敏电阻的阻值与环境温度一一对应，一般采用电流源跨阻采样或者上拉电阻的方法间接测量 NTC 热敏电阻的阻值，进而换算出实际的环境温度，如图 3-8 所示。

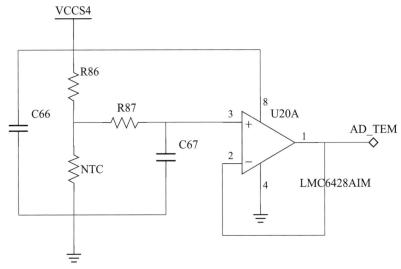

图 3-8　NTC 热敏电阻测温电路

（二）湿度传感器检测原理

湿度就是气体（通常为空气）中所含水蒸气量（水蒸气压）与同温度同压强下饱和水蒸气量（饱和水蒸气压）的百分比，用 RH% 表示。湿度测量从原理上划分有二三十种之多，但湿度测量始终是世界计量领域中著名的难题之一。看似简单的量值，深究起来涉及相当复杂的物理化学理论分析和计算，初涉者可能会忽略在湿度测量中必须注意的许多因素，而不能合理地使用传感器。常见的湿度测量方法有露点法、干湿球法、电子式传感器法、动态法（双压法、双温法、分流法）、静态法（饱和盐法、硫酸法），其中电子式传感器法测量湿度更适用于智慧渔业养殖场景。

湿度传感器是通过湿敏元件灵敏感知空气湿度变化，湿敏元件分为电阻式和电容式两大类。湿敏电阻是在基片上覆盖一层用感湿材料制成的膜，当空气中的水蒸气吸附在感湿膜上时，元件的电阻率和电阻值都会发生变化，利用这一特性即可测量湿度[16]。湿敏电阻的优点是灵敏度高，但其线性度和产品的互换性差。湿敏电容一般是用高分子薄膜电容制成，当环境湿度发生改变时，湿敏电容的介电常数发生变化，使其电容量也发生变化，其电容变化量与相对湿度成正比。湿敏电容的主要优点是灵敏度高、产品互换性好、响应速度快、湿度的滞后量小、便于制造、容易实现小型化和集成化，其精度一般低于湿敏电阻。近年来，国内外在湿度传感器研发领域取得了长足进步，湿度传感器正从简单的湿敏元件向集成化、智能化、多参数检测的方向迅速发展，为开发新一代湿度测控系统创造了有利条件，也将湿度测量技术提高到新的水平。

二、大气压力传感器

气压是作用在单位面积上的大气压力，即单位面积上向上延伸到大气上界的垂直空气柱的重量。由于地球引力，空气被"吸"向地球，在地球表面覆盖了一层厚厚的由空气组成的大气层。气象学中将单位面积上大气柱所施加的压力称为大气压力。气压的高低与气体的溶解度密切相关，尤其是氧气。外界气压高，氧气溶解度就高；外界气压低，氧气溶解度就低，养殖鱼类就容易出现缺氧、浮头现象。

大气压力传感器按工作原理可以分为以下几类：①依据流体静力学原理，利用液体柱重量与压力平衡的方法测定大气压力；②利用弹性元件与压力平衡的原理测定大气压力；③利用气体本身的张力作用与气压相平衡的原理测定大气压力；④利用液体的沸点随外界大气压力的变化而变化的原理测定大气压力；⑤依据元件的压电、压阻等效应测量大气压力。

在智慧渔业环境小气候大气压信息感知的实际应用中，常采用 MEAS 公司（瑞士）生产的单芯片数字气压传感器 MS5611-01BA 测量环境大气压，其具有微小体积（5.0 mm×3.0 mm×1.7 mm）、高分辨率（10 cm）、低转换时间（<1 ms）和低功耗（1 μA）等优势，被广泛用于无人机高度计、户外穿戴设备、便携仪表等产品的开发。传感器测量范围为 10 ~ 1 200 mbar，测量精度为 ±1.5 mbar，支持内部温度补偿校正，并且具有非常好的长期稳定性。芯片接口方面采用标准的 I2C 和 SPI 输出方式，无须外部的扩展电路即可实现与微处理器的无缝连接。大气压力传感器的实物如图 3-9 所示。

图 3-9　大气压力传感器

三、光照度传感器

光照度是表明物体被照明程度的物理量，通常用勒克斯（lx）表示。光照被认为是引起鱼类代谢系统以适当方式反应的指导因子。光照能促进养殖水域浮游植物的光合作用，增加水体溶氧量，改善水生动物生活环境。一般光照时间长，则水体溶氧量高。受光合作用影响，晴天下午（15～17时）水体溶氧量最高，上层池水溶氧量呈饱和状态；黎明前水体溶氧量最低，高产塘此时一般有浮头现象。

光照度传感器采用热点效应原理，最主要是使用了对弱光有较高反应的探测部件，这些感应元件其实就像相机的感光矩阵一样，内部有绕线电镀式多接点热电堆，其表面涂有高吸收率的黑色涂层，热接点在感应面上，而冷接点则位于机体内，冷热接点产生温差电势[17]。在线性范围内，输出信号与太阳辐射度成正比。透过滤光片的可见光照射到光敏二极管上，光敏二极管根据可见光照度大小转换成电信号，然后电信号会进入传感器的处理器系统，从而输出需要得到的二进制信号。

目前常用的光照强度芯片是 BH1750FVI，直接使用裸露的 BH1750FVI 光照强度芯片进行光照强度的测量具有量程小、抗干扰能力差的问题。针对上述问题，基于光照强度传感芯片 BH1750FVI，搭建光照传感器控制电路板，设计内部连接结构和外部封装结构，通过添加滤光膜和透光球罩以扩大量程，并进行防水设计，控制电路板通过 I2C 通信方式获取 BH1750FVI 测得的光照强度数据且计算得出真实的输出值，并通过 RS-485 通信方式将其传输出去。总体结构设计如图 3-10 所示。

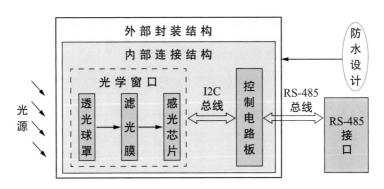

图 3-10 光照度传感器总体结构设计

四、CO_2 传感器

CO_2 是一种无色无味的气体,它是大气的重要组成成分之一。CO_2 对水产养殖动物和水环境有较大影响,是水生植物光合作用的原料,缺少 CO_2 会限制水生植物的生长、繁殖;高浓度 CO_2 对养殖动物有麻痹和毒害作用,如使其血液 pH 值降低,减弱对氧的亲和力。目前,CO_2 传感器的种类很多,就其原理来分,有红外吸收式、电化学式、声表面波气敏式、热导式和半导体式等。

根据气体的吸收光谱随物质的不同而存在差异的原理制备红外吸收式 CO_2 气体传感器。CO_2 会吸收内部红外灯发出的固定波段的红外光,使其红外光幅值发生变化,再通过检测变化量计算 CO_2 气体的浓度。红外吸收式 CO_2 传感器具有灵敏度高、分析速度快和稳定性好等优点。

电化学式 CO_2 传感器是将 CO_2 的浓度(或分压)通过电化学反应转变成电信号的一类化学传感器,按照电信号获得方式的不同可以分为电位型、电流型和电容型,根据电极内部电解质的形态可以分为液体电解质型和固体电解质型。20 世纪 70 年代以来,固体电解质 CO_2 传感器一直深受广大科研工作者的关注。固体电解质 CO_2 传感器的原理是气敏材料在通过气体时产生离子,从而形成电动势,通过测量电动势可测量气体体积分数。

声表面波气敏式 CO_2 传感器与石英晶体微量天平 CO_2 传感器同属于质量敏感型传感器,其工作原理也类似,均是在压电晶体上涂覆一层有选择吸附 CO_2 气体的气敏薄膜,该气敏薄膜与待测气体相互作用,使得气敏薄膜的膜层质量、黏弹性和电导率等特性发生变化,引起压电晶体的声表面波频率发生漂移,从而检测出 CO_2 气体的浓度。质量敏感型传感器本身对气体或蒸气不具有选择性，其作为化学传感器的选择性仅仅依赖于表面涂层物质的性质。

此外，利用 CO_2 与其他气体热传导率的不同制作的热导式 CO_2 气体传感器也是最早用来检测 CO_2 的一种传感器，但其灵敏度低。半导体式 CO_2 气体传感器利用半导体气敏元件作为敏感元件的气体传感器，金属氧化物半导体 CO_2 气体传感器具有响应快、耐环境能力强、结构稳定等特点。

本章小结

本章主要介绍了水产养殖生产过程中涉及的水体和环境感知技术，概括了水体溶解氧、pH、电导率、氨氮、叶绿素，以及环境小气候中的空气温湿度、大气压、光照度及 CO_2 传感器的主要内容，详细阐述了各类传感器的检测方法和原理，分析了同一种参数不同方法和传感技术的优缺点，并简单介绍了各种检测方法在渔业中的应用情况。目前，水质参数和环境气候检测已具有成熟的检测技术，并已具备在线监测的功能，这为智慧渔业提供了数据基础。然而，部分传感器在实际应用中仍然存在一些问题，如传感电极受到腐蚀或附着的影响、水体浊度对荧光检测的影响，因此，针对不同的环境，选用合适的传感器很重要。

作为智慧渔业信息源的最前端，信息感知技术具有极其重要的地位。智能感知技术依托于各类信息感知传感器实现信息的采集，检测方法的发展为传感器实现在线、精准和智能化提供更多理论支持，变送技术的发展为传感器实现稳定、精准提供技术保障。未来，随着集成技术与制造工艺的不断进步，传感器将向着集成化、智能化、多参数检测的方向迅速发展。

参考文献

[1] 蒲瑞丰, 康尔泗, 姚进忠, 等. 溶解氧测量探讨 [J]. 计量技术, 2003(7):25-26.

[2] 刘庆. 高精度溶解氧测量仪的研究与设计 [D]. 南京: 南京信息工程大学, 2009.

[3] 丁启胜 . 基于电化学的水产养殖智能水质传感器的研究 [D]. 北京 : 中国农业大学 ,2012.

[4] 赵馨惠 , 俞秀生 . 极谱式在线溶解氧分析仪有关问题探讨 [J]. 化工自动化及仪表 ,2007,34(1):94-96.

[5]MCDONAGH C, KOLLE C, MCEVOY A K, et al. Phase fluorometric dissolved oxygen sensor[J]. Sensors & Actuators B Chemical, 2001,74(1):124-130.

[6] 郭立泉 , 张玉钧 , 殷高方 , 等 . 荧光寿命的锁相检测技术 [J]. 大气与环境光学学报 ,2012,7(1):75-79.

[7] BAKKER E, BUHLMANN P, PRETSCH E. Polymer membrane ion-selective electrodes-what are the limits?[J]. Electroanalysis, 1999(11):913-915.

[8] 向玉娟 . 污水处理用多参数智能测量仪的研究 [D]. 北京 : 北京化工大学 ,2007.

[9] 贾文娟 , 兰卉 , 李红志 . 三电极电导率传感器测量电路的研制 [J]. 海洋技术学报 ,2013,32(3):33-36.

[10] 李建国 . 开放式四电极电导率传感器的研制与实验 [J]. 海洋技术 ,2005,24(3): 5-8.

[11] 李建国 . 高性能七电极电导率传感器技术研究 [J]. 海洋技术学报 ,2009,28(2): 4-10.

[12] 丁启胜 , 台海江 , 王晓燕 . 水体氨氮原位快速检测智能传感器的研制 [J]. 物联网技术 ,2013(3):35-39.

[13]LIHUA Z, DAOLING L. Development of in situ sensors for chlorophyll concentration measurement[J]. Journal of Sensors, 2015:903509:1-16.

[14] 付晓丹 . 海水中叶绿素 a 含量监测系统的研究 [D]. 哈尔滨 : 哈尔滨工业大学 ,2007.

[15] 丁枫 , 刘清惓 , 杨杰 , 等 . 用于气象探测的阵列式球型温度传感器设计 [J]. 仪表技术与传感器 ,2021(07):16-20.

[16] 王开群 . 光照传感器原理应用及发展趋势 [J]. 传感器世界 ,2021,27(02):1-5.

[17]李琼 , 韩雪 . 温湿度传感器在智慧农业中的应用 [J]. 电脑与电信 ,2018(10):6-11.

第四章

水面与水下探测技术

本章概述了水下及水面探测技术。水下探测技术包括"声视觉"和"光视觉"两种技术，"声视觉"技术以声呐为代表，"光视觉"以水下机器视觉为代表。水面探测技术概括了以雷达为主的水面目标物的检测方法和以浮标为主的水面性质检测方法。

第一节　概述

海洋湖泊是人类赖以生存与发展的"第二空间",海洋湖泊中含有丰富的生物资源、矿产资源、再生能源、化学资源等[1]。以海洋为例,我国拥有超过 18 000 km 的海岸线,海洋经济生产总值接近国内生产总值的 10%,如何对这些资源进行高效、合理的开发利用和保护,已经成为重要课题,同时也是解决人类社会面临的三大危机的重要途径[2]。本章主要介绍一些水下及水面探测技术,有助于我们更好地了解和认识海洋湖泊并充分利用其生物资源。

全球人口的可持续健康饮食需要从牛肉等高饱和脂肪以及高糖食品转向鱼、蔬菜、坚果和水果等营养食品,增加的鱼类消费将会丰富饮食中的微量元素。全球鱼类的需求量在 1998—2018 年的 20 年间不断增长,每年人均活鱼消费量从 15.6 kg 增加到 20.4 kg。为了进一步评估 30 年后的鱼类需求量,Rosamond L. Naylor 等人通过 FAO(Food and Agriculture Organization of the United Nations,联合国粮食及农业组织)提供的数据集,估算 2015—2050 年,中国、印度、尼日利亚、美国、秘鲁、墨西哥、巴西等 10 个国家的鱼类消费量将增加 80% 以上,占全球鱼类消费量的 55%。如此巨大的需求量增长对水产养殖规模、养殖种类的丰富度提出了紧迫的要求,而智能水产养殖技术的发展则是推动水产养殖规模化、养殖种类多样化的关键因素。尤其在网箱和海洋牧场养殖环境中,对养殖鱼类生长过程的监测反馈、智能管理(鱼的数量估算、行为分析、生长速率监测、智能喂食控制,以及网箱周围野生渔业资源的管理)面临着巨大的挑战。

在水产养殖业,为了满足全球对高质量蛋白质日益增长的需求,解决现有传感器对海洋牧场、网箱、池塘等大水体养殖环境鱼类行为信息获取不全面的问题,亟须应用新技术手段实现水产养殖精细尺度管理。声呐技术、机器视觉技术、激光雷达技术和浮标技术在研究鱼群时空分布规律、自动饲喂系统决策、生物量估测等方

面具有显著优势，在提供智能管理方案、提高水产养殖产量方面发挥了重要作用。本章将重点介绍水下及水面探测技术在水产养殖业中的应用，具体分析各种技术在鱼类生物量和形态物理指标、鱼类行为、近海养殖网箱管理、养殖福利策略等方面的适用性。

第二节　声呐技术

光在水中的穿透能力很有限，即使在清澈的水中，人们也只能看到十几米到几十米内的目标物；电磁波在水中衰减很快，随着波长的增加而急剧衰减，即使使用大功率的低频电磁波，也只能传播几十米远；而声波在水中传播的距离较长，低频声波可以探测的距离为几千米。因此，基于声波这样的特点，声波探测技术在水产养殖中得到了广泛应用[3]。

一、声呐的定义与原理

声呐是英文缩写"SONAR"（sound navigation and ranging）的音译，其中文全称为"声音导航与测距"。声呐是一种利用声波在水下的传播特性，通过电声转换和信息处理，完成水下探测和通信任务的电子设备[4]，是水声学中应用最广泛、最重要的一种装置。如图 4-1 所示，早期的声呐设计建立在较为理想的模型基础上，采用回声定位的基本原理设计。

图 4-1　声呐基本原理

二、声呐的结构与类型

（一）结构

声呐装置一般由基阵、电子机柜和辅助设备三部分组成。基阵由水声换能器以一定几何形状排列组合而成，其外形通常为球形、柱形、平板形或线列形，有接收基阵、发射基阵或收发合一基阵之分；电子机柜一般有发射、接收、显示和控制等分系统；辅助设备包括电源设备、连接电缆、水下接线箱和增音机，与声呐基阵的传动控制相配套的升降、回转、俯仰、收放、拖曳、吊放、投放等装置，以及声呐导流罩等。换能器是声呐中的重要器件，它是将声能与其他形式的能如机械能、电能、磁能等相互转换的装置。换能器有两个用途：一是在水下发射声波，称为"发射换能器"，相当于空气中的扬声器；二是在水下接收声波，称为"接收换能器"，相当于空气中的传声器（俗称"听筒"）。换能器在实际使用时往往同时用于发射和接收声波，专门用于接收声波的换能器又称为"水听器"。换能器的工作原理是利用某些材料在电场或磁场的作用下发生伸缩的压电效应或磁致伸缩效应[5]。

（二）类型

声呐可以按其工作方式、装备对象、战术用途、基阵携带方式和技术特点等分类成各种不同的声呐，如按装备对象可把声呐分为水面舰艇声呐、潜艇声呐、航空声呐、便携式声呐和海岸声呐等。声呐按工作方式通常分为主动声呐和被动声呐。

1. 主动声呐

主动声呐主要由发射机、换能器基阵、接收机、显示器、控制器等构成[6]。该技术利用发射机发射某种形式的声信号，声信号在水下传播途中遇到障碍物或目标反射，返回的声波由接收阵接收，最后进行能量转换，从而实现目标的探测。具体来说，可通过回波信号与发射信号间的时延推知目标的距离，由回波波前法线方向可推知目标的方向，而由回波信号与发射信号之间的频移可推知目标的径向速度。此外，由回波的幅度、相位及变化规律，可以识别出目标的外形、大小、性质和运动状态。

2. 被动声呐

被动声呐利用接收换能器基阵接收目标自身发出的声信号来探测目标的方位和距离，其本身不发射信号，而是接收目标发出的声音。通常所说的水听器等设备，特别适用于不能发声暴露自己而又要探测敌舰活动的潜艇。此外，被动声呐往往工作于低信噪比情况下，因而需要采用比主动声呐更多的信号处理措施。

三、影响声呐工作性能的因素

声呐的工作性能除了受声呐本身技术影响，外界条件因素的影响也比较严重，如传播衰减、多路径效应、混响干扰、海洋噪声、自噪声、目标反射特征或辐射噪声强度等。例如，声波在水中传播的过程中受水介质不均匀分布或水底部状况的影响和制约，会产生折射、散射、反射和干涉，造成声线弯曲、信号起伏和畸变，从而改变其传播路径，出现声盲区，严重影响声呐作用距离和测量精度[7]。现代声呐根据海区声速－深度变化形成的传播条件，可适当选择基阵工作深度和俯仰角，利用声波的不同传播途径来克服水声传播条件的不利影响，增大声呐探测距离。又如，运载平台的自噪声主要与航速有关，航速越大自噪声越大，声呐作用距离就越近，反之则越远；目标反射本领越大，被对方主动声呐发现的距离就越远；目标辐射噪声强度越大，被对方被动声呐发现的距离就越远。

四、声呐的应用与危害

声呐已广泛应用于海军水下的监视，如对水下目标进行探测、分类、定位和跟踪，进行水下通信和导航。此外，声呐技术还广泛用于鱼雷制导、水雷引信，以及鱼群探测、海洋石油勘探、船舶导航、水下作业、水文测量和海底地质地貌的勘测等。在渔业中，利用探鱼仪发现鱼群的动向、鱼群所在地点，用捕鱼声呐设备计数、诱鱼、捕鱼，或者跟踪尾随某条鱼等，可大大提高捕鱼的产量和效率；还可以利用声学屏障防止鲨鱼的入侵，阻止龙虾、鱼类的外逃。虽然新技术为我们的生活带来便捷，但也留下了潜在的危害。自然资源保护协会（Natural Resources Defense Council，NRDC）的一项报告显示，军事声呐的使用正在不断加剧海洋噪声，海豚、鲸等生物依赖声音进行交配、觅食以及躲避天敌，而这些噪声影响了它们的生活。报告称，海洋噪声轻则影响海洋生物的长期行为，重则导致它们听力丧失甚至死亡[8]。

五、声呐的发展趋势

基于人们对于水声传播规律的研究和认识，声呐技术不断发展。虽然声呐早于雷达发明，但是目前声呐技术的发展与雷达相比仍较为落后[9]。此外，硬件技术发展的水平也是限制声呐技术发展的重要原因之一。随着微电子工业的迅猛发展，数字式声呐技术得以从理论走向实践，其主要表现在以下方面。①向低频、大功率、大基阵发展。由于声波在水中的传播特性以及低频大功率和基阵之间的关系，开发大孔径低频声呐技术是解决远程探索鱼群动向、进行高效率跟踪和捕捞的前提。②向系统性、综合性发展。渔船上的声呐系统将由单项功能的单部声呐逐步发展为由多部声呐组成的综合声呐系统，并进而构成集追踪、捕捞、驱离养殖水产的天敌、防止水产逃离等功能的综合系统。③向系列化、模块化、标准化、高可靠性和可维修性发展。现代声呐设备，无论是换能器基阵，还是信号处理机柜及显控台，都趋向采用标准化的模块式结构，这是因为这种结构具有扩展性好、互换性强、便于维修、可靠性强、研制周期短、研制经费少等优点，有利于声呐技术在水产养殖方面的广泛传播和产品化。④数据融合。随着声呐系统集成度的不断提高，数据量越来越大，单靠声呐员处理多平台、多传感器的信息已经不足以满足需求，因此数据融合技术将成为发展趋势[10]。⑤向智能化方向发展[11-12]。使用机器学习技术可以实现声呐波束形成、信号处理、目标跟踪与识别、系统控制、性能监测、故障检测等功能，这也使得声呐系统正朝着更加智能化的方向发展。

六、小结

本节从声呐的定义与原理、结构与类型、影响声呐工作性能的因素、应用与危害、发展趋势等方面，对声呐技术进行了详细的介绍和分析。在定义与原理部分，介绍了声呐的基本概念和原理，即通过发射声波并接收目标反射回来的声波来探测目标。在结构与类型部分，介绍了主动声呐和被动声呐的区别和用途，以及各种不同类型的声呐在不同领域的应用。在影响声呐工作性能的部分，探讨了材料、制造、操作等方面对声呐性能的影响。在应用与危害部分，介绍了声呐在海洋监测、水下探测、军事侦察等方面的应用，并指出了声呐技术可能带来的危险和挑战。在发展趋势部分，介绍了声呐技术的发展方向和应用前景，包括新技术的研究和应用，以及对环境和人类的影响。

第三节　机器视觉技术

机器视觉就是用机器模拟人眼来对目标做检测、识别、测量等。根据目标像素亮度分布、颜色、纹理等信息，可以对这些信号进行各种运算来抽取目标的特征，进而对目标进行识别。机器视觉技术融合了多学科的软硬件技术，涉及图像处理、机械工程技术、控制、模拟与数字视频技术、模式识别等多个领域。初期，机器视觉主要用于处理遥感图像和医学图像[13]，随后被广泛应用到生活中的多个领域。机器视觉系统最大的优点就是能够提高生产的灵活性和自动化程度。例如，在一些危险环境以及人工视觉无法得到满足的情况下，机器视觉就表现出了无与伦比的优越性。此外，在大批量重复的生产中，机器视觉提高了效率并实现了自动化。目前，机器视觉技术主要包括"声视觉"和"光视觉"[14]。水下光视觉系统相对于声视觉系统有着可以获取图像和视频信息的优点，虽然需要外界光源辅助，但具有更强的实时性，可更方便、更快捷、更精确地识别目标信息。

一、水下光学成像的原理及特性

水下光学成像技术是用自然光或附加光源照射目标物，目标物反射的光由光电传感器接收并转化为模拟信号，再转化为数字信号并显示图像。当摄像头离目标物较近时，生成的图像较清晰且成像速度快。光在传播过程中会迅速衰减，即使在最纯净的水中，衰减也比较严重[15]，如图 4-2 所示。

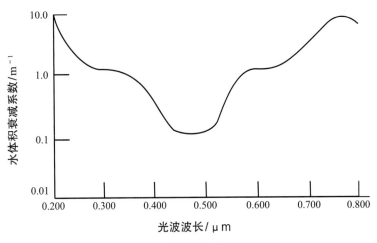

图 4-2　水体积衰减系数随波长的变化

　　光在传播的过程中，由于水对光的吸收和散射造成了光的衰减，故光的能量在水中按指数衰减，通常散射造成的衰减比吸收造成的衰减大。用指数方程表示单色光的照射强度，设 I_0 代表某一水层的光量，经过传输 L 距离后的光量 I 为：$I = I_0 e^{-cL}$，其中，c 为体积衰减系数（单位：m^{-1}）。对不同波长的光，水体积衰减系数是不同的，尤其水对紫外线、红外线以及红色可见光的吸收最为强烈。对于清澈的水来说，水对光只有吸收而无散射作用，摄像机可拍摄的距离只与光照强度有关，这时增加光源强度能够加大可视距离。对混浊水体，粒子的散射将光子散开，光传播就会偏离先前直线传播的方向[16]，从而造成图像对比度下降，此时增加光源强度不但不能起到加大可视距离的作用，反而适得其反。

　　散射系数与水中介质微粒的大小有关，当粒子小于入射光的波长时，遵照瑞利散射定律；当粒子大于或等于入射光的波长时，遵照米氏散射定律。水中散射有两种：一种是单纯由水本身产生的散射，一种是由悬浮颗粒造成的散射。从散射方式上又可分为前向散射和后向散射，如图4-3所示。前向散射是指光沿传播方向的散射，可以使光传输距离增大，这种效应有利于水下照明，但因为接收不到反射光，所以会降低图像的分辨率和对比。后向散射是指光沿传播反方向的散射。一般情况下，光的前向散射比后向散射弱。后向散射光是决定水成像距离的关键因素。光的散射对水下成像造成了很大影响，除此之外，水中存有的各种杂质和浮游生物，加大了水下图像的噪声，使图像质量更差，为图像处理带来了更多的困难。

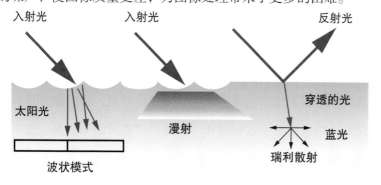

图 4-3　水表面对光的影响效果

　　水下成像实际是把一个立体目标映射到一个二维平面的过程，不可避免会丢失信息，所以得到的图像是一幅模糊的图像。此外，由于水体对光的散射效应以及吸收效应，加大了水下图像的模糊度，降低了图像信噪比和对比度[17]。因此，水下成

像必须使用附加光源，一般采用汇聚光的探照灯，光的照射强度以照度最大的点为中心，径向逐渐减弱，图像会产生背景灰度分布不均匀的现象。最后，摄像头的抖动以及机器人手臂对水体的搅动等因素，也会造成图像部分失真。总之，由于水下的能见性很差，导致图像匹配和分析很复杂，因此重要的是如何改善可见度问题。由于水中杂质对光子的高度吸收和散射，使得能看见的物体的图像模糊不清，水下成像的距离一般是比较近的[18]，因此，水下视觉技术主要用于实现近距离的观察探测、焊接等任务。

二、水下图像预处理

由于水中含有的许多微小颗粒影响光照的均匀性并加重水下散射，加上水对光的吸收，图像中具有大量噪声及不均匀灰度分布等原因，造成水下图像模糊、对比度低、颜色衰减严重、信息失真等，影响后续目标物的识别检测，因此，需对水下图像进行预处理。目前，并没有一种通用的预处理方法，不同的场景需要不同方法。水下图像预处理方法主要包括水下图像复原、水下图像降噪、水下图像增强[19]，下文针对这三种方法分别进行简单介绍。

（一）水下图像复原

水下图像复原主要考虑造成图像质量损失的相关因素，通过数学模型的建立对图像质量损失进行补偿，从而达到图像复原的目的。由于图像复原需要考虑的因素较多，且水质不同，图像复原处理过程不同，再加上处理图像速度较慢，所以对水下图像预处理方法的关注点多放在水下图像降噪与图像增强上。

（二）水下图像降噪

水下图像降噪是将图像中的噪声信息作为操作对象，降低图像中噪声信息的幅度与数量，同时保持原图像中目标物体的边缘、纹理及结构信息。水下图像中噪声的特点已被不断深入分析，降噪的方法已从简单的空域滤波方法，发展到具有多尺度的小波分析降噪方法，并且朝着不同尺度下对噪声信息选用多种降噪方法并行处理的趋势发展。

（三）水下图像增强

水下图像增强是通过定性的方法改善图像质量，对图像中的目标与背景利用对比度等因素进行图像信息加强，从而获得图像中目标与背景的较大图像差异。这种方法不需要水下环境先验知识，所以通常情况下操作该技术相对比较简单。但是，由于不同图像具有不同的属性，图像增强方法不具有普遍适用性。目前，图像增强方法主要包括空间域增强和频率域增强[20]。空间域图像增强是指对图像中邻域内的所有像素进行灰度变化，增强后的灰度由该点邻域内的所有像素点的灰度值决定，主要包括灰度变换、平滑滤波、模糊增强、直方图修正、图像锐化。相对于空间域增强，频率域图像增强是将图像 $f(x,y)$ 视为幅值变化的二维信号，通过傅里叶变换（fourier transform，FT）或小波变换（wavelet transform，WT）将其转到频率域中处理，最后傅里叶逆变换到原来的空间，得到增强后的图像。对于不同的应用环境和需求，需采用不同的图像增强方法来提高图像的对比度，便于后续目标物的识别检测。近些年，各类学科相互交叉、融合，对水下图像进行多尺度分解，获得不同尺度空间或频率范围内的图像信息状态，并按各子带所含有的图像特点进行相应的提升策略是未来图像处理的研究方向。

值得注意的是，在水下环境中拍摄的图像和视频一般质量较低，目标物的特征被严重破坏，直接使用传统的目标检测方法取得的效果往往不尽如人意。因此，对于水下视频与图像而言，预处理步骤至关重要，只有在一定程度上保护图像中兴趣目标的相关特征，才能为后续的检测工作提供基础和保障。

三、水下图像分割

图像分割是指将图像中的目标区域与图像的背景区域进行分离，并保证分离后的区域特征轮廓清晰且具有完整性。对于不同的应用环境和需求，需采用不同的图像分割方法，目前图像分割方法主要有阈值分割、区域分割、边缘分割、聚类分割、模糊分割、显著性分割和神经网络分割。由于成像过程受干扰形式的不同，至今图像分割领域仍没有一个通用的分割模型适于所有图像，同时，对图像分割质量的客观评价标准也没有形成统一的方案。

四、水下图像特征提取

在计算机视觉或图像处理中，特征是指与解决某种任务相关的信息，如点、线、区域。特征提取是指将机器学习算法不能识别的原始数据转化为算法可以识别的信息的过程。图像特征提取主要包括颜色特征、形状特征、纹理特征等。特征提取是一个降维过程，即把原始的图像信息简化为易于进行后续处理的信息（特征），并尽可能准确和完整地描述原始图像。

五、水下图像模式识别

将模式识别的方法和技术应用于图像领域，即当识别的对象是图像时就称为图像识别。水下图像模式识别指利用计算机对图像进行处理、分析和理解，以识别各种不同模式的目标和对象的技术。图像识别主要是以图像特征为基础的，如果特征集合包含图像信息，那么图像识别精确度就高[21]。目前图像识别主要包括模板匹配识别、统计模式识别、人工神经网络、句法结构模式识别。

六、水下机器视觉研究进展

伴随着计算机技术的发展，一门新兴交叉学科——计算机视觉应运而生，其涉及图像处理、模式识别和人工智能等多种技术。作为一项快速、经济、一致、客观、无损的检测手段，计算机视觉技术在测量对象的线性尺寸、周长、颜色、面积等外观属性方面有着传统手段无法比拟的优势。近年来，计算机视觉技术与水产养殖业不断融合发展，在鱼种类识别、计数、尺寸测量、生物量估计、行为识别、智能投喂等方面已有许多研究，虽取得了良好进展，但与陆上相比，水下视觉技术遇到的一个很大困难就是成像质量差，即使在静水中，由于光传播过程中会受到水的吸收效应、散射效应的影响，会造成图像对比度低、均匀性差、信噪比小，并且具有严重的灰白效应，而在实际的海洋或湖泊中，情况更加复杂[22-26]。目前，并没有统一的图像处理方法应用到能见度、光照和稳定性都无法控制的水产养殖环境中，这是因为不同的场景需要不同的图像处理方法来执行目标物的识别检测，所以研究不同的图像处理算法，实现水产养殖信息化、智能化是一个紧迫的任务。

七、小结

本节首先介绍了水下光学成像及其原理，进而分析了水下成像的特点，然后列举了几种常用的水下图像预处理方法，图像分割、特征提取及模式识别，概述了当前水下机器视觉的研究进展。近年来，伴随着海洋信息处理技术的蓬勃发展，水下机器视觉的研究和应用在迅速进步，水下光学成像技术在海洋探测与开发中的应用也在不断深化。同水下声呐技术相比，水下光学成像技术有着视场大、分辨率高、信息获取快捷、相互干扰小的优点，更适用于短距离内的目标检测和精确定位，具有很大的应用潜力。

第四节　激光雷达技术

雷达技术出现于二战时期，至今已经走过了 70 多年的发展历程，经历了冷战军备竞赛、新军事革命等不同历史因素的促进并经受了考验，雷达技术的体制、理论、方法、技术和应用都已得到很大的发展[27]。当今雷达技术仍在高速地发展和演变，从而衍生出许多新的概念、体制和技术[28]，雷达技术不再局限于对空中目标物的探测，尤其是近年来随着水面舰艇的高速发展，对水面目标物探测的相关研究取得众多研究成果。

一、雷达的定义与原理

雷达，是英文 radar 的音译，源于 radio detection and ranging，意思为"无线电探测和测距"，是利用电磁波（即无线电）发现目标并测定它们的空间位置，也被称为"无线电定位"。其原理如下：雷达设备的发射机通过天线把电磁波能量射向空间某一方向，处在此方向上的物体反射碰到的电磁波；雷达天线接收此反射波，送至接收设备进行处理，提取有关该物体的某些信息（如物距、速度、方位）[29]。雷达电磁波属于微波频段，即我们所说的超高频无线电波。各种雷达的具体用途和结构不尽相同，但装置的形式基本是一致的，包括发射机、发射天线、接收机、接收天线、处理部分以及显示器，还有电源设备、数据录取设备、抗干扰设备等辅助设备。雷达的作用和眼睛及耳朵相似。雷达的信息载体是无线电波，不论是可见光还是无线电波，本质都是电磁波，差别在于它们各自的频率和波长不同[30]。雷达获取物体信息的原理如下。

（一）测量速度原理

测量速度原理是雷达根据自身和目标之间有相对运动产生的频率多普勒效应。雷达接收到的目标回波频率与雷达发射频率不同，两者的差值称为多普勒频率。从多普勒频率中可提取的主要信息之一是雷达与目标之间的距离变化率。当目标与干扰杂波同时存在于雷达的同一空间分辨单元内时，雷达利用它们之间多普勒频率的不同，可以从干扰杂波中检测和跟踪目标。

（二）测量距离原理

测量距离原理是测量发射脉冲与回波脉冲之间的时间差，因电磁波以光速传播，据此就能换算成雷达与目标间的精确距离。在雷达工作环境中，把能够散射雷达波的物体，包括岛屿、船舶、海浪等，统称为目标。如果雷达发射脉冲与接收到雷达目标回波之间电磁波的往返时间为 Δt，便可以测出与目标之间的距离 $d = \frac{1}{2} c \cdot \Delta t$，其中 c 为电磁波的传播速度，值为 3×10^8 m/s。

（三）测量方位原理

测量方位原理是利用天线的尖锐方位波束，通过测量仰角的仰角波束，从而根据仰角和距离计算出目标高度。雷达天线扫描方式是定向圆周扫描，在水平面内，天线辐射宽度只有 $1°$ ~ $2°$。因此，雷达只能在每一特定时刻向一个方向发射脉冲，同时也只能在该方向上接收回波。雷达天线在空中以某一方向为参考基准，环 $360°$ 匀速转动，典型转速大约为每分钟 20 转 [31]。

二、雷达的分辨能力与特性

雷达分辨目标的能力与发射系统、天线、接收系统和信息处理与显示系统的多项技术指标有关，还与气象海况以及雷达操作技术有关。雷达目标分辨能力主要指距离分辨力和方位分辨力。雷达距离分辨力是指雷达分辨相同方位相邻的两个点目标的能力。IMO（International Maritime Organization，国际海事组织）最新雷达性能标准规定，在平静的海面使用 1.5 海里或更小的量程时，在量程的 50% ~ 100% 范围内，两个点目标的距离分辨力应不低于 40 米。雷达方位分辨力是指分辨相同距离相邻两个点目标的能力，用能够分辨出两个点目标的最小方位夹角来表示方位分辨力。根据 IMO 最新雷达性能标准规定，在平静的海面使用 1.5 海里或更小的量程时，在量程的 50% ~ 100% 范围内，两个点目标的方位分辨力应好于 2.5°。

雷达目标探测具有观测距离远且自备系统、自发自收的特点，显示器采用平面位置显示器（plan position indicator，PPI），用极坐标的形式显示其相对于本船的方位和距离；雷达分辨力很高，其观测不受能见度和夜间视距的影响，弥补了驾驶员视觉瞭望的局限性；雷达不仅能探测船舶目标，还能监测船舶周围水域的全景概况，如浮标、海浪杂波和雨雪、云雾。此外，雷达能够充分利用各种传感器信息，导航方法丰富，能够实现定位导航、绘图导航、航线导航等，便于在多种复杂航行环境下灵活运用。

三、雷达的分类与应用

雷达的种类繁多，分类的方法也非常复杂。通常情况下，雷达按用途分为预警雷达、搜索警戒雷达、引导指挥雷达、炮瞄雷达、测高雷达、战场监视雷达、机载雷达、无线电测高雷达、雷达引信、气象雷达、航行管制雷达、导航雷达以及防撞和敌我识别雷达等；按雷达信号形式分为脉冲雷达、连续波雷达、脉冲压缩雷达和频率捷变雷达等；按角跟踪方式分为单脉冲雷达、圆锥扫描雷达和隐蔽圆锥扫描雷达等；按目标测量的参数分为测高雷达、二坐标雷达、三坐标雷达和多站雷达等；按雷达采用的技术和信号处理的方式分为相参积累雷达和非相参积累雷达、动目标显示雷达、动目标检测雷达、脉冲多普勒雷达、合成孔径雷达、边扫描边跟踪雷达；按雷达天线扫描方式分为机械扫描雷达、相控阵雷达；按雷达频段分为超视距雷达、微波雷达、毫米波雷达以及激光雷达[32]。

雷达的优点是白天、黑夜均能探测远距离的目标，且不受雾、云、雨的阻挡，具有全天候、全天时的特点，并有一定的穿透能力。因此，雷达不仅成为军事上必不可少的电子装备，而且广泛应用于社会经济发展（如气象预报、资源探测、环境监测等）和科学研究（天体研究、大气物理、电离层结构研究等），星载、机载合成孔径雷达已经成为当今遥感中十分重要的传感器。以地面为目标的雷达可以探测地面的精确形状，其空间分辨力可达几米到几十米，且与距离无关。雷达在洪水监测、海冰监测、土壤湿度和森林资源调查、地质调查等方面也显示出了很好的应用潜力[33]。在渔业中，雷达技术也有发光发热的一面。例如，由于海洋养殖分布面积广，监控距离近则几百米或上千米，远则几千米甚至十几千米，雷达技术可以有效地进行防盗监控，减少养殖水产损失。

四、小结

本节首先介绍了雷达技术的定义和相关工作原理，通过分析雷达工作原理来讨论雷达的目标分辨能力，最后概述雷达相应的分类与应用。新概念和基础理论对雷达系统能力的形成起着决定性的先导作用，而广阔的应用场景为其提供了验证场所，尤其在水面目标的检测方面，雷达与声呐配合使用可以做到水下、水面一体化监控。

第五节　浮标技术

浮标是一种用于获取海洋气象、水文、水质、生态、动力等参数的漂浮式自动化监测平台，它是随着科技发展和海洋环境监测、预报的需要而迅速发展起来的新型海洋环境监测设备，具有长期、连续、全天候自动观测等优点，为海洋预报、防灾减灾、海洋经济、海上军事活动等服务[34]。渔业中，浮标的使用可以有效地减少渔船的盲目捕捞和无效航行，不仅能减少原油消耗，更能极大地提高海洋渔业捕捞的经济效益。

一、浮标的定义

浮标，指浮于水面的一种航标，是锚定在指定位置，用以标示航道范围，指示浅滩、碍航物，或表示专门用途的水面助航标志。浮标在航标中数量最多，应用广泛，设置在难以或不宜设立固定航标之处。装有灯具的浮标称为灯浮标，在日夜通航水域用于助航。有的浮标还装有雷达应答器、无线电指向标、雾警信号和海洋调查仪器等设备，对沿海国家和地区的国计民生及国土安全等方面都具有重大意义，因此受到世界各国的极大重视和大力发展。浮标是海洋观测中最重要、最可靠、最稳定的手段之一，是海洋观测资料四大来源之一[35]。

二、浮标系统及其分类

浮标系统是一个复杂系统，涉及结构设计、数据通信、传感器技术、能源电力技术、自动控制等多个领域，是多个学科的综合与交叉。浮标系统可以分为六大部分：浮标标体部分、数据传输与通信部分、数据采集与控制部分、传感器部分、系留系统部分、能源供给部分。通过以上部分的交叉和组合可以形成满足不同观测需求的浮标系统，如水上浮标、水下潜标和海床基、海冰浮标等。浮标按照应用形式可以分为通用型和专用型浮标。通用型浮标是指传感器种类多、测量参数多、功能齐全，能够对海洋、气象、生态参数等进行监测的综合性浮标；专用型浮标是指针对某一种或某几种海洋环境参数进行观测的浮标。

浮标按照锚定方式可以分为锚泊浮标和漂流浮标（图4-4）。

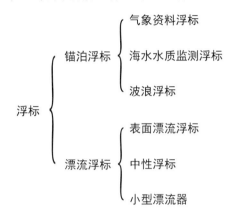

图 4-4　浮标按锚定方法分类

浮标按照结构形式可分为圆盘形、圆柱形、船形、球形、环形等（图4-5）。

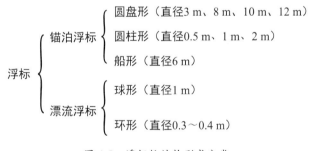

图 4-5　浮标按结构形式分类

三、浮标观测技术研究进展

随着科技的发展、需求的增加，以及新原理、新材料和新技术的不断涌现，浮标的各项关键技术也在不断地发展和变化，如新材料在浮标平台结构中的使用、基于北斗卫星的通信系统、基于波浪能的剖面观测浮标等。与浮标系统结构对应，浮标关键技术总体可以分为五部分：浮标结构设计技术、数据传输与通信技术、数据采集与控制技术、传感器技术、能源供给技术[36]。浮标技术的优秀代表是美国国家海洋和大气管理局的通用型浮标观测技术，管理的浮标遍布全球。此外，世界气象组织（World Meteorological Organization，WMO）和政府间海洋学委员会（Intergovernmental Oceanographic Commission，IOC）的数据浮标合作小组（Data Buoy Cooperation Panel，DBCP）也管理着众多的浮标，用于全球气象预报等领域。而专用型浮标是浮标观测技术水平的体现，也是各国在海洋资料浮标领域研究、制造、应用方面的综合实力、技术水平和创新水平的标志之一，如根据特定需求研制的海啸浮标、波浪浮标、海冰浮标[37]、海气通量观测浮标、海洋酸化观测浮标、海洋剖面浮标、海上风剖面浮标、光学浮标等专用浮标。

我国的海洋资料浮标研制虽然起步较晚，但在某些方面的水平已经达到国际领先水平[38]：观测参数种类多于国外产品；采用了多种数据通信手段，其中北斗通信方式是我国独有；数据传输间隔方面有多种传输间隔可供选择。我国已经初步建立了包含约130个浮标的近海浮标观测网。国外海洋技术强国的海洋资料浮标观测技术处于领先水平，不但技术先进，功能齐全，大部分处于长期业务化运行阶段，而且具有观测精度高、长期稳定性好、功能齐全、功耗低等特点。总之，我国在海洋资料浮标观测技术方面与国外海洋技术大国相比还存在较大差距，主要体现在搭载的仪器设备的性能、测量精度和工作可靠性等方面，但在系统集成、布放回收等方面差距已不明显。

四、小结

随着我国海洋强国战略的推进，可以对海洋环境进行全天候、全天时连续监测的海洋浮标监测网络将迅速扩展，尤其是随着对浮标所收集的海洋资料信息的需求越来越多，采用先进技术降低成本、提高可靠度、丰富功能、延长工作寿命、方便布放，成为当前世界各国根据浮标技术发展趋势对浮标进行重新设计和制造的主要宗旨。相信在未来，浮标技术将会以更好的面貌和技术力更加深入地在渔业生产养殖等领域扎根，浮标的发展也将推动海洋科学更好地服务国民经济和人们的生活。

第六节 其他探测技术

目前，光电探测手段包括可见光探测、微光探测、红外探测、激光侦察、光电综合探测等[39]。光电探测装备的优点是成像分辨率高、易于观测和识别目标，由于大都是被动探测装备，所以隐蔽性好，不易被敌方探测，而且抗干扰性好。在强电磁对抗环境中，雷达无法工作，光电探测设备将担负主要侦察任务。在海杂波严重的条件下，光电探测对低空目标也有较强的探测能力[40]。

卫星技术在水面探测中的应用十分广泛。海洋卫星能在数百千米高空对海洋里的许多现象进行观测，这是因为它有一些特殊的本领，比如测量海水的温度，用的就是遥感技术。当太阳发出的电磁波到达海面时，能量的分布是不均匀的，利用遥感技术可以帮助我们测量海面的温度及其特征，数据经电脑分析后，就可得到海面温度的情况，最后打印成一张海面温度分布图。由于几乎是同步观测后得到的数据，所以观测结果较为真实[41]。

机载激光水下探测是从巡航中的飞机上向海面发射激光脉冲，然后接收其回波信号，以确定水下目标的位置坐标，并对其进行识别、跟踪。尽管大部分电磁辐射是穿不透海水的，但蓝绿激光却能透过一定距离的海水[42]，实时探测蓝绿激光在目标表面的反射光，再根据激光脉往返传播的时间，就能确定目标在水下的深度。

本章小结

本章概述了水下及水面探测技术。水下探测技术包括"声视觉"和"光视觉"两种技术。"声视觉"技术以声呐为代表，在第二节中介绍了声呐的定义、基本原理、结构与类型，影响声呐工作性能的因素，声呐的应用与危害，以及声呐的发展趋势。"光视觉"以水下机器视觉为代表，在第三节中介绍了水下光学成像原理、水下图像处理的主要技术方法，并总结了水下机器视觉研究的进展。

水面探测技术，概括了以雷达为主的水面目标物的检测方法和以浮标为主的水面性质检测方法。在第四节中介绍了雷达的定义、基本原理、目标分辨能力以及雷达的分类与应用。在第五节中介绍了浮标的定义、浮标系统及其分类，并对浮标观测技术研究进展进行了总结。第六节简单介绍了其他水面和水下探测技术，作为对主流探测技术的丰富。

参考文献

[1] 娄轩. 微型波浪浮标观测系统 [D]. 青岛 : 中国海洋大学 ,2015.

[2] 仲雯雯. 我国战略性海洋新兴产业发展政策研究 [D]. 青岛 : 中国海洋大学 ,2011.

[3] 郑燕. 被动声呐系统中低频信号的检测技术研究 [D]. 武汉 : 武汉理工大学 ,2007.

[4] 张巍. 舰艇声呐技术的应用与发展分析 [J]. 舰船电子工程 ,2016(5):12-16,42.

[5] 张志彬. 声呐平台水声信号处理研究与实现 [D]. 石家庄 : 河北科技大学 ,2014.

[6] 戴海鹏. 潜艇声隐身对被动声呐搜索效能影响研究 [D]. 哈尔滨 : 哈尔滨工程大学 ,2012.

[7] 孔大伟 , 吕杨. 海洋环境对声呐系统影响研究 [J]. 装备环境工程 ,2012(4):68-70,81.

[8] 李启虎. 进入 21 世纪的声呐技术 [J]. 信号处理 ,2012(1):1-11.

[9] 袁野 , 卓颉 , 刘亚妍. 浅海环境下干扰源对被动声呐作用距离的影响 [C]// 中国声学学会 , 中国声学学会青年工作委员会. 中国声学学会第十一届青年学术会议会议论文集 .2015:213-216.

[10]KOCK W E. Radar, sonar, and holography: an introduction[M]. London: Academic Press, 1973.

[11]LLINAS J, HALL D L. An introduction to multi-sensor data fusion[C]// IEEE International Symposium on Circuits and Systems. IEEE Xplore, 1998,6:537-540 vol.6.

[12]MILAN, S, VACLAV H, Roer B. Image Processing, Analysis and Machine Vision,Second Edition[M]. Belmont,CA: Brooks/Cole Press,2011.

[13] 贾云得. 机器视觉 [M]. 北京 : 科学出版社 , 2000.

[14]FORESTI C L,GENTILI S. A vision based system for object detection in underwater images[J]. International Journal of Pattern Recognition and Artificial Intelligen-ce,2000,14(2):167-188.

[15] 孙传东 , 陈良益 , 高立民 , 等. 水的光学特性及其对水下成像的影响 [J]. 应

用光学 ,2000,21(4):39-46.

[16]FOUMIER G R. Range-gated underwater laser imaging system [J]. Opt.Eng, 1993, 32(9):2185-2190.

[17] 吕春旺 . 海底管道的自主探测与识别技术研究 [D]. 哈尔滨 : 哈尔滨工程大学 ,2007.

[18] 游思翔 . 水下历史遗迹图像的预处理及其分析研究 [D]. 南京 : 南京理工大学 ,2008.

[19] 丁雪妍 . 基于卷积神经网络的水下图像增强算法研究 [D]. 大连 : 大连海事大学 ,2018.

[20] 侯国家 . 水下图像增强与目标识别算法研究 [D]. 青岛 : 中国海洋大学 ,2015.

[21] 丰子灏 . 水下图像的兴趣目标检测 [D]. 上海 : 上海交通大学 ,2015.

[22]BAZEILLE S, QUIDU I, JAULIN L. Color-based underwater object recognition using water light attenuation[J]. Intelligent Service Robotics, 2012,5(2):109-118.

[23]STORBECK F, DAAN B, Fish species recognition using computer vision and a neural network[J]. Fisheries Research, 2001,51(1):11-15.

[24]CATAUDELLA V S. A dual camera system for counting and sizing Northern Bluefin Tuna (Thunnus thynnus； Linnaeus, 1758) stock, during transfer to aquaculture cages, with a semi automatic Artificial Neural Network tool[J]. Aquaculture, 2009,291(3-4):161-167.

[25]COSTA C,LOY A,Cataudella S, et al. Extracting fish size using dual underwater cameras[J]. Aquacultural Engineering, 2006,35(3):218-227.

[26]ZHOU C,LIN K,XU D, et al. Near infrared computer vision and neuro-fuzzy model-based feeding decision system for fish in aquaculture. Computers and Electronics in Agriculture, 2018(146):114-124.

[27]ZION B. The use of computer vision technologies in aquaculture–A review[J]. Computers and Electronics in Agriculture, 2012(88):125-132.

[28] 张法全 , 郑承栋 , 陈良益 , 等 . 水下电视图像预处理方法研究 [J]. 电视技术 ,2008,32(3):16-18.

[29]SKOLNIK M I. Fifty years of radar[J]. Proceedings of the IEEE, 1985,73(2):182-197.

[30] 王小谟, 张光义. 雷达与探测 : 信息化战争的火眼金睛 [M].2 版 . 北京 : 国防工业出版社 ,2008.

[31] 李柏, 古庆同, 李瑞义, 等 . 新一代天气雷达灾害性天气监测能力分析及未来发展 [J]. 气象 ,2013(3):265-280.

[32] 文斐 . 激光雷达数据采集系统框架研究 [D]. 合肥 : 中国科学技术大学 ,2013.

[33] 李东泽 . 雷达关联成像技术研究 [D]. 长沙 : 国防科学技术大学 ,2014.

[34] 张养瑞 . 对雷达网的多机伴随式协同干扰技术研究 [D]. 北京 : 北京理工大学 ,2015.

[35] 王军成 . 浮标原理与工程 [M]. 北京 : 海洋出版社 ,2013.

[36] 王波, 李民, 刘世萱, 等 . 海洋资料浮标观测技术应用现状及发展趋势 [J]. 仪器仪表学报 ,2014(11):2401-2414.

[37] 郭井学, 孙波, 李群, 等 . 极地海冰浮标的现状与应用综述 [J]. 极地研究 ,2011,23(2):149-157.

[38] 戴洪磊, 牟乃夏, 王春玉, 等 . 我国海洋浮标发展现状及趋势 [J]. 气象水文海洋仪器 ,2014(2):118-121.

[39] 吴涛, 叶磊, 胡庭波 . 水面光电探测技术研究进展分析与展望 [J]. 国防科技 ,2013(6):44-47.

[40] 肖胜, 张路青, 许中胜 . 军用 UUV 光电探测技术的应用方向 [J]. 舰船电子工程 ,2014(11):165-168.

[41] 海伟, 笪良龙, 范培勤 . 卫星对水面航渡阶段潜艇的探测概率分析 [J]. 指挥控制与仿真 ,2014(1):44-47.

[42] 张洪敏 . 机载激光雷达水下目标探测技术的研究 [D]. 成都 : 电子科技大学 ,2010.

第五章

渔业导航定位技术

海上渔业的作业环境复杂多变，决定了海洋渔业生产是高危事故多发行业。有效、快捷的定位是预防海难发生、组织海难救助的根本保证，为了最大限度地减少或避免人员伤亡和经济损失，必须使用先进、科学的技术手段来管理渔业。本章重点介绍了几种主要的卫星导航系统和常用的渔船导航设备。

第一节　概述

我国大陆海岸线有 1.8 万千米，黄海、渤海、东海、南海的海域总面积为 472.7 万平方千米，内陆水域面积为 2 700 余万公顷，丰富的水生生物资源与水域资源为渔业发展提供了非常有利的物质条件[1]。我国是渔船数量拥有量最多的国家，2022 年末，我国渔船总数 5.11×10^5 艘，总吨位 1.03×10^7 吨。其中：机动渔船 3.42×10^5 艘，总吨位 1.01×10^7 吨；非机动渔船 1.69×10^5 艘，总吨位 2.40×10^5 吨。机动渔船中，生产渔船 3.29×10^5 艘，总吨位 8.86×10^6 吨。[2] 海上渔业的作业环境复杂多变，决定了海洋渔业生产是高危事故多发行业。有效、快捷的定位是预防海难发生、组织海难救助的根本保证，为了最大限度地减少或避免人员伤亡和经济损失，必须使用先进、科学的技术手段来管理渔业。常用的渔船导航设备主要包括：GPS、北斗卫星导航仪、GPS/ 北斗双模导航仪、雷达导航、手机定位导航等[3]。

第二节　GPS 技术

一、GPS 的概念和组成

GPS 是 20 世纪 70 年代由美国陆、海、空三军联合研制的空间卫星导航定位系统，其主要目的是为陆、海、空三大领域提供实时、全天候和全球性的导航服务，并用于情报收集、核爆监测和应急通信等一些军事任务[4]。GPS 以全天候、高精度、自动化、高效益等显著特点，赢得了广大测绘工作者的信赖，并成功地应用于大地测量、工程测量、航空摄影测量、运载工具导航和管制、地壳运动监测、工程变形监测、资源勘察、地球动力学等多个领域，给测绘领域带来了一场深刻的技术革命，目前，已成为世界上应用范围最广、实用性最强的全球精密实时测距、导航、定位系统[5]。全球定位系统主要由三部分组成：用户接收机部分、地面控制部分、空间卫星部分[6]。

GPS 的空间卫星部分使用 24 颗高度 2 万多千米的卫星组成。24 颗卫星分布在 6 个等间隔的椭圆形轨道面上，轨道面之间互成 60° 夹角，相对赤道面的夹角为 55°。GPS 卫星轨道为近圆形，运行周期为 11 小时 58 分，卫星轨道的长半轴为 26 609 km，偏心率为 0.01，这样的卫星分布，可保证全球任何地区、任何时刻都有不少于 4 颗卫星提供观测，提供时间上连续的全球导航能力[7]。

在 GPS 定位中，GPS 卫星是一动态已知点，卫星的位置是依据卫星发射的星历算得的。地面控制部分包括 1 个主控站、3 个上行注入站和 5 个监控站。主控站设在范登堡空军基地，主控站主要任务是提供 GPS 的时间基准，控制地面部分和卫星的正常工作，包括处理由各监控站送来的数据，利用这些数据计算每颗 GPS 卫星的轨道和卫星钟差改正值[8]。3 个注入站分别设在太平洋、印度洋和大西洋的三个美国军事基地内。它们负责监测信息的准确性，并且在每颗卫星运行至上空时把这些导航数据及主控站的指令注入卫星。监控站是一个无人值守的数据采集中心，设有原子钟、GPS 用户接收机、收集当地气象数据的传感器和进行数据初步处理的计算机[9]，其主要任务是对每颗卫星进行连续不断的观测，并将这些数据传送至主控站，对地面监控站实行全面控制。

用户接收机部分由接收单元和天线单元两部分组成。其主要任务是接收卫星发射的信号，并对其进行变换、放大等处理，解译出 GPS 卫星所发射的导航电文，实时计算监测站的速度、时间和三维位置[10]。

二、GPS 的技术原理

GPS 定位的原理是基于卫星测距，每个卫星在运行的任一时刻都有一个确定的坐标值，接收机的位置坐标为未知的坐标值，而太空卫星发射的无线电波在传送的过程中会耗费时间。将电波传送速度乘以卫星时钟与接收机内的时钟的时间差值可以计算出接收机与太空卫星的使用者之间的距离，这样就能按照三角向量关系列出一个相关的方程式。因此，计算平面的坐标值需要接收三颗卫星的信息，同时测量四颗卫星就可以解出速度、方向和三维位置，五颗卫星以上能够进一步提高准确度[11]。GPS 原理如图 5-1 所示。

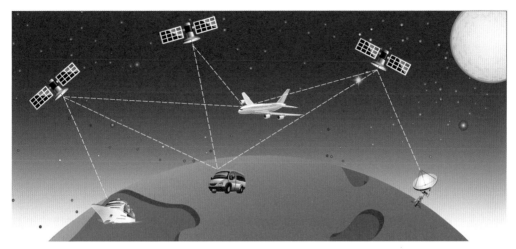

图 5-1　GPS 原理

三、GPS 在渔业中应用的发展历史

20 世纪 80 年代后期，我国渔船逐步淘汰了罗兰 –A 定位仪（Loran-A fixing），开始配备 GPS 导航仪[12]。GPS 导航仪相对罗兰 –A 定位仪，具有不受地域限制、定位精度高、设备小巧、省电而且使用方便的特点。20 世纪 90 年代，具有简易电子海图的渔用 GPS 导航仪具备了中文显示、海陆分色、农历日期、沿海渔港、航标导航等功能。

1991 年上半年，上海远洋渔业公司所属 4 艘远洋拖网加工船上分别安装了日本古野 GP–500 型和美国 Trimble 型两种导航仪，获得了良好的效果。Trimble 型导航仪增加的墨卡托海图可进行航迹跟踪，主要功能有船位显示、航迹跟踪、平均船向与航速计算，内设 500 个航路点数据库，能够制定航线、导航、航行警报，定位精度高[13]。

90 年代中期，国产渔业 GPS 定位仪器迅速发展。1996 年 12 月，中国水产科学研究院渔业机械仪器研究所研制的具有简易电子海图的渔用 GPS 导航仪在上海通过原农业部的部级鉴定。该导航仪采用了 8 位的 51 系列单片机，通过采用汇编语言、扩大外存、优化算法和数据压缩等技术，得到了具有 7 种比例尺、海图屏幕切换时间少于 3 秒的良好结果，降低了成本，实现了 GPS 与电子海图技术的融合，具有汉字显示、经纬度显示、渔区对应显示、航迹显示、中国海域图显示、航位快存等多种适合渔民需要的功能。为满足渔民实际需要和产业化生产要求，在 1994 年底完成样机研制后，研究团队又经过近两年的技术改进和生产工艺完善，提高了渔船环境下电源的抗干扰能力，并解决了过压保护问题，使该成果转化为技术先进、性能优良、质量可靠、使用方便的 GPS–951 型卫星导航仪，并批量生产[14]。

90 年代末期，我国渔船基本上都装备了 GPS 导航仪。到 2010 年，国产渔用 GPS 导航仪已占有 2/3 以上的市场份额，主要产自漳州华润、温州华信、上海全球、上海直航、台州新骆、深圳星通等企业，年产销量近 4 万台。

渔用 GPS 导航仪具备以下特点：①整机性能方面，具备图形化的中、英文多语种显示，GPS 定位精度高于 25 m（2 drms），支持差分扩展定位（提供米级或更高级别的定位精度）；②液晶显示界面具备彩色或多级灰度的点阵图形显示；③导航与航迹功能方面，具备对点导航、预设航线导航、按航迹返航、报警设定等，用户数据管理、维护便捷；④电子海图与航迹、船位等数据融合，使用彩色或多级灰度的电子海图，提供海岸线、河道湖泊线、航道线、港区、航标、深浅水的区域及水的深度数据、水下障碍物等多个电子海图层的支持；⑤外部设备与互联接口使用密封防水、内置或外置的微带右旋极化天线或螺旋天线、可连接雷达或 AIS 等设备的 NMEA（National Marine Electronics Association，为海用电子设备制定的标准格式）数据接口，以及用于设备互联与信息集成的应用。

四、GPS 在渔业上的应用

GPS 定位是海域综合管理的基础工作，已广泛应用于渔船的导航、渔业资源调查、渔业环境监测和渔业生产等各个领域[15]。

以卫星通信 C 站作为通信基本手段可以实现陆站和船站的动态信息传输，利用 GPS 技术可以获得渔政船海上动态，利用基础海图和地理信息系统（GIS）技术可以实现渔政船中已经纳入监测管理的渔船船位的跟踪显示，并通过卫星 SSB 和 C 站实现对海上渔政船的调度指挥，国内外许多厂家已生产相应的 GPS 导航仪，技术比较成熟。同时，利用船载计算机装配相应的渔业法规信息、渔业船舶、渔港与航标信息、船员档案信息、装备信息等系统，能够实现信息登录和查询[16]。

在渔业资源调查中，首先用 Google Earth（谷歌地球）软件搜索出调查区域并获得该区域的交通道路和地形地貌等影像资料，然后结合渔业资源调查的要求，规划并标示出行车、行船路线和调查采样点，使工作方案和调查路线得以优化，还可生成被称为地标文件的电子地图。通过 GPSBabel GUI 等格式转换软件，将地标文件转换成 GPS 仪可以识别的 gpx、gdb 等格式的文件，用 GPS 打开这些转换好格式的文件，即可实现调查点、调查路线的实时导航和调查点的精确定位[17]。

　　远洋渔业生产中，渔船监控以卫星通信、GPS、GIS、数据库等技术手段为支撑，远洋渔船 GPS 动态监控系统的建设主要由控制单元、移动单元和通信三个环节构成。移动单元上的 GPS 接收天线负责计算船位经纬度坐标和卫星信息，技术人员负责统计输入当天采集的数据，温盐观测仪自动采集海洋环境数据，获取的各类数据通过压缩打包后形成二进制的数据文件，经过调制解调形成标准的语句数字格式后，通过卫星通信设备传送出去。通信的过程就是通过通信卫星的固定频道完成数据的发送和接收，接收后经过调制和解码后的数据通过串口通信以二进制数据文件形式传送给控制单元（即监控中心），监控中心负责完成二进制数据文件的解包、质量控制、数据的分发以及渔船的动态监视和分析功能，最终实现渔船动态显示与轨迹分析的功能，如单船跟踪显示、实时船位显示、多船跟踪显示、渔船中心定位、移动轨迹显示、时间开窗动态信息提取、动态信息显示、历史轨迹回放等。渔船动态跟踪过程中，响应不同的显示状态设置能达到不同的功能效果[18]。

　　海岸及海岛带的综合管理同样需要 GPS 提供技术支撑。GCP（ground control point，地面控制点）的测量是运用 GPS 测定地面控制点的平面位置和高程的作业。卫星和飞机在运动过程中由于种种原因产生飞行姿势的变化会引起影像发生变形。高精度的卫星遥感影像和地面控制点为航空相片进行地理定位以及各种几何纠正提供了重要数据源。由于遥感图像分辨率的不断提高，影像纠正过程对 GCP 的精度提出了更高的要求。近年来，国内外对运用 GPS 进行高精度动态测量做了大量研究，目前较为成熟的技术是实时载波相位差分（real time kinematic，RTK），它可以实时处理两个测站的载波相位，实时提供观测点的三维坐标。该技术主要服务于水下地形图的绘制，在水下地形测量中的应用十分广泛，对建设现代化的深水港、海洋渔业资源监测、海底资源勘探、海底电缆铺设、海上钻井平台建设等具有重要意义，对全海域的综合管理离不开对基底数据的测量，基底数据又服务于国家的海洋发展战略。因此，GPS 技术经常作为辅助工具服务于国家海域综合管理。

渔船安全救助信息系统可以在紧急情况下进行报警，在最短时间内将事发地点的位置信息发送到海洋与渔业应急指挥中心，帮助人们以最科学的决策制度制定完善的救助计划部署，获取最准确的海上险情信息，提高海上搜救应急反应能力。赵树平等针对渔船安全救助存在的遇险渔船定位难等问题，提出了一种渔船安全救助信息系统的设计方案。该系统以电子海图综合信息处理显示系统为平台，通过 Inmarsat-C、AIS、GPS 及 GPRS（general packet radio service，通用分组无线业务）等通信手段自动采集渔船的动静态信息，在电子海图上观察渔船和搜救船舶的分布情况，实时地向搜救船队发出搜救调度指令，最大限度地减少或避免遇险渔船的人员伤亡和经济损失[19]。

赵爱博等在江苏预警报服务与渔船安全救助结合的问题上，提出了一种电子海图综合信息系统的设计方案。该系统以电子海图为基础，通过 CDMA（code division multiple access，码分多址）、AIS、GPS 及 GPRS 等通信手段自动采集渔船的动静态信息，并能够在电子海图上将渔船分布信息与预警报产品相叠加，实时显示预警报海域的渔船情况，自动识别渔船风险并发送警报信息，最大限度地减少或避免渔船的人员伤亡和经济损失[20]。

山东省滨州市海洋与渔业局的魏延亮等也提出基于 GIS 技术、GPS 技术及计算机通信技术来建设海洋渔业应急救援系统，实现海上渔业生产对所有船只、整个海域及作业过程的无缝实时监控和信息化管理，提高海洋渔业管理部门应对和处置海上突发事故的能力，保障渔民的生命和财产安全，促进海洋渔业经济又好又快发展[21]。

山东省沂水县渔业管理局借助 GPS 卫星定位测量仪器，通过实地测量、现场拍照、走访了解渔户、信息建档登记等手段，对全县 19 个乡镇 139 座小型水库的渔业水域资源进行了一次全面、系统的调查。调查结果表明，该县小型水库闲置水面较多，苗种投放不足，经营管理粗放，渔业资源开发潜力巨大[22]。

五、GPS 存在的问题

至 2022 年，国产渔用 GPS 导航仪问世已超过 28 年，其性能基本满足国内渔业生产的需求，但仍存在着不少专业技术问题有待解决。

由于渔船要在海上长时间航行，需要根据地表情况，按椭球算法或大圆算法进行导航参数（方向、距离等）计算，这种算法与陆地上汽车导航或天空中飞机导航的方法（平面或空间直线算法）不同，而且需要计算机的浮点功能配合。如果没有采用专业算法，在短程导航应用中，会造成导航计算输出的目标方位偏差，同时随着导航距离的增加，其误差也会随之增加到无法接受的程度。在国产渔用 GPS 导航仪的设计中，由于采用的导航计算方法不统一，所以不同的产品输出的结果也不一致。精确的导航计算可以让渔船采用最短的航程行驶，能够节省更多的燃油和时间。因此，有必要对导航误差做出量化规定。

多数国产渔用 GPS 导航仪提供电子海图的显示功能，但由于导航仪核心 CPU（central processing unit，中央处理器）不同，会影响到所显示电子海图的准确度及丰富程度。性能优良的 GPS 导航仪，其显示的图例能符合相应的国家或国际标准要求，能保证数据的精度并提供丰富的显示内容，并能提供数据的更新。通常，电子海图数据库包括了面、线、点类型的数据，这些数据通过屏幕绘制，显示出我们通常所见到的海岸线、航道线以及受到关注的航标灯、障碍物、各种标注等图示信息。因此，必须确保这些数据的精度及显示图例的规范性，一些经常变动的数据应该及时更新与替换，否则渔船依据不完善的电子海图航行，必然存在安全隐患。

有些产品忽略了干扰和抗干扰的设计，这样的 GPS 导航仪在工作时，产生的射频无线电干扰会严重影响渔船上其他无线电话机设备、罗盘罗经仪的正常工作，造成严重隐患；还有一些产品缺少 NMEA 的协议输入输出接口，只能单机使用，无法和其他设备连接；也有少数产品缺少接地装置。

我国标准 GB/T 15527—1995 仅规定了全球定位系统（GPS）接收机的要求，不涉及渔船导航的要求。SC/T 7008—1996 由于其制定年代较早，提出的对渔用 GPS 导航仪的要求简单、粗浅和不尽完善，需要尽快得到修订。

第三节　北斗导航定位技术

一、北斗导航的概念

中国北斗卫星导航系统（BeiDou Navigation Satellite System，BDS）是我国自行

研制、拥有自主知识产权的全球卫星导航系统，因其具有定位精度高、保密性能强和短报文通信的独有设计特点，已成为国家战略新兴产业发展的重中之重[23]。目前，北斗卫星导航系统已成为联合国卫星导航委员会认定的供应商，和美国 GPS、俄罗斯 GLONASS（格洛纳斯，俄语 Globalnaya Navigatsionnaya Sputnikovaya Sistema，全球卫星导航系统）、欧盟 GALILEO（Galileo Satellite Navigation System，伽利略卫星导航系统）一起为全球提供导航服务。北斗卫星导航系统如图 5-2 所示。

图 5-2　北斗卫星导航系统

　　我国自 1994 年开始对卫星导航系统进行积极探索，并在 2000 年拥有了第一代北斗自主卫星导航系统。之后，在 2003 年发展了北斗卫星导航的实验系统性能，发射了第 3 颗北斗导航试验卫星[24]。

　　我国在 2004 年启动了北斗卫星导航系统建设计划，并在 2007 年成功发射了第一颗 COMPASS-M1 地球轨道卫星。截至 2012 年，西昌卫星发射中心已经成功发射了 16 颗北斗导航卫星，完成了北斗二代卫星导航系统建设，正式宣告北斗卫星导航系统初步建成。与第一代导航系统相比，第二代北斗卫星导航系统除了提高了授时和定位的精度，还增加了测速功能，服务区域也从中国扩大到部分亚太地区[25]。随着北斗系统建设和服务能力的发展，相关产品已广泛应用于水文监测、气象预报、交通运输、救灾减灾、海洋渔业、应急搜救、森林防火等领域，逐步渗透到我国以及亚太地区社会生产和人们生活的方方面面[26]。

2020 年，我国全面建成具有全球覆盖能力的北斗卫星导航系统，可满足国家防御、经济发展、科学研究等的需要，符合我国的利益。北斗系统与 GPS 等其他系统一道为全世界的用户提供高质量的服务，为社会的发展进步提供坚强有力的保障。

二、北斗导航的工作原理

北斗卫星导航系统区域系统由 5 颗地球静止轨道（geostationary orbital，GEO）卫星、5 颗倾斜地球同步轨道（inclined geosynchronous orbital，IGSO）卫星和 4 颗中地球轨道（medium earth orbital，MEO）卫星组成。BDS 区域系统发播 3 个导航信号，频率分别为 1 561.098 MHz（B1）、1 207.14 MHz（B2）和 1 268.52 MHz（B3），其中北斗一号卫星和北斗二号卫星为公开民用信号。如果选择的轨道半径使卫星的轨道重复周期等于地球的自转周期，可得到一种特定的卫星轨道。此外，当卫星轨道偏心率为 0 且轨道倾角为 0° 时，卫星就会像是静止在地球赤道上空的一个点，这种重要的轨道就是地球静止轨道。目前所用的典型的 GEO 轨道的倾角和偏心率都略大于 0°。这种“实际”的 GEO 轨道常称为地球同步轨道，方便与理想的地球轨道相区分。一颗 IGSO 卫星能够观测到地球表面积的 1/3，因此在赤道上相隔120° 分布三个IGSO卫星能够覆盖除极区以外的所有区域。那些运行在 10 000 ～ 20 000 km 典型高度的轨道上的卫星称为中地球轨道卫星。MEO 的特征包括：可选择每天运行圈数；能够实现重复的地面轨迹和循环的地面覆盖；充分的星地相对运动可以进行高精度、准确的位置测量。对一个位置固定的地球终端来说，MEO 卫星每次的观测时段有 1 ～ 2 h。MEO 卫星具有非常合适于遥感、气象、导航、定位应用的特点。全球定位系统（GPS）就是拥有 24 颗以上在轨卫星所组成的星座，这些卫星运行的周期为 12 h，工作在高度为 $2.018\ 4 \times 10^4$ km 的圆轨道上[27]。

北斗定位卫星利用某一定位卫星信号接收装置与卫星运行位置的信号距离信息以及多颗卫星的信号距离信息来判断接收装置的实际位置，找出两者之间的距离信息的前提是要清楚两者之间的位置信息，需要通过卫星依照轨道的运行规律测算出来北斗定位卫星的位置数据，再通过两者之间的信号传输，准确计算出两者之间的实际距离。然而简单的计算不能够得到精确的距离信息，原因是其中信号的大气传输介质发生变化，传输速度也随着大气的密度变化而变化。要想得到精确的距离信息，必须综合考虑大气因素的影响。当北斗卫星与接收机都处在定位模式阶段时，每一个相关联的北斗卫星组成的信息网通过 0 和 1 的数据编码格式报文源源不断地向接收机发送 [28]。北斗卫星的报文信息包括数据解码译码信息、位置遥测信息、传输位置信息和卫星运行轨道的位置信息。当接收机收到来自北斗卫星的导航信息时，解码卫星传来的距离信息数据就能够测算。为了保证北斗定位系统的稳定运行，首先整个系统需要准确无误地传递距离信息，其次要保证发送的数据符合定义的格式。虽然卫星发送的数据可以确保无误，但是由于接收机的不稳定性，还可能会出现丢包等因为解码时钟不对应而导致的错误的数据信息。所以，为了保证发送和接收的通畅性，在保证三维位置信息发送的同时，还需要通过测算接收机与相关联卫星的数据时间差来确保通信的一致性，通过时间差这一因子解码出接收机所需要的三维坐标信息。因此，对于该接收机的定位起码需要四个卫星信号。对北斗卫星的接收机来说，收到的信息要保证纳秒级别的精度才可以和卫星发送的数据进行交互，其中最重要的信息是星历时钟信息。这种时间信息能够推算出此卫星在接下来的时间中所处轨道运行的大概位置信息，而且该数据中也包含了定位所需的坐标信息和相关联卫星的工作状态信息。由于其用途不同，所以精度也不同，测算精度范围从几米到几十米不等。

三、北斗导航的功能

北斗卫星导航系统具有四大功能。①短报文功能：北斗系统用户终端具有双向报文通信功能，用户能够每次传送 40 ~ 60 个汉字的短报文信息。②精密授时：北斗系统具有精密授时功能，可向用户提供 20 ~ 100 ns 时间同步精度。③定位精度：水平精度为 100 m，设立标校站以后为 20 m（类似差分状态）。④工作频率：2 491.75 MHz。系统容纳的最大用户数为 5.4×10^5 户 /h[29]。

北斗系统相对于目前已有的定位导航系统具有独特的特点，它在传统的定位导航功能上增加的"短报文通信功能"使得在恶劣环境下传统通信手段无法使用时仍然能够实现实时的通信。另外，北斗定位导航系统的优势是适合集团管理，北斗不仅能够确定自己的位置信息，还可以得到"队友"的位置信息。

四、北斗导航在渔业上的应用现状

北斗卫星导航系统自 2013 年开始为中国和周边亚太地区提供定位导航授时服务，目前已在导航、授时、识别、定位和事件检查等方面得到了广泛应用。尤其在渔业通信系统中取得了极好的应用效果，有力地促进了渔业通信系统的发展。海上的渔船安装了北斗卫星导航系统之后，可以在海上及时地进行遇险报警、发送信息、确定位置和线路等。

当北斗海洋渔业位置信息服务中心获知渔船遇到恶劣天气、火灾、海啸等险情时，能及时地获取相关渔船的位置信息并及时组织救援。渔船行驶的海域若有禁渔区或者国家海上边界，当超过边界时会以短消息通信的形式自动报警，以避免对渔船造成不必要的损失。海南陵水渔民林同兴在海上遇险时就通过北斗导航终端发出求救信号并最终获救。时任北京北斗星通导航技术股份有限公司副总裁的胡刚介绍说，渔船用 GPS 卫星通信手段费用高，而用北斗和手机相连的系统价格低，渔民给家里人发手机短信只需 0.3 元一条。台风警报发布时，还可以利用北斗系统不断给渔民发送警报信息。在全国渔船安装北斗系统保障了渔民的生命安全，各地政府会给予一定的补贴。至 2013 年，有近 4 万艘出海渔船安装了北斗卫星导航系统终端，已开通北斗终端与手机短信息互通服务的手机用户超过 7 万户，短信月高峰可达 70 万条。

通过 GPS、RS 和 GIS 等 3S 集成平台，并结合 VMS（vessel monitoring system，船舶监控系统）、北斗定位、ARM 高性能处理器、NR 嵌入式操作系统、数据加密和 Web 访问等前沿技术，建立分布式系统，突破渔业信息技术与现场数据相互分离的局限，可以实现渔业数据的远程采集、瞬时传输、统一管理、高效查询与实时显示等多项功能[30]。可以预见，随着大数据时代的到来，北斗导航定位技术在主要渔业资源的种类更替、洄游路线、产量波动和区域分布等渔业基础生物学研究，以及渔船分布、产量数据汇总、渔业资源评估、捕捞配额制定等渔业管理上具有广泛的应用前景，在渔业管理领域将发挥更加重要的作用。

五、渔船导航监控系统

目前，北斗导航在渔业的应用大多以集成 GPS、GIS、RS 技术的渔船导航监控

应用为主，一般采用北斗/GPS双模接收机设备，全面提升了导航定位技术在渔业生产导航中的应用。渔船导航监控系统如图5-3所示。

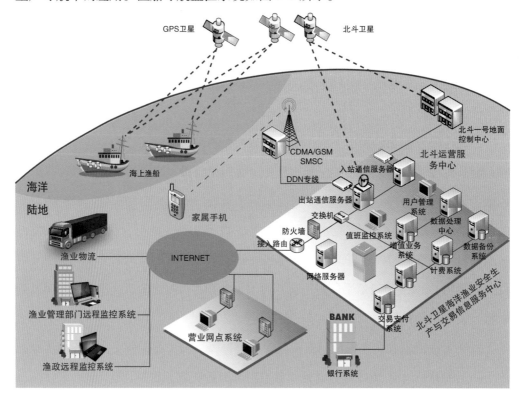

图 5-3　渔船导航监控系统

渔船导航监控系统可以引导渔船以最短路径直接到达目的地；指引船只按照预先设定的行进路线前进，例如沿渔获量最优的路线航行、沿最安全的路线躲避风浪航行等；进出港导航可引导渔船安全地进出港，防止碰撞等。指挥中心可以向各终端机发送天气预报等信息，同时终端也可以向指挥中心发送自己的实时信息，包括紧急情况下的报警。指挥中心实时监控各渔船终端的航行情况，包括各船只的位置、速度、渔获的信息等，以便在发现紧急情况时能够在第一时间进行救援，也能动态掌握水下的鱼量信息。

渔船导航监控系统采用北斗/GPS双模接收机设备，一台总指挥机处于整个系统的上级，可以实现对下一层指挥机及所有船载终端的监控，并可以将通信服务器的数据转发至船载终端。总指挥机一般为集团指挥机用户，由天线、天线电缆、主机、主机显控设备等组成；一台指挥机位于系统的第二层，它可以实现对其下属船载终端的监控及信息广播，并可以将通信服务器的数据转发至船载终端。北斗指挥机由天线、显控终端、主机、交流适配器等构成。通信服务器一方面接收来自指挥机的信息，并对信息进行解析、存储，再发送到数据服务器和短信服务器；另一方面接收来自数据服务器和短信服务器的信息，并对信息进行解析、存储，再通过指挥机发送到船载终端。渔船导航监控系统有两个通信服务器：一个负责总指挥机机器所属数据服务器之间的通信，一个负责指挥机机器所属数据服务器之间的通信。两个数据服务器分别属于总指挥机及指挥机，可以通过配置数据服务的 IP 使其与不同的通信服务器通信，这样在一台指挥机出现故障的情况下，系统仍然能够继续正常运行，提高了系统的可靠性。短信服务器一方面接收来自手机的信息，并发送到通信服务器，通过通信服务器将信息发送到指定的船载终端；另一方面接收来自通信服务器的短信息，并发送到指定的手机，以此来实现船载终端与手机的双向通信。短信服务器可以通过配置 IP 来与不同的通信服务器通信，当一台北斗指挥机出现故障时，仍可以保障系统的正常运行。业务系统通过定时读取数据库获取来自船载终端的各种数据，并把要下发给船载终端的数据写入数据库，以此来实现信息的双向传递 [31]。

船载终端产品是集 GNSS（global navigation satellite System，全球导航卫星系统）技术、GIS 技术、视频监控技术于一体的船载设备，船载终端通过北斗和 GPS 获得位置、时间、速度、方位等信息，并实时显示，可以对移动目标的位置、安全、运行、技术状态进行全天候的监控，提供实时定位、导航、通信、渔获采集、视频监控。船载终端一般采用铝合金外壳，美观且便于散热，抗电磁干扰性能好，安装和使用都比较方便。渔船导航监控系统的船载终端由主机、温度计电缆、BD/GPS 一体机通信天线等组成 [32]。

渔船导航监控系统是北斗定位功能与通信服务的结合，为海上船只与管理者提供快速、准确、有效的信息交互方式，并为数据的采集分析提供实时可靠的途径。该系统研发了五个模块，即渔船监控模块、渔业作业数据管理模块、信息发布模块、系统管理模块以及行业应用信息管理模块 [33]。通过渔船监控模块，中心能够及时了解渔船的运行状态，同时船舶能够及时与系统的监控中心保持联系，以便获取及时信息，出现紧急情况的时候能够快速获得援助，使得航行过程安全、快速。渔业作业数据管理模块能够管理整个渔业作业数据，例如可以查询各渔船每种鱼的渔获量，分析各鱼种按季节、按地域的分布关系，还可以查询各渔船的收获量等。通过信息发布模块，系统可以向渔船提供天气预报以及广播信息等信息服务。系统管理模块能够对系统进行自检，为保证系统的稳定运行实时监控系统的运行状态。行业应用信息管理模块主要负责维护本系统中的船载终端信息、业务信息、用户信息，以及行业应用需要的管理信息，让船载设备与渔船之间建立起对应关系，需要对船只的相关数据进行统计、维护、查询、存储，必要时还需要管理船只和驾驶员。

六、渔用导航的发展趋势

自 2013 年北斗卫星导航系统提供民用导航定位以来，在渔业应用上一般采用北斗 /GPS 双模接收机设备。随着北斗卫星导航系统全面建设的深入，根据我国渔业应用的现实需求，渔业上将逐步加大北斗导航的应用范围、深度和独立性，逐步摆脱对 GPS 卫星导航的依赖性，推进渔用通信导航设备与系统的不断完善，使北斗导航成为促进渔业捕捞业发展的有力手段。

第四节　基于激光雷达的自主导航技术

利用卫星雷达技术监控渔船，主要包括数据接收和预处理、监控区域和时间选定、人工判读和计算机自动检测、GIS 制图，以及编制分析报告等步骤。制订包括监控区域及时间等的监控计划，需要通过中国科学院遥感卫星地面站获取卫星雷达图像资料。以中国科学院遥感卫星地面站的 Radarsat-1 资料为例，选择宽模式，分辨率为 30 m、幅宽为 150 km 的雷达数据，并提前通知卫星地面站进行接收和预处理。在获得雷达图像数据后，将雷达图像精确配置于 GIS 中，通过对地面物体信息的判读，剔除海浪、岛屿、礁石、商船、浅滩、海上平台等信息，可以将识别出的渔船通过 GIS 标记出其数量和分布，从而完成对渔船的监测。通过图表及文字的形式表述监控的时间、区域及监控结果等，对监控结果制图并编制报告，同时根据海上风浪情况分析监控的准确性等 [34]。

在特殊天气下适合利用雷达导航。雷达是自动式导航仪，其最大的作用就是防止渔船碰撞和触礁，在大雾、暴雨及黑暗中航行时，不受任何影响，在有效距离内，雷达荧光屏可显示出船周围的情况，如往来或停泊的船只、海岸上的建筑物、护浪堤、航道内的浮筒等，以便及早设法避开。也可利用雷达在视线不清或海面出现大雾时出海，增加渔获量，提高渔船经济效益。同时，还可以利用雷达调整拖网距离，使网具达到最佳捕捞状态，增加渔船鱼捕获率[35]。

第五节　手机定位技术

一、手机定位的实现方式

手机定位分为手机内置或外置 GPS 卫星定位（实质还是 GPS 定位）和运营商基站进行定位的方式。GSM（global system for mobile communications，全球移动通信系统）网络的基站对于移动或联通的 G 网（GSM）用户来说可以通过手机接收运营商的网络信号来定位。具体实现又分为以下两种。

（一）用户手机安装软件自行实现

用户可以通过安装软件来实现测量当前所处的基站，但是要想知道用户的实际位置，前提是知道周围基站的具体位置以及基站周围的完整的 GIS，否则看到的只是没有任何用处的数据。对运营商来说，周围基站的地理分布属于非公开信息，由于涉及企业利益，所以很难会提供给公众使用。

（二）运营商主导的定位系统

当用户发起定位请求时，运营商从用户所处的基站提取出用户位置并反馈给用户，用户借助运营商提供的 GIS 系统实现一些简单的导航、定位等功能。一个支持 GPSOne 定位技术的手机或终端可以同时接收周围 CDMA 基站和 GPS 卫星的信号，根据这些信号可以得到比 GSM 更为精确的定位效果。CDMA 网络基站的定位和 GSM 有实质性的差异，定位方式也有所不同。美国高通公司开发的一种结合 CDMA 基站和 GPS 信息的定位系统，在每个 CDMA 基站都内置了 GPS 定位系统。

二、手机定位的系统构成

手机定位以公众移动电话网作为系统通信平台，辅以地理信息、数据库等技术，为渔船提供导航定位、通信、报警救援等综合信息服务。系统由监控中心、通信链路、手机终端，以及其他相关支持系统组成，并可扩充接入多个监控分中心。

三、手机定位的工作原理

监控中心通过公众移动通信网对手机终端发出定位请求，将接收到的船舶信息和定位结果显示在监控中心相应的监控终端上，监控终端将根据设定的报警条件进行报警判断处理，并将数据存入数据库[36]。监控中心也能够主动查询船舶情况。

手机终端收到中心的定位呼叫之后，可将船舶的位置信息回传给监控中心。船舶在紧急情况下可在线和中心紧急通信，并将船舶的位置和遇险情况等有关信息回传给监控中心。

四、手机定位的主要功能

位置监控：监控中心可以根据需要实时获知所属渔船位置。

信息发布：监控中心可以向渔船定时发送渔情、气象、鱼汛以及渔产品价格等广播信息。

渔船导航：为渔船提供导航服务。

信息报告：渔船能随时向监控中心上报作业状况等相关信息。

遇险求助：渔船遇到危险时能及时向监控中心发出求助信号。

消息互通：渔船与渔船之间、渔船与陆地用户之间可以进行短信互通。

指挥调度：对所属渔船作业海域、作业时间、作业内容等渔业活动进行统一的指挥调度，特别是在收到渔船遇险求助信号时，及时协助主管单位搜救。

信息查询：授权管理人员通过系统查询渔船位置、属性、航迹、作业状况等信息[37]。

第六节　导航定位技术在智慧渔业中的典型应用

随着我国海洋渔业的不断发展和从业人员的持续增加，渔业安全生产受到社会广泛关注，近些年，北斗卫星导航系统在渔业生产领域广泛应用，渔业主管部门利用北斗系统对渔船实施动态监管，精准实施海上抢险救助。渔民凭借北斗卫星的指引，在茫茫大海上能够清晰地找准回港的路。北斗系统降低了海上渔业生产的作业风险，大幅提高了渔业生产效率，保障了渔民的生命财产安全。

一、北斗系统在渔船上的应用

北斗系统具有全天候、精度高、定位快、功能全、运行稳等特点，广泛应用在交通运输、渔业生产、气象预报、通信授时、应急救灾、安全保障等诸多行业领域，取得了显著的经济效益和社会效益。该系统主要包括空间端、地面端、用户端三部分。空间端包括地球静止轨道、同步轨道和中地球轨道三种轨道的多个卫星。地面端包括主控站、时间同步 / 注入站和监测站等多个地面站，以及星间链路运行管理设施。用户端包括卫星导航系统芯片、模块、天线等基础构件，以及终端产品、应用系统与运行软件等[38]。

辽宁海洋渔业船舶动态管理系统由北斗卫星、地面站、船载终端、运营服务中心、渔业主管部门监控台站等组成，该系统以北斗卫星导航系统为基础，整合移动通信、卫星通信、互联网＋、地理信息等技术，构建海洋渔业综合信息服务网络。2012 年，辽宁省启动了辽宁海洋渔业船舶动态管理系统建设，建立船舶动态管理系统监控平台，为较大马力渔船安装北斗船载终端，截至 2019 年底，共为近 1 万艘渔船安装了北斗终端。渔业管理部门利用该系统实时掌握渔船海上动态，实施监控管理，接收渔船紧急报警，并通过系统的短报文与渔船实现文字通信，船岸之间建立了有效的联络机制，有效提高了海上作业渔船的安全保障。

二、激光雷达在渔业资源调查和生态环境监测中的应用

海洋激光雷达是最先进、最有效的海洋调查手段之一，激光雷达与海洋生物相关的应用主要体现在渔业资源调查和海洋生态环境监测两方面[39]。前者常采用蓝绿脉冲光作为激发光源，通过对激光回波信号的识别提取，获得鱼群分布区域和密度信息，结合偏振特征分析可对鱼群种类进行识别；后者常采用海洋激光荧光雷达，通过对激光诱导目标物发射的荧光等光谱信号的探测分析，获得海洋浮游生物及叶绿素等物质的种类和浓度分布信息。海洋激光雷达的用途也非常广泛，有针对海洋环境参数的海洋测温和测深雷达、针对海洋溢油监测的激光荧光雷达、针对浮游植物和有色可溶有机物（colored dissolved organic matter，CDOM）的激光荧光水质探

测雷达、针对大型浮游动物和鱼群的渔业资源监测雷达等。

传统渔业资源调查采用的是声呐探测与拖网采样相结合的技术手段,与之相比,采用机载海洋激光雷达进行渔业资源调查具有显著的优势,如图 5-4 所示。由于该技术可避免对鱼群等探测目标物群体的惊扰,并在鱼群移动前覆盖足够大的探测区域,有效提高了资源调查数据的准确性和可信度。而且,采用机载方式也大大提高了探测效率,运行费用也较低。

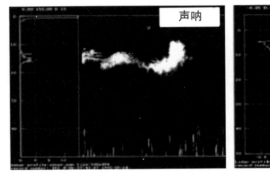 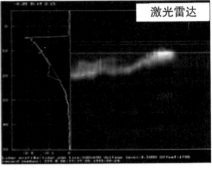

图 5-4　声呐和激光雷达监测结果对比

本章小结

我国是海洋渔业大国,随着海洋捕捞业的快速发展,渔业船舶大量增加,体积更大、速度更快的渔船不断出现,使得航道日益拥堵,渔船碰撞事故的发生不断增多,渔业捕捞作业面临严峻的挑战。更精确地标识渔船位置、更准确地获知渔船周围的动态信息,成为海洋捕捞交通监控、渔船避碰、航行管理对渔船定位与导航,以及渔船安全作业提出的新的要求。目前常用的渔船导航设备主要包括:渔用全球卫星导航仪、北斗卫星导航仪、雷达导航、手机定位导航等。船载 GPS 卫星导航系统,以其精度高、覆盖面广、基本不受天气影响的特性,可提供移动终端、定位持续的优势服务,在渔业导航领域占有重要地位。北斗卫星不但有无源定位、授时功能,还可以提供短消息通信功能。船用连续波导航雷达可安装在各类船舶上,探测船舶载体周围的各类物体,如船只、浮标、桥墩、堤岸、浮冰、海岛、冰山、海岸线等,给船员提供直观的目标距离与方位信息,根据需要发出警告信息,以规避各类危险障碍物，防止发生碰撞事故，保证船舶安全航行。在船舶技术快速发展的今天，我国的渔业生产安全性和工作效率不断提升，渔民需要更加科技化、自动化、智能化的生产技术作为辅助，因此渔业生产船舶的各项功能都将得到显著提升，促使渔业生产的实际收益得到进一步提高。

参考文献

[1] 李继龙, 黄其泉, 王立华, 等. 中国渔政管理指挥系统总体解决方案 [J]. 上海水产大学学报,2003(4):324-330.

[2] 农业农村部渔业渔政管理局.2022 年全国渔业经济统计公报 [EB/OL].（2023-06-28）[2023-07-06].http://www.yyj.moa.gov.cn/kjzl/202306/t20230628_6431131.htm.

[3] 石瑞, 张祝利. 我国渔船用通信导航设备技术与质量现状 [J]. 渔业现代化,2009,36(3):65-68.

[4] 魏二虎, 刘学习, 刘经南. 北斗 +GPS 组合单点定位精度评价与分析 [J]. 测绘通报,2017(5):1-5.

[5] 郝蓉. 浅析全球卫星导航定位系统 [J]. 内燃机与配件,2017(21):143-144.

[6] 雷洪翔, 任爽, 吕铎, 等. 全球定位系统 (GPS) 信息采集与处理 [J]. 现代工业经济和信息化,2018(16):34-35,39.

[7] 贺籴. 定位导航卫星系统原理及性能浅析 [J]. 四川文理学院学报,2010,20(2):31-33.

[8] 臧琛. 车载 GPS 监控调度管理中心的设计与实现 [D]. 呼和浩特: 内蒙古工业大学,2006.

[9] 胡泓. 基于 GIS/GPS/PDA 的电网图资管理系统研究 [D]. 沈阳: 沈阳工业大学,2008.

[10] 彭宁昆, 卢钢, 卢益民. 基于 GSM 短消息的 GPS 车辆监控移动单元设计 [J]. 电子工程师,2002(2):29-31.

[11] 郭建兴.GPS 渔船监控系统解决方案探讨 [J]. 中国渔业经济,2006(2):51-53.

[12] 刘国平.海洋渔业导航通信技术的现状和展望 [J].浙江水产学院学报,1997(4):55-58.

[13] 龚文江,蔡雪华.GPS 导航仪在远洋渔轮上的应用 [J].渔业机械仪器,1992(1):36-38.

[14] 莫奏生.具有简易电子海图的渔用 GPS 导航仪通过部级鉴定 [J].渔业现代化,1996(6):10.

[15] 付弘涛.基于 3S 技术的海域管理研究进展:以东海海域管理为例 [J].中国国土资源经济,2015,28(12):69-72.

[16] 王立华,黄其泉,徐硕,等.中国渔政管理指挥系统总体架构设计 [J].中国农学通报,2015,31(10):261-268.

[17] 谢春刚,张人铭,郭焱.Google Earth 和 GPS 在渔业资源调查中的应用 [J].上海水产大学学报,2008,17(6):765-768.

[18] 季民,靳奉祥,李云岭,等.远洋渔船动态监控系统研究 [J].测绘科学,2005(5):92-94,7.

[19] 赵树平,赵春煜,姜凤娇,等.渔船安全救助信息系统的研究 [J].大连海洋大学学报,2010,25(6):565-568.

[20] 赵爱博,刘明,彭模.渔业安全保障电子海图综合信息处理系统研究 [J].科技创新导报,2013(15):232.

[21] 魏延亮,张建辉.基于 GIS 的海洋渔业应急救援系统建设研究 [J].测绘与空间地理信息,2013,36(2):56-58.

[22] 徐金发,李太萍,刘长军.山东省沂水县水库生态渔业资源调查 [J].渔业致富指南,2010(22):19-21.

[23] 程天庆,韩小钢.北斗卫星导航技术在遥控靶船上的应用 [J].船电技术,2018,38(11):10-13,16.

[24] 董金和.2013 中国渔业统计年鉴解读 [J].中国水产,2013(7):19-20.

[25] 张鹏.北斗导航系统及长距离 ZigBee 在渔业系统中的应用 [D].青岛:青岛科技大学,2015.

[26] 刘经南, 高辛凡. 北斗卫星导航系统的大国形象铸造与新型传播生态 [J]. 浙江传媒学院学报,2018,25(3):2-8,140.

[27] 张绍成. 基于 GPS/GLONASS 集成的 CORS 网络大气建模与 RTK 算法实现 [D]. 武汉：武汉大学,2010.

[28] 潘巍, 常江, 张北江. "北斗一号"定位系统介绍及其应用分析 [J]. 数字通信世界,2009(9):25-28.

[29] 张向南, 赵庆展, 何启峰, 等. 基于北斗的物流车辆监控系统 [J]. 物流技术,2015,34(15):251-254,268.

[30] 刘鹏举, 张会锁, 王江安, 等. 自适应均值直接捕获算法研究 [J]. 科学技术与工程,2012,12(31):8260-8264.

[31] 颜云榕, 王峰, 郭晓云, 等. 基于 3S 集成平台的南海渔业信息动态采集与实时自动分析系统研发 [J]. 水产学报,2014,38(5):748-758.

[32] 乐晓来. 浅析手机定位技术在海洋渔业信息化建设中的应用 [J]. 科技资讯,2010(26):16.

[33] 魏来, 张婷. 基于 GNSS 的渔船导航监控系统 [J]. 电子世界,2016(15):129.

[34] 黄其泉, 李继龙, 王立华. 卫星雷达与 GPS 技术在海洋渔船监控中的应用 [J]. 航海技术,2010(2):38-40.

[35] 林东年. 先进助渔导航仪器的推广应用 [J]. 水产科技,1994(Z1):50-52.

[36] 史贝娜. 应用于道路信息化的卫星定位数据采集系统 [J]. 中国公共安全,2018(7):104-106.

[37] 田诚. 浅谈卫星通信在海洋渔业生产中的普及应用和发展 [J]. 海洋开发与管理,2010,27(8):74-75.

[38] 真国建. 北斗卫星导航系统在渔业船舶上的应用 [J]. 黑龙江水产,2021,40(6):18-20.

[39] 栾晓宁, 李菁文, 郭金家, 等. 海洋激光雷达在渔业资源调查和生态环境监测中的应用 [J]. 激光生物学报,2014,23(6):534-541.

第六章

渔业个体标识技术

农业个体的标识和识别是实现农业精准化、精细化和智能化管理的前提和条件，是物联网实现农业物物相连和农业感知的关键技术之一。本章重点论述了条码技术、RFID、EPC编码技术等目前常用标识技术的基本工作原理、技术关键与标识方法，及其在渔业中的典型应用。

第一节　概述

农业个体的标识和识别是实现农业精准化、精细化和智能化管理的前提和条件，是物联网实现农业物物相连和农业感知的关键技术之一。农业个体标识是指通过 RFID、条形码、二维码等实现的对农业物联网中的每个农业个体的准确识别和描述，其目的是为了快速准确地提供每个农业个体的身份和来源的相关信息，进而实现对动物跟踪与识别、数字养殖、精细作物生产、农产品流通等。

条码技术是最早被使用的标识技术，曾在个体标识领域扮演重要角色，目前仍被广泛使用。但条码技术存在识别速度慢、效率低、难以实现自动识别的缺点，为了克服这些缺点，二维条码技术应运而生。二维条码具有信息容量大、安全性强、保密性高（可加密）、识别率高、编码范围广等特点。RFID 技术在 20 世纪中叶被提出，它是一种非接触的自动识别技术，克服了条码技术的不足，受到研究者和使用者的广泛关注。

本章将重点论述 RFID、条码技术、二维条码技术、EPC 编码技术等目前常用的标识技术的基本工作原理、技术关键与标识方法，以及典型的农业应用场景，以期读者对农业个体识别技术有一个系统、全面的认识和了解。

第二节　条码技术

一、条码技术简介

条形码（bar code）是将宽度不等的多个黑条和空白，按照一定的编码规则排列，用以表达一组信息的图形标识符。常见的条形码是由反射率相差很大的黑条（简称"条"）和白条（简称"空"）排成的平行线图案。

一个完整的一维条码是由两侧的空白区、起始符、数据符、校验符（可选）和终止符，以及供人识读字符组成的。其中数据符和校验符是代表编码信息的字符，扫描识读后需要传输处理，仅供条码扫描识读时使用，需要参与信息代码传输。具体如图 6-1 所示。

图 6-1　条码构成

条码编码方法是指条码中条空的编码规则以及二进制的逻辑表示的设置。条码的编码方法有两种——模块组合法和宽度调节法。模块组合法是指条码符号中，条与空是由标准宽度的模块组合而成的。一个标准宽度的条模块表示二进制的"1"，而一个标准宽度的空模块表示二进制的"0"，例如，EAN 码、UPC 码模块的标准宽度是 0.33 mm，它的一个字符由两个条和两个空构成，每一个条或空由 1 ~ 4 个标准宽度模块组成。宽度调节法是指条码中条与空的宽窄设置不同，用宽单元表示二进制的"1"，而用窄单元表示二进制的"0"，宽窄单元之比一般控制在 2 ~ 3（常用的有 2：1，3：1），库德巴码、39 码、25 码和交叉 25 码均采用宽度调节法。

二、条码的分类

条码主要包括一维条码（如 EAN13 码、UPC 码、39 码、交叉 25 码、EAN128 码等）和二维条码（如 PDF417、CODE49、MaxiCode、QR Code 等），其中 UPC 码主要用于北美地区，EAN128 码在全世界范围内具有唯一性、通用性和标准性，可给每一个产品赋予一个全球唯一的 PDF417 码。与一维条码相比，二维条码具有单位面积信息密度高和信息量大等特点，在制造业领域和物流领域已得到广泛应用。

（一）一维条码

一维条码只是在一个方向（一般是水平方向）上表达信息，其一定的高度通常是为了便于阅读器的对准，同时也为了防止因印刷质量或条码符号损坏给识读造成困难。一维条码的应用可以提高信息录入的速度，减少差错率，但是一维条码也存在一些不足：一是数据容量较小，只有 30 个字符左右（如 EAN/UPC、CODE39、CODE128、EAN、UPC 等，只能作为一个简单的编码，离开了数据库的支持，这类条码就变得毫无意义）；二是条码符号的尺寸相对较大，遭到损坏后不能识读。

一维条码所容纳的信息有限，仅仅用于对物品的标识，而对物品描述得较少。一般情况下，一维条码会结合数据库进行使用，不能离开数据库且必须联网，所以一维条码受到的限制很大。另外，一维条码在标识汉字的应用上十分不方便，并且效率很低。一维条码的图样如图 6-2 所示。

图 6-2　一维条码图样

（二）二维条码

二维条码（2-dimensional bar code）又称二维码，它的出现解决了对物品进行描述的问题，弥补了一维条码的不足，使得条码真正成为信息存储和识别的有效工具。

二维码是在水平和垂直方向用某种特定的图形，按照一定的规律排列的二维空间存储信息。二维码相比于一维条码，有信息容量大、安全性强、保密性高（可加密）、识别率高、编码范围广等特点，可以编码任何语言和二进制信息，如汉字、图片等，而且还可以由用户选择不同程度的纠错级别，可以在符号残损的情况下恢复所有信息。二维码的主要缺点是需要专门生成程序，读取设备较为昂贵，在线扫描是先有码后赋值的模式，不能发挥其特点。二维码的图样如图 6-3 所示。

图 6-3　二维码图样

三、条码识别的工作原理

不同颜色的物体反射光的波长不同，白色的物体反射所有波长的可见光，而黑色物体吸收所有波长的可见光。所以，当条形码扫描器光源发出的光通过光阑及凸透镜照射在黑白条形码上时，它反射的光经过凸透镜聚焦被光电转换器接收，光电转换器会根据接收到的白条和黑条反射光的强弱的不同，转换成相应的电信号，经过放大整形电路后输出。黑条和白条的宽度对应的就是输出到放大整形电路的电信号，宽度不同，电信号持续时间长短也不同。一般光电转换器输出的电信号仅 10 mV 左右，不能直接使用，需要放大电路将电信号放大。放大后的电信号仍然是一个模拟电信号，然后还要经过一个整形电路（用于避免由条码中的疵点和污点导致的错误信号），最后将模拟信号转换成数字信号，以便计算机系统能准确判读[1]。

条码识读系统主要有三部分：扫描系统、信号整形、译码，如图 6-4 所示。扫描系统主要是对黑条和白条进行扫描以产生电信号，此时产生的信号是模拟信号；整形电路对模拟信号进行放大、滤波和整形处理；最后，由译码器对接收到的信号进行识别，主要是通过识别起始、终止字符来判断条码符号的码制及扫描方向，通过测量脉冲数字电信号 0、1 的数目来判别出条和空的数目，并通过测量 0、1 信号持续的时间来判别条和空的宽度，然后根据码制所对应的编码规则，便可将条形符号换成相应的数字、字符信息，通过接口电路送给计算机系统进行数据处理和管理，这样便完成了条码辨读的全过程。

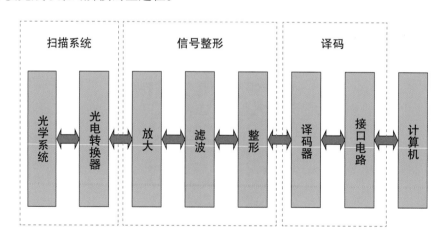

图 6-4　条码识读系统原理

四、条码技术在农业物联网中的典型应用

（一）在农业物联网中的主要应用类型

条码技术在农业物联网中的典型应用主要包括被读业务和主读业务两类。

1. 被读类业务

农业物联网应用平台通过 MMS（multimedia messaging service，多媒体短信服务）向用户手机发送二维码，用户持手机到现场，通过二维码机扫描手机进行内容识别，工作原理如图 6-5 所示。被读类业务的应用领域主要包括移动订票、电子 VIP、积分兑换、电子提货券、自助值机、电子访客等。

图 6-5　被读类业务原理

2. 主读类业务

在手机的应用中，一般会有一个专门的二维码扫描客户端，用户在手机上安装后，可直接使用手机扫描并识别二维码图片，从而获取二维码中存储的信息内容并触发相关应用，工作原理如图 6-6 所示。主读类业务的应用领域包括溯源、防伪、拍码上网、拍码购物、名片识别、广告发布等。

图 6-6　主读类业务原理

（二）在可追溯系统中的应用介绍

近年来，以条形码技术为基础的应用和普及为农产品质量、安全追溯提供了技术基础，国内外学者对条码技术在农产品质量溯源系统中的应用进行了许多研究。农产品可追溯系统是可追溯性概念在农产品安全性管理方面的应用，能够从生产到销售的各个环节追溯检查产品，即利用现代化信息管理技术给每件商品标上号码，并保留相关的管理记录，从而可进行追溯的系统[2]。建立可追溯体系的关键是农产

品的标识技术，常见的标识技术包括条码技术和 RFID 技术。在此以条码为例，介绍水产品可追溯系统的条码编码方案。

1. 水产品编码对象分析

水产品具有单体大、附加值高与大批量、低值、单体小并存的特点，在水产品编码上，根据对象的不同采用不同的编码方式，分为个体编码和批次编码两种。

（1）个体编码

个体编码也称单品编码，即对每一个编码对象进行唯一的编码。这种方式适用于价值高、个体差异大的产品，能满足追溯到单个水产品的特殊需求。

（2）批次编码

水产品主要以批次作为生产管理单元，同批次的产品因为原料、生产条件、生产工艺相同而具有同质性。批次编码就是同一批次的产品用同一追溯码进行追溯，从而降低企业的成本。对于数量大、单体小、价值低的产品采用批次编码，具体方式如下：在养殖环节，同一天、同一池塘出的同一品种产品为一个批次；在加工环节，同一天、同一生产线出的同一批生产原料的同一种产品为一个批次；在流通环节，同一摊主、同一天销售的同一进货批次商品为一个批次[3]。

以批次为追溯单元，表示产品是在相同条件和状况下生产而得的。分配给每个编码单元唯一代码，当单元发生变化时，重新生成新的追溯码，附加相应信息，并保存单元改变的相关记录。

2. 水产品追溯编码原则

编码制定应遵循唯一性、开放性、兼容性和简明性的原则。为保证编码唯一性和开放性的特点，水产养殖品追溯编码兼顾国际标准和国内监管实际，每个追溯码对应一个批次，采用 EAN·UCC 系统，水产养殖品追溯码和养殖品监管码相结合的编码方式。水产养殖品追溯码和水产养殖品监管码相辅相成，前者采用符合国际标准的 EAN·UCC 三段式编码规则，后者采用行政区划监管为主的编码方式。水产养殖品追溯码主要考虑与国际标准统一，水产养殖品监管码则满足国内监管实际需求，水产养殖品追溯码和水产养殖品监管码都可用作水产养殖品的追溯编码。

3.水产品编码设计

产品代码由 EAN-13 规范实现。该规范包括前缀代码、制造商标识代码、商品项代码和校验代码。前缀代码由 2～3 位组成，这些代码由 EAN 分配给国家（或区域）编码组织，代表商品制造商所属的国家或区域。中间四个数字代表经国家编码管理局审批注册的商品制造商代码。最后五个数字表示由企业自己编译的商品标识代码。校验码用于检查条形阅读器的结果是否正确。商品编码的基本原则是根据行业和管理需要，如商品名称、商标、种类、规格、数量、包装类型等建立商品的基本特征。在水产养殖产品的编码中，应考虑将原产地、种类、商标、品种、等级和包装作为特征编码。根据《水产及水产加工品分类与名称》（SC 3001—1989）的分类体系，水产养殖品的编码主要按种类、品种、包装类型进行：第 1、2 位编码考虑的是产品类别，分类为淡水鱼、淡水虾、淡水贝类等；第 3、4 位是产品类别中的常见产品，如淡水鱼类又分为青鱼、草鱼、罗非鱼等；第 5 位是从池塘出来时每个特定物种的大小。

第三节　RFID 技术

射频（radio frequency，RF）是指可传播的电磁波。变化小于 1 000 次 /s 的交流电称为低频电流，变化大于 10 000 次 /s 的电流称为高频电流，射频就是变化大于 10 000 次 /s 的高频电流。RFID 自动识别物体的实现就是利用射频信号和空间耦合（电感或电磁耦合）或雷达反射的传输特性。

一、RFID 的技术特点

RFID 技术的主要特点有以下七个方面。

（一）可穿透物体

在不接触物体的情况下即可实现对物体的识别，有些频段可以穿透物体来进行识别，识别距离根据频率的不同而不同，一般可达十几米。

（二）数据存储量大

RFID 的电子标签具有较大的信息存储容量，最高存储容量可达 8 KiB，比条码的数据存储量大得多。

（三）读取速度快

阅读器可以迅速识别进入感应磁场的电子标签，响应速度快，支持在高频段识别多个目标。

（四）标签数据可更改

阅读器可以修改电子标签中的数据。只要电子标签在感应磁场区域，读写器可以根据系统的指令向 RFID 电子标签中写入数据，且写入速度快。

（五）动态实时通信

读写器形成的感应磁场作为工作区域，在电子标签进入时就会被激活并开始工作，双方交换数据信息。在工作区域内，实现对电子标签的动态追踪和监控。

（六）安全性高

现在的算法程序可以对 RFID 电子标签的内部数据设置保护，提高了数据的安全性，较多应用在安全防伪领域，如我国二代居民身份证的识别方式，就是采用了 RFID 技术，同时加有算法程序保护身份证的内部数据，很好地保护了个人信息。

（七）使用寿命长

RFID 标签是封闭包装，使用的是无线通信方式，因此它的使用寿命远远长于条码，在恶劣的环境下也可以正常工作。

二、RFID 系统的组成

RFID 系统主要由电子标签、阅读器和天线三部分组成，其中阅读器负责将收集到的信息传送到后台系统进行处理[4]。

（一）电子标签

电子标签也叫射频标签，它由耦合元件及芯片组成，具有唯一的编码，因此标签的 ID（identity document，身份标识号）是唯一的，ID 存在于 ROM（read-only memory，只读存储器）中，不可修改。将标签附着于目标物上，将唯一的编码赋予目标物，其对物联网的发展有着很重要的影响。RFID 标签分为主动式、被动式和半主动式（或称半被动式）三大类。

1. 主动式

内部有电源供应器，提供了内部的集成电路产生对外电信号的电源。主动式电子标签的主要优势是：读取距离大、记忆体容量大、可存储附加信息。

2. 被动式

无内部供电电源，通过接收 RFID 的阅读器发出的电磁波驱动内部集成电路。信号强度足够强时，标签可以向阅读器发出数据，这些数据有 ID 号和标签内部 EEPROM（electrically-erasable programmable read-only memory，电擦除可编程只读存储器）中的数据。被动式电子标签的主要特点是：价格低廉、体积小、无需电源等。

3. 半主动式

半主动式电子标签和被动式电子标签比较相似，比被动式电子标签多了一个电池，可以用于驱动标签 IC，使得 IC 处于工作状态。半主动式电子标签的优点是：天线可以充分发挥回传信号的作用，比被动式电子标签反应速度更快、效率更高。

（二）阅读器

阅读器又叫读取器，主要作用是读取或写入电子标签的信息，有手持式和固定式两种，对标签进行识别、读写，将数据传输到后台，由后台对数据信息进行处理。

（三）天线

天线用于传递标签和阅读器之间的射频信号，是标签和阅读器沟通的桥梁。阅读器发送的射频信号能量，通过天线以电磁波的形式辐射到空间，当电子标签的天线进入该空间时，接收电磁波能量，但只能接收其中很小的一部分。阅读器和电子标签之间的天线耦合方式有两种：一种是适用于低频段射频识别系统的电感耦合方式，另一种是适用于超高频段的射频识别系统应用的反向散射耦合方式。天线可视为阅读器和电子标签的空中接口，是 RFID 系统的一个重要组成部分。

三、RFID 识别工作原理

能量和数字信息在 RFID 系统的阅读器、天线和电子标签三部分间流通，工作原理如图 6-7 所示。具体工作流程如下 [5]：①阅读器作为一个读写设备，其射频信号通过天线发射，并且产生一个工作电磁场区域；②当工作区域出现电子标签时，电子标签产生电磁波驱动内部集成电路给自身电路供能，电子标签开始供电工作；③电子标签被激活后，内部存储控制模块将自身编码等信息通过电子标签内置的发送天线发送出去；④系统接收天线接收到从电子标签发送来的载波信号，经天线调

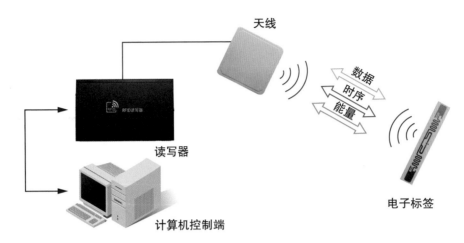

图 6-7　RFID 识别工作原理

节器传送到阅读器，阅读器对接收的信号进行解调和解码，然后传送到后台主系统进行相关处理；⑤主系统根据逻辑运算判断该卡的合法性，针对不同的设定做出相应的处理和控制，发出指令信号控制执行机构动作。

标签和阅读器之间的数据传输以无线电波的形式通过空气介质进行。测量空气介质中数据的传播通常会用到两个参数——数据传输的速度和数据传输的距离。由于标签的体积和电能有限，从标签中发出的无线信号非常弱，数据传输的速度和传输的距离受到限制。为了实现高速、远距离数据传输，数据信号必须叠加在一个规则变化的信号比较强的电波上，这个过程叫调制。规则变化的电波叫载波，一般由读写器控制。有多种方法可实现载波上的数据调制，如用数据信息改变载波的波幅叫调幅，改变载波的频率叫调频，改变载波的相位叫调相。通常，使用的载波频率越高，数据传输的速度越快，如 2.4 GHz 的载波，它的传输速度可以达到 2 Mbps（相当于每秒约 200 万个字符）。但是，由于无线电波频率的选用受政府管制，各国对不同频率的无线电波有不同的应用目的，因此，不能无限制地提高信息传输速度，RFID 技术所采用的无线电波也必须符合这一规定。目前，国内通常采用 2.4 GHz 扩频技术进行通信，这是因为在我国 2.4 ～ 2.483 5 GHz 频段是一个公用频段，不需要向国家无线电管理委员会申请使用许可证。

RFID 系统一般分为低频、高频、超高频三个工作频段，不同工作频段的 RFID 的各个参数如表 6-1 所示，不同工作频段的 RFID 系统应用场合不相同。

表6-1　不同工作频段RFID的参数

种类	频率/kHz	波长/m	物体影响/m	距离	速率	成本	读写模式
低频	$9 \sim 135$	2 500	任何物体	<0.5	低	高	单读取
高频	$1 \times 10^3 \sim 4 \times 10^5$	22	大部分	<1	快	低	多读写
超高频	$4 \times 10^5 \sim 1 \times 10^6$	10	较少	$1 \sim 3$	快	较低	多读写

四、RFID技术在渔业中的应用

（一）洄游鱼类RFID监测应用

在洄游鱼类身上植入PIT射频芯片作为追踪标记，并在鱼道部署RFID天线连接鱼道监测的PIT设备。通过监测通道鱼类，可以了解鱼的活动规律、季节性迁徙、资源量、存活/死亡率等，同时为鱼道过鱼效果评估、鱼类行为跟踪、判断洄游时间、资源量评估和生境恢复、探索科学的保护方案等提供重要的数据依据。

（二）RFID渔船身份识别及进出港自动管理

RFID射频识别技术是一个新兴的技术，它应用于海洋渔业方面，有利于提高安全管理与执法的效率，有利于打击冒用（克隆）渔船，将成为渔船管理领域新的发展趋势，也将产生巨大的经济效益。

RFID渔船身份识别系统能使执法人员只要手持渔船身份识别POS机，通过读取安装在渔船上的渔船识别模块（电子标签），就能在POS机上、电脑上看到相关渔船信息和船员的基本信息。这不仅可以加强渔船的管理，迅速发现"克隆"船、"冒用船号"渔船，而且一旦发生海上求救事件，通过查询电脑上相关渔船资料，就能得知渔船配备安全设备的情况、船况、船员的基本情况，以便及时采取应急措施。

（三）渔业养殖跟踪系统

从鱼卵到成鱼过程的信息跟踪环节，通过RFID系统能够记录不同种类鱼的生长环境、喂养时长、喂养食料等必要信息。

鱼捕捞后，需通过质量检验流程完成上市，具体监测流程有：养殖场捕捞—第三方检测机构对上市之前的鱼进行抽样检测—对鱼的品质和养殖环境进行检查—给合格的产品颁发证书（产品取得上市资格）—检测结果同时上传至RFID 渔业养殖跟踪系统。

检验合格的鱼，RFID 系统将记录相关信息，包括储位号、水温、鱼食种类、喂食数量、海鲜状态、库存数量等。在分装—运输—上市的供应链管理中，利用RFID 标签进行实时数据采集和监控。消费者在购买时，通过手机扫码识别二维码信息，二维码信息包含该鱼产品的详细质量清单，包括送货信息、养殖信息以及检测信息等。

RFID 技术与自动化技术相结合是未来发展的一个主流方向，是实现渔业自动化、精细化、智能化的重要手段，需要多加注意的是信息安全问题，即保障 RFID 标签内部信息的安全。我国是一个水产养殖大国，RFID 技术的应用对我国水产养殖的影响极大，目前在 RFID 技术的应用方面我国仍处在探索阶段。随着技术的发展，困难终将被解决，RFID 技术必将推动我国渔业持续发展。

第四节   EPC 技术

一、EPC 技术及标准介绍

EPC 技术是美国 Auto-ID 开发的，旨在通过互联网平台利用无线数据通信技术、RFID 技术等，构建一个能实现实时共享全球物品信息的网络平台，能够实现对物品信息的跟踪及回溯。EPC 是一项现代技术，由各种 RFID 空中接口协议、EPC 编码组成，具备利用互联网传递编码，并存储、管理和检索相关物品信息的功能。EPC 具有很多特点，如灵活、开放、独立、互动性强。为每一个商品建立开放的、全球的编码标准是 EPC 的最终目标。

EPC 对商品在世界范围内的标识编码的规则进行了统一。EPC 系统就是通过RFID 系统，应用 EPC 编码，再联合网络技术而组成，并规定用数字信息化的形式存储于和具体的实物商品绑定在一起的 RFID 应答器中。

基于 RFID 技术，为每个标签设置唯一的 EPC，实现为所有产品提供一个唯一有效的标识，这区别于以往的技术，因此，EPC 是一种基于 RFID 技术的新型的射频识别标签。EPC 利用计算机自动管理物品的来源、位置和动态等，并将信息充分应用于物流活动过程中，实现全球范围内单件产品的追踪与追溯。

二、EPC 编码协议

目前的 EPC 系统中应用的编码类型主要有三种，分别是 64 位、96 位和 256 位[6]，见表 6-2。版本号、序列号、产品域名管理和产品分类部分四个字段组成了 EPC 编码。

表6-2   EPC的编码协议类型

编码类型		版本号	序列号	域名管理	对象分类
EPC-64	TYPE I	2	24	21	17
	TYPE II	2	32	15	13
	TYPE III	3	23	26	13
EPC-96	TYPE I	8	36	28	24
EPC-256	TYPE I	8	160	32	56
	TYPE II	8	128	64	56
	TYPE III	8	64	128	56

如图 6-8 所示，EPC-64 I 型提供具有两位数的版本号编码，将 21 位分配给特定的 EPC 域名管理代码，17 位用于识别产品的特定分类信息，最后 24 位序列用于识别特定产品的个体。

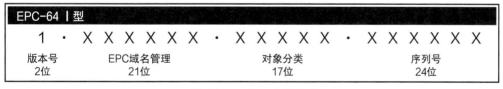

图 6-8   EPC-64 I 型编码

当 EPC-64 I 型编码不能满足需求时，EPC-64 II 型编码可以用来满足大量产品和价格敏感的消费品生产商的需求。如图 6-9 所示，EPC-64 II 型编码使用一个 34 位的产品序列号和一个 13 位的对象分类区域（允许最多 8 192 个库存单位），远远超过世界上最大的消费品生产商的生产能力。

EPC-64 Ⅱ型			
2	XXXX	XXXX	XXXXXXXXX
版本号 2位	EPC域名管理 15位	对象分类 13位	序列号 34位

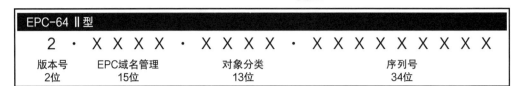

图 6-9　EPC-64 Ⅱ型编码

成为一个公开的物品标识代码是 EPC-96 Ⅰ型编码的设计目的，比 EPC-64 Ⅰ型编码表示更多的物品，可以保证每个物品有一个唯一的代码。它的应用类似于目前的统一产品代码，具体的字段含义如图 6-10 所示。

EPC-96 Ⅰ型			
01	0000A89	00016F	000169DC0
版本号 8位	EPC域名管理 28位	对象分类 24位	序列号 36位

图 6-10　EPC-96 Ⅰ型编码

随着时间的推移和物品的增多，EPC 的 64 位编码和 96 位编码版本已经不足以被长期使用并保证物品有唯一的编码。只有更长的 EPC 编码规则能满足需求，因此，EPC 的 256 位编码标准应运而生，这个编码标准可以使用更久。EPC 的 256 位编码的三种类型如图 6-11 所示。

EPC-256 Ⅰ型			
1	XXXXXXX	XXXX	XXXXXX
版本号 8位	EPC域名管理 32位	对象分类 56位	序列号 160位

EPC-256 Ⅱ型			
2	XXXXXXX	XXXX	XXXXXX
版本号 8位	EPC域名管理 64位	对象分类 56位	序列号 128位

EPC-256 Ⅲ型			
3	XXXXXXX	XXXX	XXXXXX
版本号 8位	EPC域名管理 128位	对象分类 56位	序列号 64位

图 6-11　EPC-256 编码

三、EPC 编码在水产品溯源中的应用

目前，我国水产品质量安全问题面临巨大考验，建立合理的水产品溯源系统是我国当前的重要任务之一。在充分分析我国水产品生产过程的基础上，围绕我国水产品的主要安全问题，借鉴国内外的经验和教训，依据我国现有的相关法律和标准，筛选适合现阶段我国溯源的基本信息和关键安全信息，并利用 EPC 和 RFID 技术建立水产品质量安全可追溯体系，一方面可以为满足消费者对水产品生产与安全信息的需求提供可能途径，另一方面可以为政府监管提供溯源依据。

基于 EPC 的水产品溯源系统的主要组成部分包括信息采集系统、PML（physical markup language，实体描述语言）服务器、Savant 服务器和 ONS（object name service，名称解析服务）服务器四部分组成[7]。具体如图 6-12 所示。

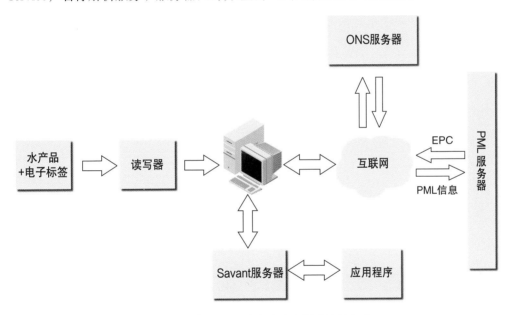

图 6-12　基于 EPC 的水产品溯源系统的组成

在由信息采集系统、PML 服务器、Savant 服务器、ONS 服务器，以及众多数据库组成的 EPC 物联网系统中，读写器读出的 EPC 是一种信息指针，该信息经互联网传到 ONS 服务器，找到该 EPC 对应的 IP 地址，即可获取该地址中存放的相关产品信息。Savant 服务器处理和管理由读取器读取出的一系列 EPC 信息，再交给 ONS 服务器，ONS 服务器指示 Savant 服务器搜索保存产品文件的 PML，该文件可以由 Savant 服务器复制，然后将文档中的产品信息传输到供应链。

本章小结

本章重点论述了条码技术、RFID、EPC 编码技术等目前常用标识技术的基本工作原理、技术关键与标识方法，以及在渔业中的典型应用。其中，条码技术被融汇于 RFID 特有的技术路径，用于粘贴水产品独有的标识。供应查询时，水产品配有的包装都要增设明晰的标识，便于日常的辨别。条码溯源技术更是采用"从养殖场到餐桌"的追溯模式，按照水产品生产流程，提取消费者关心的养殖、加工、包装、检验、运输、销售等作为供应链的追溯环节，采用商品条码系统对水产品供应链全过程的每一个节点进行有效标识，以实施跟踪与溯源。RFID 系统在洄游鱼类监测、渔船身份识别及进出港自动管理、渔业养殖跟踪、鱼卵到成鱼的信息跟踪等环节表现显著。尤其是从鱼卵到成鱼的信息跟踪环节，通过 RFID 系统记录不同种类鱼的生长环境、喂养时长、喂养食料等必要信息，可助力养鱼产业快速提升品牌信任度和产品竞争力。EPC 确认了标识应有的唯一性，有着可读特性，变更初始的编码，循环调用这样的标识，可缩减管控中的耗费，为构建可追溯特性的新模型，创设追溯体系，提供了全程查验的必要指引。

参考文献

[1] 潘继财. 二维条码技术及应用浅析 [J]. 商业现代化 ,2009(9):118-120.

[2] 郭建宏 , 钱莲文. 二维条码在蔬菜产品质量追溯中的应用 [J]. 武汉理工大学学报 ,2010,32(21):110-114.

[3] 李道亮. 农业物联网导论 [M]. 北京 : 科学出版社 ,2012.

[4] 朱创录 , 阴富国. 无线射频技术在农业环境定位系统中的应用 [J]. 江苏农业科学 ,2015,43(12):468-472.

[5] 陈力颖 , 毛陆虹. 无源超高频 RFID 系统设计与优化 [M]. 北京 : 科学出版社 ,2008.

[6] 文浩 .RFID、EPC 与物联网 [J]. 射频世界 ,2009(5):17-20.

[7] 颜波 , 石平 , 黄广文 . 基于 RFID 和 EPC 物联网的水产品供应链可追溯平台开发 [J]. 农业工程学报 .2013,29(15),172-183.

第七章

渔业无线传感器网络技术

　　本章主要从无线传感器网络体系结构、无线传感器网络主要特征、无线传感器网络关键技术以及无线传感器网络技术在智慧渔业中的典型应用4个方面，基于智慧渔业的发展需要实现数据的自动采集、养殖过程的实时监管等实际需求展开论述，结合技术发展和产业需求进行无线传感器网络的相关理论呈现，以期为智慧渔业的深远发展提供一定的助力。

第一节　概述

随着传感技术、无线通信技术与嵌入式计算技术的不断进步，低功耗、多功能传感器的发展速度加快，传感器逐渐向微型化发展，其在微小体积内也可以集成信息获取、数据处理和无线通信等功能。这种无线传感器网络的应用逐渐变成物联网发展中的一个重要组成部分[1]。WSN 由大量静止或移动的传感器以自组织和多跳的方式组成，以协作的方式感知、获取、处理和传输网络覆盖范围内被感知对象的信息，并将采集到的数据传输给网络用户，是一种无中心节点的全分布式网络。传感器、感知对象和观察者是 WSN 的三个要素[2]。

无线传感器网络的不断发展受益于微机电系统（micro electro mechanical system，MEMS）、片上系统（system on a chip，SoC）、无线通信和低功耗嵌入式技术的快速发展[3]。无线传感器网络包括各种类型的传感器，能够测量地震、热、电磁、雷达、温度、红外线、湿度、噪声、声呐、光强度、压力、土壤成分，以及运动对象的大小、速度和方向等各种物理信息，扩展了信息采集能力，把客观世界的物理现象同传输网络结合，在下一代网络中为人们提供最直接、最有效、最真实的信息。

WSN 可以采集客观物理信息，具有十分广阔的应用前景，可以应用到军事国防、工农业监控、城市管理、智能家居、生物医疗、环境检测、抢险救灾、危险区域远程控制等领域，得到了各国专家、学者和企业家的高度重视，是 21 世纪最有影响力的技术之一，与通信技术和计算机技术共同组成了三大信息技术。由于 WSN 广阔的应用前景，逐渐成为目前全球关注度最高、多学科交叉的热点研究技术之一[4]。WSN 是继计算机和互联网之后世界信息产业第三次浪潮，已经成为新一轮全世界经济和科技重要的发展战略。

第二节　　无线传感器网络的体系结构

WSN 体系结构如图 7-1 所示，一般由传感器节点、汇聚节点和管理节点三部分组成[5]。传感器节点随机地部署在任意范围内，节点以自组织的方法组成网络，通过多跳中继方式把采集的信息传输到汇聚节点，最后利用互联网或其他方式把获取的数据发到管理节点。用户还能够通过管理节点对传感器网络进行配置和管理，发布监测任务，以及收集监测数据。

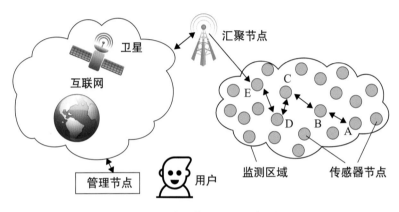

图 7-1　无线传感器网络体系结构

形式多样的传感器节点，并不是传统意义上物理信号感知并转化为数字信号的传感器，这种采集节点的原理是把传感器模块、数据处理模块和无线通信模块集成在小面积的物理单元（采集节点），相比于传统的传感器，它的功能更强大，既可以感知周围环境信息，还可以进行数据处理和无线通信。

第三节　　无线传感器网络的主要特征

传感器节点通过内置的不同类型的传感器，采集周边环境中的热、红外线、声呐、雷达和地震波信号，以及温度、湿度、噪声、光强、压力、土壤成分，还有运动物体的大小、速度和方向等物理信息。传感器不同节点之间相互协作，运用局部的数据交互实现全局工作[6]。

根据传感器节点的特点，相对于传统的通信方式，多跳、对等的通信方式更适用于 WSN，同时还能够有效降低在长距离无线信号传输过程中信号的衰落和干扰。传感器网络还能够通过网管连接到现有基础设施上，然后把获取的数据发送到远程的终端用户。WSN 大致有以下 6 个方面的特点。

一、大规模网络

在监测范围内一般会有大量传感器节点，为了采集更精确的数据，传感器节点数量能够达到成千上万，甚至更多 [7]。

大规模网络的含义：传感器节点部署的范围较广，例如在原始森林中进行森林防火和环境监测，需要分布大量的传感器节点；传感器节点分布密集，即在较小范围内密密麻麻分布着大量节点。

大规模网络的优势：不同空间视角采集的数据信噪比更大；分布式处理大量数据可以提高监测的准确性，降低单节点传感器的要求；大量冗余节点的存在，增强了系统的容错性；大量节点可以扩大覆盖的监测区域，减少盲区。

二、自组织网络

一般情况下，传感器节点被部署在没有基础结构的地方。其节点位置不可以提前准确设定，它们之前的关系同样不清楚，例如让飞机在原始森林中散布大量传感器节点，或随机部署在人去不了的或危险的地方。因此，这就需要传感器节点拥有自组织的能力，可以自动进行配置和管理，在拓扑控制机制和网络协议基础上自动形成转发监测信息的多跳无线网络系统。

三、多跳路由

网络中节点的通信距离通常会限制在几十到几百米的范围内，一个节点只可以与其相邻的节点直接通信，只有通过中间节点进行路由才可以与其射频覆盖范围之外的节点进行通信。网关和路由器被用来实现网络的多跳路由，而 WSN 中的多跳路由是通过普通网络节点实现的，并没有相应的路由设备。因此，任一节点既是信息的发起者，也是信息的转发者。

四、动态性网络

传感器网络的拓扑结构可能因为下列因素而改变：①环境因素或电能耗尽造成

的传感器节点出现故障或失效 [8]；②环境条件的改变导致无线通信链路带宽变化，甚至时断时通；③传感器网络中的传感器、感知对象和观察者这三要素都可能具有移动性；④新节点加入，传感器网络系统要有较高的适应性和动态的系统可重构性。

五、可靠的网络传感器网络

可靠的网络传感器网络适用于比较恶劣的环境或人类不宜去的地方，传感器节点可以在露天环境下工作，承受强烈的日照或风吹雨打，甚至抵挡一定程度的人为的或动物的破坏。传感器节点分布方式是随机的，例如使用飞机播撒或发射"炮弹"到特定区域。因此，这就要求传感器节点坚固、不易损坏，且能够适应恶劣环境。考虑到通信保密性和安全性，要防止采集信息被窃取或采集虚假的数据。所以，网络的软硬件都需要有较好鲁棒性和容错性。

六、应用相关的网络

传感器网络的目的是感知客观世界，采集各种数据。客观世界的物理现象形式多样，无穷无尽。由于关心的物理量不一样，不同的传感器网络对传感器的应用系统的要求也不同。应用背景不同，要求也不同，硬件平台、软件系统和网络协议也会有很大差别。因此，相比于互联网，传感器网络没有统一的通信协议平台。

在不同的应用中会出现一部分共性问题，但在研究传感器网络应用中，更需要注意的是网络的差异问题。因任意一个应用而去开发传感器网络技术是传感器网络研究区别于传统网络的最显著的特点。

第四节　无线传感器网络的关键技术

一、传感器节点结构

在设计每个系统时必须按照该系统的特点设计它的传感器节点 [9]，传感器节点通常包括数据采集、数据处理、数据传输和能量供应单元等，如图 7-2 所示。

数据采集单元的目的是数据的获取与转换，按照被测物理信号的种类选择不同的传感器。

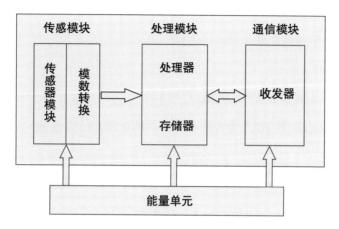

图 7-2 传感器节点的结构

数据处理单元主要是用于实现数据的存储、融合与转发的。其中处理器可选用通用嵌入式处理器，例如 ARM 公司的 ARM9 等；也可采用高性能的单片机，如 TI 公司的 MSP430 和 ATMEL 公司的 AVR 单片机等。数据传输单元负责与其他节点的通信，交换控制信息和收发采集数据，通常采用短距离、低功耗、低成本的通信芯片，例如 TI 公司的 CC2430、CC2530 等。能量控制单元是由微型电池构成的 [10]。

二、无线传感器网络协议标准

随着应用的推广，WSN 技术也暴露出了诸多弊端。由于各厂家的产品需要进行互联互通，且要避免与现行系统相互干扰，所以需要每个厂家、方案提供商、产品供应商及相关设备供应商达成共识，共同完成目标，这也是 WSN 标准化工作的相关背景。经过十几年发展，出现了大量的 WSN 协议，如 MAC 层的 S-MAC、T-MAC、BMAC、XMAC、ContikiMAC 等，路由层的 AODV（ad hoc on-demand distance vector，自组织按需距离向量路由协议）、LEACH（low energy adaptive clustering hierarchy，低功耗自适应聚类层次协议）、DYMO（dynamic MANET on-demand，反应式按需路由协议）、HaLOW、GPSR（greedy perimeter stateless routing，基于位置的路由协议）等 [11]。但上述 WSN 协议都属于私有协议，都面向特定的应用场景进行优化，适用范围窄，由于缺乏标准，不便于推广，不利于产业化。针对该现状，国际标准化组织也开始参与 WSN 标准的制定，致力于制定适用性广的、低耗的、

短距离的无线自组网协议。

（一）协议标准的发展

1.IEEE 802.15.4

IEEE 802.15.4 属于物理层和 MAC 层标准，基于 IEEE 的影响力，以及 TI、ST、Ember、Freescale 和 NXP 等著名芯片公司的推动，已成为 WSN 的事实标准 [12]。

2.ZigBee

ZigBee 标准在 IEEE 802.15.4 之上，重点制定网络层、安全层、应用层的标准规范，先后推出了 ZigBee 2004、ZigBee 2006、ZigBee 2007、ZigBee PRO 等版本。ZigBee 团队发布了面向智能家居、智能电网、消费类电子等领域的应用规范。随着智能电网的建设，ZigBee 标准将逐渐被 IPv6/6LowPan 标准取代。

3.ISA100.11a

ISA100.11a 是国际自动化协会 ISA 下属的工业无线委员会 ISA100 发起的工业无线标准。

4.WirelessHART

WirelessHART 是国际上几个著名的工业控制公司一起发布的，致力于将 HART 仪表无线化的工业无线标准。

5.WIA-PA

WIA-PA 是中国科学院沈阳自动化研究所参与制定的工业过程自动化的工业无线标准。

（二）Wi-Fi、ZigBee 和蓝牙技术简介

1.Wi-Fi 技术

Wi-Fi（wireless fidelity，无线保真）也是一种无线通信协议（IEEE 802.11b），属于短距离无线通信技术 [13]。Wi-Fi 速率最初高达 11 Mb/s，在信息安全性方面相对于蓝牙较差，但在信号覆盖范围方面略有优势，最初能够达到大约 100 m，可在家庭、办公室甚至大楼中使用。

Wi-Fi 是以太网的一种无线扩展，理论上，用户可以在一个接入点四周的特定范围内以较快的速度接入 Web 网络。但实际上，当有多个用户同时连接这个接入点

时，连接速度会降低。其信号不受墙壁阻隔，但在室内的有效传输距离小于户外。Wi-Fi 技术最大的优势在于将 Wi-Fi 与基于 XML 或 Java 的 Web 服务融合起来之后，能够大幅降低企业成本。

WLAN（wireless local area network，无线局域网络）未来的发展趋势将主要在 SOHO（small office home office，小型家居办公室）、家庭无线网络以及不安装电缆的区域。目前这一技术的用户主要来自机场、酒店、商场等覆盖有公共热点的场所。一些厂商为了争夺市场，推出同时支持 802.11a、802.11b 和 802.11g 的芯片，这种芯片可以在 2.4 GHz 和 5.2 GHz 的波段以 54 Mb/s 的速率传输数据。目前的手机生产商生产的产品已经可以同时支持 Wi-Fi 和蓝牙。

更多新的 Wi-Fi 标准正在制定之中。802.11g 工作在 2.4 GHz 频段，速率达 54 Mb/s，速度相比于 802.11b 快了 5 倍。未来，802.11g 标准将会被大多数无线网络产品供应厂家应用到产品中。

2.ZigBee 技术

2001 年 8 月，霍尼韦尔（Honeywell）、英维斯（Invensys）、三菱（MITSUBISHI）、摩托罗拉（Motorola）和飞利浦（PHILIPS）等 5 个公司成立了 ZigBee 联盟，目前该联盟有 200 多个会员 [14]。ZigBee 技术是在 IEEE 802.15.4 标准基础上的关于无线组网、安全和应用等方面的技术标准，目前在 WSN 的组建中得到了广泛的应用，其特点包括以下四个方面。

（1）自动组网，网络容量大

ZigBee 网络能容纳 65 000 多个节点，各节点之间都能够相互通信，包括星型、簇树型和网状型三种结构，节点加入、撤出或失效时网络能进行自动修复。

（2）工作频段灵活，数据传输速率低

在 868 MHz、915 MHz 和 2.4 GHz 等 3 个无须申请的 ISM 频段，对应的数据传输率为 20 ~ 250 kb/s，能够满足低速率数据传输需要。

（3）模块功耗低

两节 5 号干电池能够为一个节点提供 180 ~ 730 天的电量，不需要充电或者经常更换电池。

（4）成本低

ZigBee 技术协议简单，数据传输率低，在全世界免费频段工作，只需要前期的模块成本。

此外，ZigBee 技术延迟低，安全性和可靠性好。目前，基于 ZigBee 技术的 WSN 技术在现代化、信息化农业物联网技术中的数据获取及远程监控领域得到了广泛的应用。

3. 蓝牙技术

1998 年 5 月，爱立信（Ericsson）、IBM、英特尔（Intel）、诺基亚（Nokia）和东芝（Toshiba）等五家世界著名的 IT 公司联合宣布了一项叫作"蓝牙"（Bluetooth）的研发计划。1999 年 7 月，Bluetooth 团队推出了 Bluetooth 1.0 协议，2001 年更新到 1.1 版本（IEEE 802.15.1 协议）[15]。该协议的目的是研究通用的无线电空中接口（radio air interface）及其软件的国际标准，能够更进一步结合通信和计算机，以实现不同厂商的便携设备在近距离范围内的互通。该计划获得了近 2 000 家生产厂家的支持和采纳，其中包括摩托罗拉、朗讯（Lucent）、康柏（Compaq）、西门子（Simens）、3Com、TDK 以及微软（Microsoft）等大公司。

Bluetooth 在 2.4 GHz 的 ISM 频段工作，通过快速跳频和短包技术降低同频干扰，提高了传输的可靠性和安全性，具有一定的组网能力，并支持 64 kb/s 的在线语音。Bluetooth 得到了广泛的应用，相关设备逐渐增多，但伴随着超宽带技术、无线局域网及 ZigBee 技术的出现，其安全性、价格和功耗等问题日益显现，竞争力慢慢下降。2004 年，该团队更新了 2.0 版本，带宽速度提高了 3 倍，而功耗降低了一半，在一定程度上重建了产业界的信心。

蓝牙和 ZigBee 技术之间拥有一定的共性，因此它们被广泛应用到 WSN 中。

（三）其他标准化进展

在实际应用中，ZigBee 连接 Internet 时需要复杂的应用层网关，仍然完成不了端到端的数据发送和控制。国际互联网工程任务组 IETF（Internet Engineering Task Force）和很多研究人员认识到了这个问题，随之 IPv6 技术发展速度加快。IETF 制定了许多核心的标准规范，其中包括 IPv6 数据报文和帧头压缩规范 6LowPan、无线网络路由协议 RPL 和应用层标准 CoAP，相关的标准规范已经发布。IETF 创立了 IPSO 联盟，推动了该标准的应用，并发布了相关白皮书。IPv6/6LowPan 已经成为智能电网 ZigBee SEP2.0、工业控制标准 ISA100.11a、有源 RFID ISO1800-7.4（DASH）等标准的核心。伴随 WSN 以及物联网的广泛应用，IPv6/6LowPan 协议逐渐成为该领域的事实标准。

三、无线采集节点

无线采集节点指的是一个微型的嵌入式系统，这些节点的数据分析、存储和通信能力较弱，依靠自身携带能量的电池供电。在网络功能上，每个采集节点同时具有传统网络节点的终端和路由器两个功能，除了能够进行本地数据获取和信息处理外，还可以将其他节点发送的信息进行存储、管理和融合等，然后和它们共同配合完成特需工作。传感器节点的软硬件技术是目前 WSN 研究的重点。

四、无线汇聚节点

无线汇聚节点的处理能力、存储能力和通信能力相对较强，它可以连接传感器网络与互联网等外部网络，实现两种协议栈之间的通信协议转换，同时发布管理节点的监测任务，然后将获取的信息传输到外部网络上。汇聚节点是一个拥有增强功能的传感器节点，有足够的能量供给和内存与计算资源，也可以是不具备监测功能、仅有无线通信接口的特殊网关设备。ZigBee 汇聚节点包括 GPRS DTU 终端、控制器、电源和 ZigBee 通信等四个模块。如图 7-3 所示。

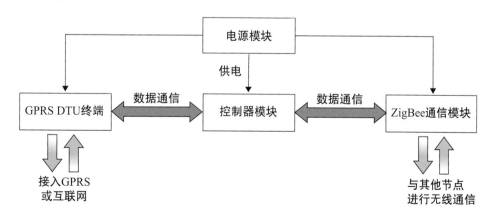

图 7-3　ZigBee 汇聚节点原理[16]

五、无线控制节点

无线控制节点通过实时采集的数据，结合专家知识经验进行数据处理和科学决策，为农业生产管理提供及时预警及决策支持。同时，用户还能够利用终端管理和分析软件来检测系统的运行状况，并可以对网络中的各个节点进行管理和监控[17]。

六、无线传感器网络信息安全技术

WSN 一般部署在敌对区域或无人值守的环境中，会遭遇入侵者或无关人员的攻击。无线通信的广播特性导致通信信号在物理上相对暴露，所有设备在通过合适的调制方式、频率和相位等匹配时，都能够接收到发送的信号。因此，WSN 的安全问题至关重要。

在信息安全等级保护工作中，按照信息系统的机密性（confidentiality）、完整性（integrity）、可用性（availability）来划分信息系统的安全等级，这三个性质简称 CIA。WSN 的安全需求包括两方面：面向基础设施的通信安全及面向数据的信息安全。通信安全为 WSN 的信息采集、数据传输、数据融合等提供支撑基础，信息安全提供实现数据机密性、完整性、不可否认性等安全机制[18]。

（一）基础设施通信安全

1. 节点安全

节点安全对应的是传感器节点的部署隐蔽性及抗受损能力。要求节点不易被发现，且节点内部通过代码混淆等方法提供一定的机密信息保护措施。

2. 防御能力

防御能力对应的是 WSN 对抗外来攻击和内部攻击的能力。面对不同的攻击必须具备较强的适应能力，就算遭遇了攻击，也可以将产生的影响降到最低。在承受攻击时，一部分节点的破坏不能导致全部功能的停用。

3. 入侵检测能力

入侵检测能力对应的是辨别入侵行为、确认入侵者身份和位置等，并能够自己识别虚假数据的能力。

（二）数据信息安全

1. 机密性

机密性是指只有授权用户可以获取数据的一种特性。机密性是重要的数据安全需求，全部敏感数据在存储和传输过程中都要确保机密性，不可以向任何非授权用户泄露数据信息。

2. 完整性

完整性对应的是数据在进行输入和传输的时候，不能被非法授权修改和破坏，以确保信息的一致性。用户并不能确保接收的信息是对的，因为恶意的中间节点能够截获、篡改和干扰数据的传输过程。通过完整性鉴别，能够保证信息传输过程中不会有任何不同。

3. 可用性

可用性就是确保合法的用户使用信息和资源时，系统不能够不正当地拒绝。需要传感器网络可以实时根据之前预设的工作方式向系统认定为合法的用户提供信息访问服务。

除了要满足基本的信息安全等级外，鉴于无线传感器网络的功能与系统定位，我们认为其还应该具备数据新鲜性。

（三）无线传感器网络的安全威胁与应对措施

WSN 协议栈的各个层面都可能遭遇各种程度的攻击，安全问题必须得到周全的考虑。其物理层学习的大都是安全编码等，数据链接层研究的是数据帧，网络层是安全路由，应用层则侧重于密钥管理及签名和认证等安全机制[19]。通用的 WSN 安全体系及常用的面向 WSN 的攻击方式及防御措施分别如图 7-4、图 7-5 所示。

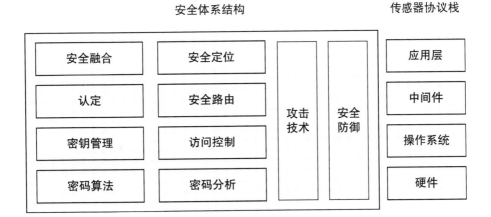

图 7-4　通用无线传感器网络安全体系

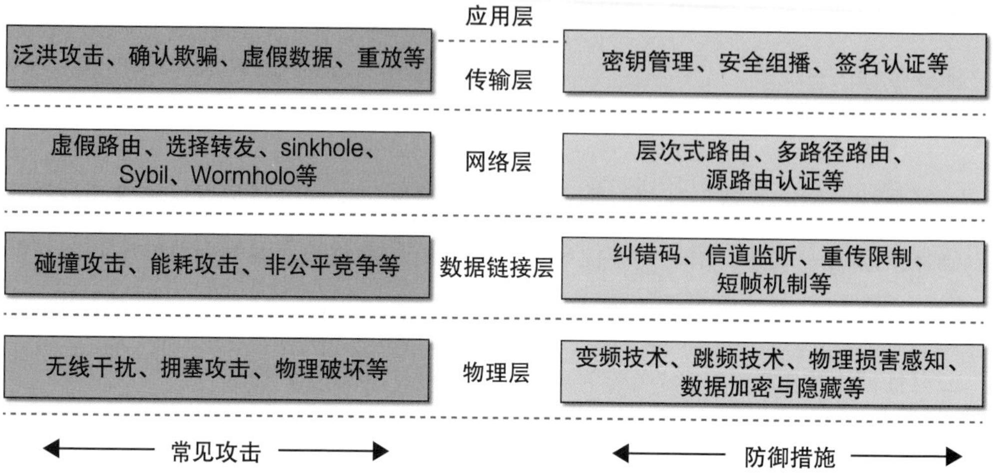

应用层	
泛洪攻击、确认欺骗、虚假数据、重放等	密钥管理、安全组播、签名认证等
传输层	

| 虚假路由、选择转发、sinkhole、Sybil、Wormholo等 | 网络层 | 层次式路由、多路径路由、源路由认证等 |

| 碰撞攻击、能耗攻击、非公平竞争等 | 数据链接层 | 纠错码、信道监听、重传限制、短帧机制等 |

| 无线干扰、拥塞攻击、物理破坏等 | 物理层 | 变频技术、跳频技术、物理损害感知、数据加密与隐藏等 |

◀—— 常见攻击 ——▶ 　　 ◀—— 防御措施 ——▶

图 7-5　无线传感器网络常见攻击及防御措施

除了保证必要的通信安全及数据安全，安全协议的设计还应当考虑如下因素。

抗毁性：部分节点受损不会导致整个网络安全体系瘫痪。

可扩展性：安全协议不应当对网络节点的加入与移除造成影响。

灵活性：安全协议不应当影响网络部署的灵活性。

低开销：安全协议带来的计算开销、通信开销、存储开销及对应能耗应当是传感器节点可承受的。

目前，无线传感器网络的安全问题备受关注并取得了许多相关成果，但相对恶劣的部署环境、节点资源的限制及无线通信的开发性等诸多因素对 WSN 的安全性都提出了进一步的要求，低耗、简单、易分布式结构的安全协议和算法将更容易应用到 WSN 中。

（四）无线传感器网络的隐私保护

无线传感器网络技术与各领域的不断融合，孕育了许多新应用，它们逐渐改变着人们生产和生活的方式。但是，它在发展过程中也面临着各种各样的安全挑战，其中隐私保护就是不容忽视的安全问题之一。WSN 中数量庞大的用户信息在网络中传输和交互，最终被集中在信息中心。在数据传输或存储的过程中，保护用户信息和节点位置信息，防止敏感信息的泄露，就显得非常重要。目前，国内外主要对节点位置、信息查询和数据聚合中的隐私保护问题进行了研究，如图 7-6 所示。

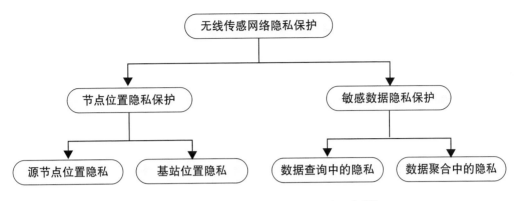

图 7-6　对无线传感器网络隐私保护的研究 [20]

第五节　无线传感器网络技术在智慧渔业中的典型应用

目前的无线传感器网络大都是采集物理现象信息，在医疗、交通、智能家居等场合应用中，还得采集视频、音频、图像等多媒体数据，因此一种新型的 WSN——多媒体传感器网络（multimedia sensor networks，MSN）出现了。

MSN 指的是一组具有计算、存储和通信能力的多媒体传感器节点组成的分布式感知网络。它利用节点上多媒体传感器感知所在周边环境的多种媒体信息，并通过多跳中继方式将信息发送给信息汇聚中心，汇聚中心对采集的信息进行处理，实现全面有效的环境监测 [21]。

无线多媒体传感器网络（wireless multimedia sensor networks，WMSN）指的是在 WSN 的基础上引入视频、音频、图像等多媒体信息感知功能的新型传感器网络 [22]。

WMSN 是在 WSN 中增加了部分可以采集更加丰富的视频、音频、图像等数据的传感器节点，全部的节点共同构成了拥有存储、计算和通信能力的分布式传感器网络。无线多媒体传感器网络可以利用多媒体传感器节点感知周围的各种媒体信息，这部分数据能够通过单跳和多跳中继的方式传送到汇聚节点，紧接着汇聚节点将采集的信息进行数据处理，最后将数据处理结果传输给用户，从而实现了全面、有效的环境监测。

作为传感器网络的一种，WMSN 除了拥有传感器网络共同特征外，还拥有典型的个性特点 [23]，WMSN 集成和拓展了传统 WSN 的应用场合，广泛用于安全监控、智能交通、智能家居、环境监测等需要多媒体信息的场合。常见应用场景包括：安全监控、智能交通、智能家居和环境监控等。WMSN 能耗较高，能同时采集各种多媒体信息，需要较高的 QoS（quality of service，服务质量），感知信息丰富，具有很强的方向性。

由于无线传感器网络是一门新兴的技术，其中有许多问题需要解决和完善，很多应用仍处于试验、验证阶段，目前仍存在以下几个难点。

一是能效问题。在 WSN 的研究中，能量效率是一个热点问题。无线传输设备的处理器和无线网络中的其他装置的微型化还有发展空间，但需要更多数量和种类的传感器，并进行链路，这可能导致耗电量的增加。如何提高网络的性能、延长网络的使用寿命、控制精确性，是下一步的研究方向。

二是采集与管理数据。未来 WSN 接收的数据会日益增多，但目前对大量数据的管理和使用能力有限，如何提高数据处理、管理能力和开发新模型的能力是最关键的问题之一。同时，为了满足 WSN 技术的需要，也为了加快处理时空和数据管理的研究，还需要加强对原始数据中的误差和不确定性的研究，加强数据的存储、处理和传输过程中的质量控制。

三是无线通信的标准问题。传感器网络的标准在各个层面都不统一。硬件平台不统一，操作系统不统一，无线通信协议多种多样，不同制造商的标准也不统一。IEEE 802.11 无线通信标准可以传送大量数据，但耗电多。IEEE 802.15.4 无线个人区域网（wireless personal area network，WPAN）标准省电，但要求数据传输操作时间短，因此也不可以传输大量数据。WSN 标准的不同会给 WSN 的发展带来障碍，因此，还需要研究新的无线通信标准。

一、池塘养殖 GPRS 远程测控系统

无线传感器网络在宜兴河蟹池塘养殖系统中的应用，如图 7-7 所示。整个无线监测系统包括农用无线气象站、水质监测站、溶解氧控制站，并且开发了水产养殖行业应用平台，实现了对溶解氧的测量、预测和控制 [24-25]。为了满足池塘水产养殖

图 7-7 宜兴河蟹养殖物联网监测系统

信息化和自动化的要求，钱建波等研制了一套针对水产养殖水质参数的远程实时监控系统，该测控系统由基于传感器节点、汇聚节点的水质参数无线监测网络和远程数据管理节点构成。该方法采用以 ARM 为核心的 ZigBee 模块传感器节点方案，构建了基于 ZigBee 传感协议的无线传感器网络，实现了多参数水质数据的采集；该系统的应用是以 ARM9 微处理器开发的汇聚节点实现数据的汇聚和 GPRS 无线通信实现远程数据的传输 [26]。

二、工厂化循环水养殖物联网系统

传统水产养殖受外界环境等自然灾害影响，容易导致重大经济损失，工厂化循环水养殖为攻克该难题提供了强大助力。工厂化循环水养殖综合机械工程学、生物学、养殖水处理、现代检测技术等多学科，对水产品进行高密度、集约化生产。经过科学合理的设计布局，充分利用物理方法和生物方法对养殖水体进行处理和循环再利用，达到无污染、零排放、高密度、可持续发展。此外，工厂化循环水养殖系统还结合了工程学、生物学、环境工程学、流体力学、信息学等多种学科的知识，是一个多学科、多领域技术交叉的水产养殖系统。该系统以工业化手段实现水环境的自动控制，实现了水资源消耗小、对环境污染小、占地少、产品优质安全、密度高、病害少、养殖生产不受地域或气候的限制和影响的生产目标，资源利用率高，实现了高投入、高产出，是水产养殖业可持续发展的重要途径。

吴小军等人在室内建设养殖池及水处理设施，通过水处理设备对养殖水体进行物理过滤、生物净化、杀菌消毒、脱气增氧等一系列处理后循环再利用。处理过程主要包括：悬浮物中残饵和粪便的去除、可溶性有机污染物的去除、水体消毒、增氧、温度调控等[27]。朱鸣山等人根据一般循环水养殖场地处偏远、场区范围大、设备（包括传感器）较多的特点，对控制系统设置了养殖现场、中心控制室、网络远程监控三个工作层，系统构成如图7-8所示。该控制系统是整个循环水养殖控制的可视化和控制中心，可以根据水产养殖检测和控制的不同需求设置多组控制界面，如启动、水质检测、系统操作、网络监控、报警查询、趋势查询、参数设置、系统设置等[28]。

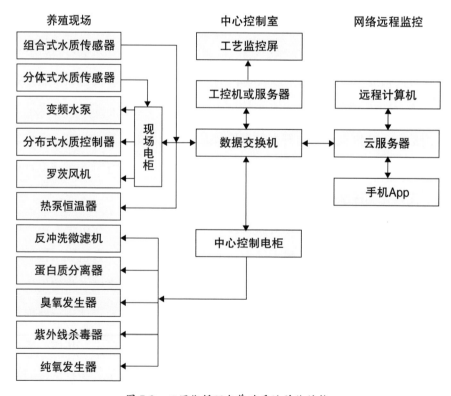

图 7-8 工厂化循环水养殖系统总体结构

三、鱼菜共生智能监测系统

传统水产养殖过程中，随着鱼的排泄物积累，水体的氨氮含量增加，毒性逐步增大。鱼菜共生是一种新兴的复合耕作养殖模式，它是通过将养鱼池中富含氮营养元素的水体供给蔬菜种植区域，经过蔬菜的吸收和利用，将净化之后的水直接返回养鱼池的一种模式。该模式可实现养鱼不换水而无水质忧患，种菜不施肥而正常生长的生态共生效应。

刘永军等人从鱼菜共生系统的水质参数入手，基于 STM32 单片机，利用 RS485 总线传输，进行了模块化设计，即设置水质参数监测、云平台数据交互、语音报警、LCD 彩屏显示、设备控制等模块，利用 STM32 和 NB-IoT（narrowband Internet of Things，窄带物联网）对鱼菜共生系统中所需的参数进行监测，实现了水质参数信息的远程监测，运行稳定可靠。通过对关键参数的监测，对影响鱼菜共生系统涉及的设施设备运行的参数进行了融合，基于 STM32 和物联网技术，实现了多参数融合下设施设备的智能联动控制。该系统功能由通信模块、UPS 模块、报警模块 3 个关键模块组成 [29]。系统流程如图 7-9 所示。

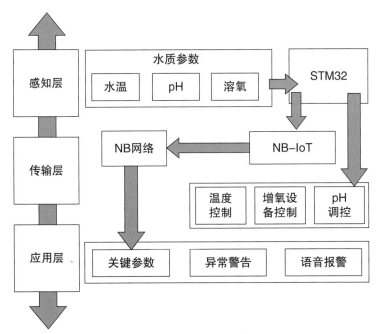

图 7-9　水质无线监测系统总体结构

本章小结

　　本章主要从无线传感器网络的体系结构、无线传感器网络的主要特征、无线传感器网络的关键技术以及无线传感器网络技术在智慧渔业中的典型应用 4 个方面，基于智慧渔业的发展需要实现数据的自动采集、养殖过程的实时监管等实际需求展开论述，结合技术发展和产业需求进行无线传感器网络的相关理论呈现，以期为智慧渔业的深远发展提供一定的助力。

　　虽然无线传感器网络技术已经广泛应用于各行各业，但是仍然存在以下问题。①硬件资源有限。WSN 节点等采用的是嵌入式处理器和存储器，导致计算能力和存储能力相对有限，后期需要考虑如何在有限的计算资源条件下进行协作分布式数据处理。②电源容量有限。为了测量实际应用场景中的具体值，每个无线传感器网络节点分布于待测区域内，待测区域有可能范围很大。这种情况下如果进行有线或人工电能补充，将是一项烦琐且耗时的工作。如果不能及时更换或补充电能，将导致局部网络中断等问题。③传输能力有限。无线传感器网络是通过无线电波的方式进行数据传输，虽避免了有线传输的布线烦琐性，但低带宽是其固有的缺陷。同时，信号之间存在一定的干扰等。④数据安全性问题。无线信道及有限的能量，导致无线传感器网络更容易遭受攻击。因此，网络以及数据安全性也是无线传感器网络必须考虑的关键。

参考文献

[1]DEIF D, GADALLAH Y. A comprehensive wireless sensor network reliability metric for critical Internet of Things applications[J]. EURASIP Journal on Wireless Communications and Networking, 2017(1):145.

[2] 倪子云 . 基于协同式任务均衡的无线传感网路由优化算法研究 [D]. 广州 : 广东工业大学 ,2016.

[3] 赵君祥 . 一种基于 LEACH 的无线传感器网络路由协议的研究与改进 [D]. 青

岛 : 青岛理工大学 ,2016.

[4] 丁革媛 , 李振江 , 李诗涵 . 无线传感器网络的体系结构和应用安全 [J]. 微型机与应用 ,2016,35(11):60-61.

[5]OJHA T, MISRA S, RAGHUWANSHI N S. Wireless sensor networks for agriculture: The state-of-the-art in practice and future challenges[J]. Computers and Electronics in Agriculture,2015(118):66-84.

[6] 余勇昌 , 韦岗 . 无线传感器网络路由协议研究进展及发展趋势 [J]. 计算机应用研究 ,2008(6):1616-1621,1651.

[7] 赵璐 . 基于移动节点的有向传感器网络覆盖应用研究 [D]. 南京 : 南京邮电大学 ,2016.

[8]HOESEL L V, NIEBERG T, WU J, et al. Prolonging the lifetime of wireless sensor networks by cross-layer interaction[J]. IEEE Wireless Communications, 2017,11(6):78-86.

[9]HEINZELMAN W. Adaptive Protocols for Information Dissemination in Wireless Sensor Networks[C]// Acm/IEEE International Conference on Mobile Computing & Networking,1999:174-185.

[10] 杨玺 . 面向实时监测的无线传感器网络 [M]. 北京 : 人民邮电出版社 ,2010.

[11]YANG O, MEMBER S, HEINZELMAN W, et al. Modeling and performance analysis for duty-cycled MAC protocols with applications to S-MAC and X-MAC[J]. IEEE Transactions on Mobile Computing, 2012,11(6):905-921.

[12] 李宜安 . 基于 IEEE 802.15.4 标准的无线传感器网络研究 [D]. 南京 : 东南大学 ,2006.

[13] 徐玉 .Wi-Fi 发展现状和主要应用分析 [J]. 电信技术 ,2008(10):11-14.

[14]SVEDA M, VRBA R. Sensor networking[C] // IEEE International Conference & Workshop on Engineering of Computer Based Systems,2002.

[15]BISDIKIAN C. An overview of the Bluetooth wireless technology[J]. IEEE Communications Magazine, 2001,39(12):86-94.

[16] 邹观鹄 . 温室环境的无线传感器网络监测系统研制 [D]. 南京 : 南京航空航

天大学,2012.

[17] 吴键,袁慎芳.无线传感器网络节点的设计和实现[J].仪器仪表学报,2006,27(9):1120-1124.

[18] 房卫东,张武雄,单联海.无线传感器网络用户认证协议研究进展[J].网络与信息安全学报,2017(1):5-16.

[19] 岳绚,杨健.基于SPIN协议的身份认证改进研究[J].物联网技术,2017(09):94-96.

[20] 周黎鸣.无线传感网中节点位置和数据的隐私保护研究[D].北京:北京邮电大学,2015.

[21]RITA T T, XIAO Y. A portable Wireless Sensor Network system for real-time environmental monitoring[C]//2016 IEEE 17th International Symposium on A World of Wireless, Mobile and Multimedia Networks (WoWMoM),IEEE,2016:1-6.

[22]MSOLLI A, HELALI A, MAAREF H. New security approach in real-time wireless multimedia sensor networks[J]. Computers & Electrical Engineering,2018(72):910-925.

[23] 夏蕾.多媒体传感器网络及其研究进展[J].无线互联科技,2015(11):5-6.

[24] 高亮亮,李道亮,梁勇.水产养殖监管物联网应用系统建设与管理研究[J].山东农业科学,2013,45(8):1-4.

[25] 李道亮,杨昊.农业物联网技术研究进展与发展趋势分析[J].农业机械学报,2018(1):1-20.

[26] 钱建波,于正永.基于ZigBee-GPRS的现代水产养殖系统的设计[J].信息技术,2016(7):53-57.

[27] 吴小军,吕军,吴杰.工厂化循环水养殖系统的构建及应用[J].河南水产,2020(5):36-39.

[28] 朱鸣山,蒋新跃.工厂化循环水养殖中关键设备的控制系统[J].福建农机,2020(1):35-39.

[29] 刘永军,田志新,宋妙龙,等.鱼菜共生系统智能监测与联动控制的设计与实现[J].农业与技术,2022,42(7):42-47.

第八章

渔业移动互联网

本章主要从移动互联网的基本概念和技术框架、发展历程以及渔业应用三个方面阐述了移动互联网的相关内容。移动互联网作为互联网和移动通信深度融合的产物，在渔业生产、管理等方面发挥着重要作用。

第一节　概述

一、移动互联网的定义

关于移动互联网的定义，业界尚未达成共识。

百度百科显示：移动互联网（mobile internet，MI）是一种通过智能移动终端，采用移动无线通信方式获取业务和服务的新兴业务，包含终端、软件和应用三个层面。终端层包括智能手机、平板电脑、电子书、MID（mobile internet device，一种互联网终端）等；软件层包括操作系统、中间件、数据库和安全软件等；应用层包括休闲娱乐类、工具媒体类、商务财经类等不同应用与服务。随着技术和产业的发展，未来，LTE（long term evolution，长期演进，4G 通信技术标准之一）和 NFC 等网络传输层关键技术也将被纳入移动互联网的范畴之内。

广义来说，移动互联网是指用户使用移动终端（如手机、上网本、笔记本计算机等），通过移动网络访问互联网并获得相关的服务。

本文所述的移动互联网是一种广义的概念，其基于中国工业和信息化部电信研究院在 2011 年的《移动互联网白皮书》中给出的描述："移动互联网是以移动网络作为接入网络的互联网及服务，包括 3 个要素：移动终端、移动网络和应用服务"。[1]

二、移动互联网的内容

移动互联网的定义将移动互联网涉及的内容概括为三个层面：①移动终端，包括手机、专用移动互联网终端，以及上网本和笔记本计算机；②移动通信网络，包括 2G、3G、4G 以及 5G，或者 WLAN、WiMax（World Interoperability for Microwave Access，全球微波接入互操作性，即 IEEE 802.16 标准）等无线通信网络；③应用服务，主要是基于 Web 和 WAP（wireless application protocol，无线应用协议）方式的互联网服务。移动互联网的三个层面可用图 8-1 表示，其中移动终端是移动互联网的前提，移动通信网络是移动互联网的基础，而互联网应用服务则是移动互联网的

核心 [2]。随着移动互联网的迅猛发展，目前移动互联网的业务体系主要包括三大类：①固定互联网业务向移动终端服务的复制；②移动通信业务的互联网化；③基于移动通信与互联网特点的融合而进行的业务创新。

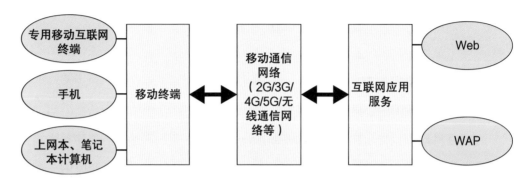

图 8-1　移动互联网的三个层面

第二节　移动互联网

一、移动互联网的特点和优势

移动互联网最主要的特点就是它的使用不受空间和时间的限制，这是其与固定互联网相比最显著的特征。具体来说，其基本特点如下。①终端移动性：只要存在网络覆盖，移动互联网的用户就可以消除空间的制约，在移动状态下通过随身移动终端接入并使用互联网 [3]。②业务及时性：移动互联网用户不受时间的限制，因此可以随时随地获取自身或其他终端的信息，从而及时获取所需的服务和数据。③服务便利性：移动终端一般操作简单，响应快速，不仅可以随时随地通过移动终端获取应用服务，而且快捷简单。④强关联性：移动互联网的实现基于移动终端、接入网络和运营商提供的互联网业务，三者缺一不可，相互关联。

相比于传统固定互联网，移动互联网的优势主要体现在：①具有随时随地的通信和服务获取功能；②具有安全、可靠的认证机制；③能够及时获取用户及终端信息；④实现了业务端到端流程的可控性等。但是移动互联网也存在着一些弊端，如：无线频谱资源稀少，不够丰富；用户数据安全和隐私无法得到绝对性的保障；移动终端硬软件缺乏统一的标准，业务互通性差等。但是，随着技术的不断进步，这些问题都将被逐渐解决，由华为领导的全球 5G 通信标准将为移动互联网的发展带来空前的机遇。

二、移动互联网的技术框架

由 Nokia 公司提出的 MITA（mobile internet technical architecture，移动互联网技术架构）体系结构如图 8-2 所示，该体系结构是正在开发的全新技术架构，旨在能够实现在任何互动模式间和任何网络环境下，采用任何接入方式实现无缝交互能力，从而向每个人提供用户友好的移动互联网体验。MITA 主要包括以下三种工具。

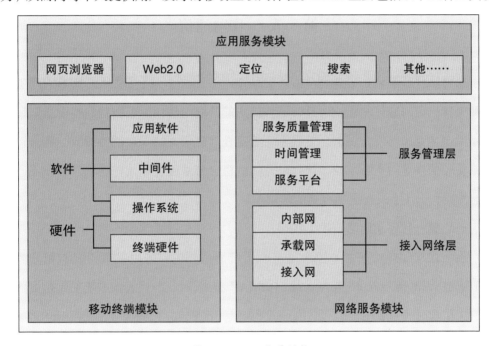

图 8-2　MITA 体系结构

（一）MITA 的三层模型

以服务为框架体系的宏观环境可以看成是网络之间、设备之间和应用之间的交互作用。对于用户而言，它正好对应 MITA 原理中的三个"C"：内容（content）、连接（connection）和消费（consumption）。

（二）MITA 的要素

MITA 体系在各层中进一步分解为各种要素，它们是移动互联网的基本组成部分，其本身又被描述成几个子层。以 MITA 描述该结构，可明确各个不同层之间所需的具体交互作用。

（三）MITA 立方体

通过各种网络环境、身份识别 / 寻址与交互模式的相互影响，产生各层之间的交互作用。MITA 立方体是指用于理解产生于不同层相关问题的判断框架[4]。

移动互联网技术架构的构建依托于移动终端以及移动通信技术的发展，移动终端的建设以移动通信为基础朝着便捷化、智能化方向前进。在整个移动互联网的发展中，移动通信技术是基础和关键，移动互联网是伴随着移动通信技术不断发展的。

第三节　移动通信

从第一代移动通信技术诞生至今已有 40 余年，每一代移动通信技术的产生都在解决着一定的通信问题。而且，随着技术的升级与换代，更新型的移动通信技术也体现出了更快的传输速率、更显著的稳定性、更强大的安全性的特征。未来，随着移动通信技术的不断发展，社会以及生活将会越来越智能化，这也能够在促进渔业的发展和进步上发挥更加重要的作用。

一、第一代移动通信技术（1G）

第一代移动通信技术（1G）是模拟语音通信，主要采用模拟调频和频分多址（frequency division multiple access，FDMA）技术，1G 的代表性系统主要是美国的 AMPS 和欧洲的 NMTS[5]。

第一代移动通信采用的是模拟工作方式，使用的频段在 800 ~ 900 MHz，基于频分多址的技术，1G 系统可同时实现多用户与基站的无线通信。然而 1G 系统的兼容性低，蜂窝结构虽然可以有效增加信号的覆盖面积，但由于各个国家采用了不同的工作方式，导致不同国家之间通信系统无法相互兼容，只能是一种区域性的通信系统，这也限制了其在全球的延伸。1G 通信是一种无加密的通信，其安全性差，而且传输速度不高，信号质量相对较差，与此同时，传输带宽对其具有很大的限制。即便如此，1G 依然是无线通信时代开启的重要标志[6]。

二、第二代移动通信技术（2G）

第二代移动通信技术（2G）是数字语音通信，主要采用的是 TDMA（数字时分多址）技术和 CDMA 技术，主要有 GSM 和 CDMA 两种制式，是模拟通信向数字通信的转变。2G 系统克服了模拟移动通信系统的弱点，使话音质量、保密性都得到了很大的提高，并可进行较大范围的无限制漫游。然而，移动通信标准的不统一，导致用户只能在同一制式覆盖的范围内进行漫游，因而无法实现全球性的漫游服务。同时，2G 系统带宽有限，高速率的数据服务也难以实现。

第二代移动通信技术主要有四种组网技术：移动智能网、WAP、GPRS 和 EDGE。

（一）移动智能网

移动智能网是智能网技术在移动通信网中的应用。随着移动通信的迅猛发展和市场竞争日益集中于业务竞争和服务竞争，能够快速、灵活地提供移动智能新业务的移动智能网技术在国际电信领域得到了广泛关注和迅速发展，其网络结构如图 8-3 所示。

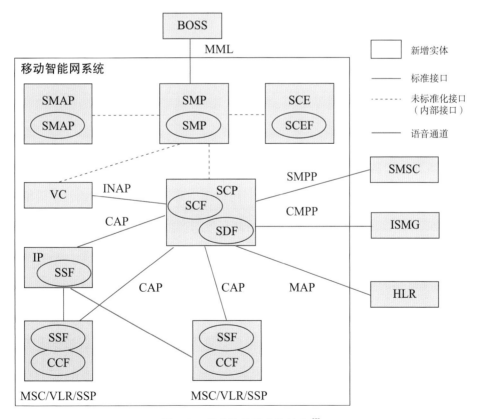

图 8-3　移动智能网网络结构[7]

目前，我国的 GSM 移动智能网是全球最大、技术最先进、业务种类最丰富的商用移动智能网络系统。此系统提供了很多新业务，这些业务基本覆盖了国际上所有成功应用于实际中的移动智能业务。

（二）WAP

WAP 是在移动电话、个人数字助理（PDA）等移动通信设备与互联网或其他业务之间进行通信的开放性、全球性的标准。WAP 由一系列协议组成，应用 WAP 标准的无线通信设备，都可以对互联网进行访问，包括收发电子邮件、查询信息和访问网站等。WAP 采用二进制传输，更大地压缩数据占的内存。同时它的优化功能适于更长的等待时间和低带宽。WAP 的会话系统可以处理间歇覆盖，同时可在无线传输的各种变化条件下进行操作。

WAP 使得那些持有小型无线设备，诸如可浏览 Internet 的移动电话和 PDA 等的用户也能实现移动上网以获取信息，它顾及了那些设备所受的限制，并考虑到了这些用户对于灵活性的要求。

在安全性方面，WAP2.0 的端到端安全传输机制，满足了 WAP 应用的机密性、完整性、可用性等 WAP 应用需求，但若不进行有效限制，就可能带来严重的业务资源滥用的后果。

（三）GPRS

GPRS 是一种基于 GSM 系统的无线分组交换技术，提供端到端的、广域的无线 IP 连接。GPRS 具有众多优势：①资源利用率高，采用分组交换模式，使得用户只有在发送或者接收数据时才占用资源，因此多个用户可高效率地共享同一无线信道，提高了资源利用率。②传输速率高，GPRS 用户能够快速地上网浏览，同时使一些对传输速率敏感的移动多媒体应用成为可能。GPRS 技术特别适用于间断的、突发性的和频繁的、少量的数据传输，也适用于偶尔的大数据量的传输 [8]。

GPRS 在农业中应用较为广泛，以单个数据采集模块为例的远程数据采集系统可用图 8-4 描述，数据经数据采集模块采集后，通过 GPRS 无线网络和 Internet 进行传输，最终到达数据采集服务器，这是远程监控系统的基本模型，后期的监控系统大多是基于此的改进。

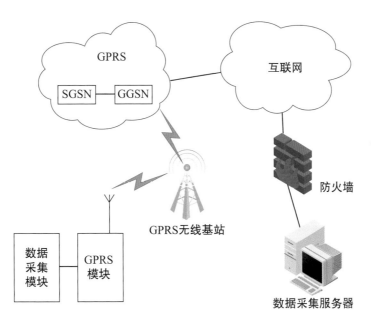

图 8-4　远程数据采集系统

（四）EDGE

EDGE（enhanced data rates for GSM evolution）即增强型数据速率 GSM 演进技术，EDGE 是 GPRS 到第三代移动通信的过渡性技术方案（GPRS 俗称 2.5G，EDGE 俗称 2.75G）。EDGE 主要是在 GSM 系统中采用了一种新的调制方法，即最先进的多时隙操作和 8PSK 调制技术。由于 8PSK 可将现有 GSM 网络采用的 GMSK 调制技术的符号携带信息空间从 1 扩展到 3，从而使每个符号所包含的信息是原来的 3 倍。此外，EDGE 继承了 GSM 制式标准，载频可以基于时隙动态地在 GSM 和 EDGE 之间进行转换[9]。

三、第三代移动通信技术（3G）

第三代移动通信技术（3G）是数字语音与数据通信，其主要包括 WCDMA、CDMA2000 和 TD-SCDMA。其中 TD-SCDMA 是由我国提出的一种全新的标准，"TD"代表时分双工（TDD），SCDMA 表示是一种同步的 CDMA 技术。与前两代移动通信技术相比，3G 的带宽更宽，不仅能传输语音，还能传输数据，可在全球范围内实现无线漫游，并能处理图像、音乐、视频流等多种媒体形式，提供包括网页浏览、电话会议、电子商务等多种信息服务，同时兼容 2G 网络，已经基本满足农业生产中的应用[10]。但是，3G 仍是限于地面的标准不一的区域性通信系统，虽然传输速率提高了上千倍，但是仍无法满足多媒体、大数据、高密度的通信需求。

移动终端、传感器网络和 3G 通信网络是构成农业生产信息平台的重要组成部分，三者相互协调，可以实现监控、观测、咨询等信息化服务，基于 3G 网络的应用系统总体框架如图 8-5 所示。

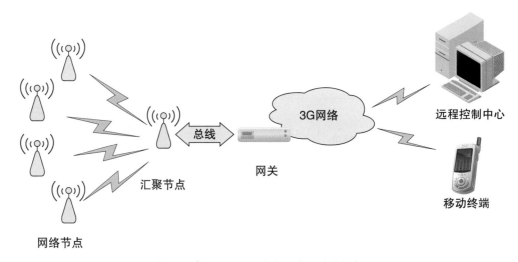

图 8-5　基于 3G 网络的应用系统总体框架

四、第四代移动通信技术（4G）

第四代移动通信技术（fourth generation，4G）是 3G 的延伸，其结构如图 8-6 所示。4G 通信技术由宽带接入（无线且固定）、WLAN、分布网络系统、移动宽带

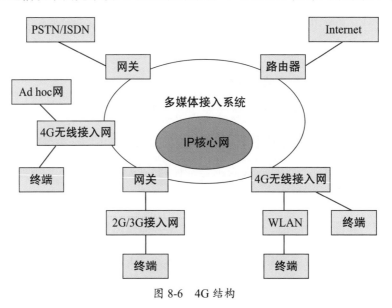

图 8-6　4G 结构

系统四部分组成[11]。4G 移动通信技术的特点表现在：①相比 3G 具有更快的无线信息传输速率，可实现可视化通信与多媒体应用；②优化了的网络结构和终端接入模式以及集约化技术，使得系统能方便地切换；③基于智能天线等核心技术以及全兼容的通信方式，使局域网和互联网实现了多网合一，让"云共享""云通信"成为现实；④ 4G 的抗干扰能力强，修复速度快，具有较好的安全性能和保密性能[12]。

目前，4G 主要包括两种制式：TDD-LTE 和 FDD-LTE。TDD-LTE 是一种新一代宽带移动通信技术，是 TDD-SCDMA 的后续演进技术，它在继承了 TDD 优点的同时，又引入了 MIMO（multiple-input multiple-output，多输入多输出）技术与OFDM（orthogonal frequency division multiplexing，正交频分复用）技术[13-14]。其演进如图 8-7 所示。

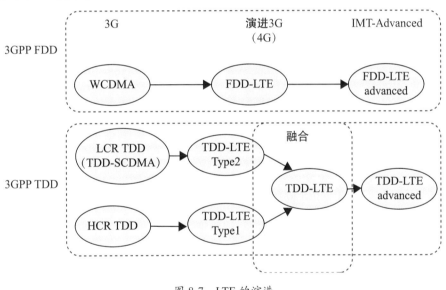

图 8-7　LTE 的演进

4G 的应用涉及面非常广泛，除了以往的农业、工业，其在金融、教育、医疗等行业也渐显势头。4G 终端的功能不再限于语音和简单的数据的通信，多媒体成为主要的应用，"大数据"以及"云"的出现，使人们对移动终端的要求有所改变，终端的功能更加多样化，4G 的应用也更加宽泛化。

在 4G 移动互联系统中，由于数据吞吐量的增加，传统的监控、检测等数据处理系统不再限于计算机等设备而由"云"代替，"云"成为重要的数据处理单元；移动终端的要求不在于数据处理而在于数据传送、接收与显示。基于"云"平台的农业生产系统结构可用如图 8-8 所示。

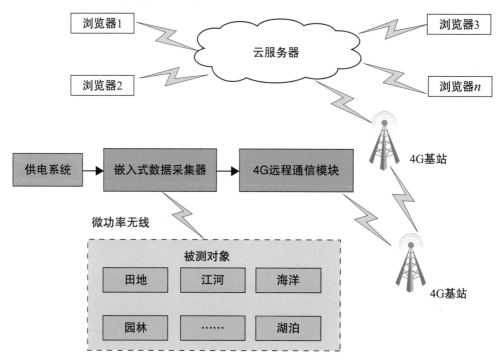

图 8-8 基于"云"平台的农业生产系统结构[15]

五、第五代移动通信技术（5G）

随着 4G、LTE 的大规模使用，移动互联网和物联网得到快速发展，全球 ICT（information and communications technology，信息与通信技术）产业界的研发重点已经转向了第五代移动通信技术。在我国，IMT-2020（5G）归纳总结了 5G 承载网络典型架构，并在此基础上深度分析了转发面、协同管控、同步网的技术方案与关键技术，提出了适合我国运营商的 5G 承载网络总体架构及关键共性技术，总体架构如图 8-9 所示。

5G 网络架构将多种现有的网络如传统网络、无线局域网、无线传感器网络，与新的无线接入传输技术如大规模天线（Massive MIMO）、认知无线电（cognitive radio，CR）、微型基站、可见光通信（visible light communications，VLC）和设备直连通信（device-to-device communication，D2D）等融合在一起，通过统一的核心网进行管理，从而提供超高速率和超低时延的用户体验及多场景的无缝服务[16]。5G 拥有强大的通信和带宽能力，其应用范围涉及工业、医疗和安全等领域。除此之外，

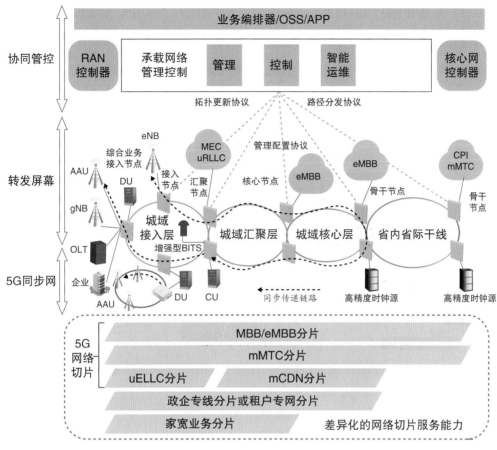

图 8-9　5G 承载网络总体架构[17]

5G 技术也应用到了农业物联网系统中，在低耗能和低成本的情况下，为用户提供更加智能的服务，实现业务的优化[18]。

　　不久的将来，随着 5G 技术的广泛应用，社会生产方式将向着智能化、无人化不断发展，基于 5G 框架的移动互联时代将为实现无人生产提供重要支持。但是，由于基站的限制，海上网络系统将是一大难题，然而随着多种网络的不断融合，卫星通信将会成为解决海上生产问题的关键。

第四节　移动互联网在智慧渔业中的典型应用

一、在水产品质量安全溯源系统中的应用

　　水产品质量安全溯源系统（traceability system）是一种通过还原水产品成长历

史轨迹、作业场所以及销售渠道，从而来追溯水产品流通链最终端的机制。基于移动互联网技术的水产品质量安全溯源系统，可以对水产品生产和销售中各个环节的质量安全进行全程溯源管理，保证溯源信息的准确性、安全性和及时性。与此同时，通过对消费者消费信息的记录与分析，为实现个性化、优质化服务奠定基础。基于移动互联网下的水产品质量安全溯源系统拓扑结构如图 8-10 所示。

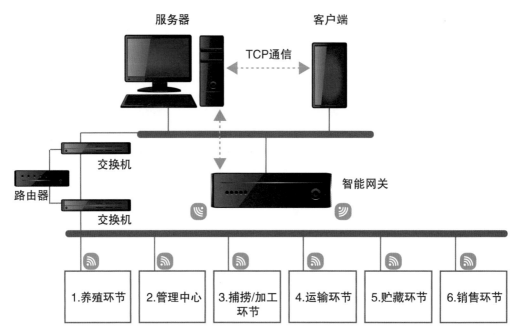

图 8-10　基于移动互联网的水产品质量安全溯源系统拓扑结构[19]

产品质量安全溯源系统包含溯源信息集成、溯源信息验证、生产运输各环节监管和用户管理四个功能。基于移动互联网的产品溯源系统可以有效帮助企业更好地生产、管理、销售水产品，同时保证经营者及消费者的产品质量和安全，并且可以实现用户定制等个性化、便捷化的对口衔接等服务，增强水产品的市场价值。

二、移动互联网在渔业通信系统中的应用

我国是渔业大国，渔业在国民经济中占据重要的地位。渔业的生产以捕捞业、养殖业为主导。渔业生产中，通信系统是保证渔业健康、稳定、有序发展的基础，尤其是在捕捞业中地位突出。捕捞业中的渔网搜寻、人身安全等，直接关系到渔民的生命和财产安全[20]。相比于内陆江、河、湖作业环境，海上作业环境更加复杂多变。为了提高渔业的安全水平和保障渔业经济持续、稳步的发展，建立基于移动互联网的渔业通信系统成为渔业生产的关注点。渔业通信主要是指渔船通信和捕捞人员随身终端通信，渔业通信系统的总体结构如图 8-11 所示。渔业通信系统利用 GPS 动态地获得渔船或者渔业从业人员行驶过程中的准确位置和各种属性信息，通过远程覆盖的无线网络信号来完成对渔船或者渔业从业人员的安全管理、调度管理和通信管理，是渔业部门、海事部门等相关部门对渔船或者渔业从业人员进行管理的有效辅助手段 [21]。

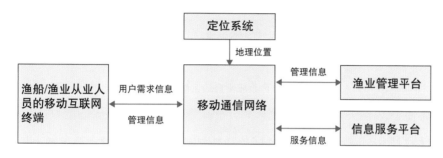

图 8-11　渔业通信系统总体结构

移动互联网渔业通信对改善近海海面管理体制等功能具有促进作用。基于移动互联网建立具有自组网能力的数字电台，可以使渔船或者渔业从业人员在实现多方语音通信的基础上，实现指挥中心广播的气象信息、AIS 船位信息的实时远程获取，实现电台与海岸移动电话网络的联通，并实现远程网络的控制，这对于渔船的安全和救援具有重要的意义；同时对越界实施捕捞作业的渔船，可以及时发现并制止，从而减少国际争端。由于具有组网功能，渔船之间可进行中继转发，因此，即使是更远距离的渔船或相关人员也能收到相应的信息，虽然不能全权取代遇险安全通信，但能使得短波电台通信系统拥有更强的通信能力 [22]。

三、移动互联网在水产养殖系统中的应用

（一）水产养殖平台系统

目前，成熟的基于移动互联网的水产养殖物联网平台在国内已经得到了初步发展，系统框架如图 8-12 所示。将移动互联网和物联网信息关键技术应用于水产养殖中，可以为渔业生产中呈现出的地域广阔、人员分散、设备不集中、管理比较困难等问题提供解决思路。通过整合渔业新闻动态、水产养殖技术、手机信息服务等功能模块，可为实现健康渔业生产保驾护航，这不仅大大降低了生产人员的劳动强

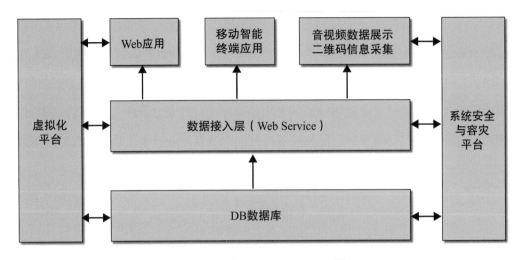

图 8-12 养殖平台的系统框架 [23]

度，还方便了技术人员对数据的收集和分析，并提高了病害预警的能力。

基于移动互联网技术的水产养殖移动管理平台系统，能够充分体现出灵活性、便捷性和可操作性，使得养殖环境监控、水质在线监测、养殖智能控制、病害测报以及远程诊断、产品质量追溯等均可随时随地被掌握并完成。

（二）水产养殖生产信息管理记录系统

目前，我国部分地区养殖新技术应用滞后、养殖管理不规范、养殖病害频发、养殖环境恶化、水产品质量安全不稳定等问题仍然存在，这些都制约着我国养殖渔业的健康发展。因此，提高水产从业者的科学观念和管理水平，是解决制约产业发展瓶颈问题的途径之一。基于移动互联网技术的水产养殖生产信息管理记录系统，可以实时有效地在生产过程中采集并录入生产信息，实时建立电子档案。通过管理信息的及时传递和反馈，养殖者的生产行为可以及时得到体现，并通过信息管理系统上传到渔业生产管理部门，使之随时掌握各渔业生产企业的生产动态，有针对性地进行管理，从而避免了传统纸质生产记录统计烦琐、时效性差、数据材料容易丢失等缺点，减少了管理者对各项数据进行搜集、整理的工作量。互联网生产信息管理系统有利于规范和约束养殖者的生产行为，对企业规避风险起到一定的促进作用，同时，其积累的大量生产数据对于分析渔业生产和其他研究工作也很有益处。

（三）水产养殖环境水质在线监测系统

水体各项生物生化指标如水温、pH、BOD、COD、TOC（总有机碳）、TOD（总需氧量）、CO_2、氮盐、营养元素等是否正常，直接影响水生动物的生长及生存。通过传感技术以及移动互联网技术，养殖户、监管者均可以随时随地了解养殖水体的各项监测指标的变化，这可以有效解决养殖池塘或者养殖车间布局分散、距离较远带来的管理困难问题。水产养殖水质在线监测一方面提高了从业者的管理水平，另一方面可以降低管理成本，同时避免了不必要的经济损失。现场监测系统通过进行自动化监测、控制和管理，能够对水质数据进行实时采集、智能分析，及时对水质做出评价，并将监测结果及时反馈，从而提高水质监测管理水平[24]。建立水质状况预警机制，可以帮助养殖人员更好地管理养殖环境，为水生生物提供良好的生长环境，进而提高产品的产量和质量。一般来说，水质监测系统结构可用图8-13简单概括。

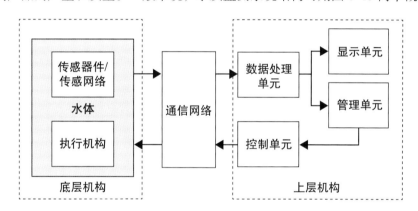

图 8-13　水质监测系统结构

四、移动互联网在休闲渔业中的应用

随着人们生活水平的提高，休闲渔业开始受到关注。休闲渔业是传统渔业的进一步发展，其依托于传统养殖渔业，综合了诸如垂钓、旅游等产业元素。发展休闲渔业一方面可以对渔业生产加以保护，另一方面可以实现对渔业资源的优化，有利于改善渔区的生态水平，同时渔民的生产不再单一化，而是更加多元化[25]。

在休闲渔业的发展中，移动互联网除了扮演传统养殖渔业的角色外，还要起到宣传营销的作用，主要包括：①搜集信息，建立休闲渔业网站，扩大宣传；②增加渔民认知，帮助解决渔民在生产经营中遇到的问题；③实现产业与消费者的桥梁构建，通过反馈机制指导产业不断升级优化。

本章小结

本章主要从移动互联网的基本概念和技术框架、发展历程以及在渔业中的应用三个方面阐述了移动互联网的相关内容。移动互联网作为互联网和移动通信深度融合的产物，在渔业生产、管理等方面发挥着重要作用[26]。

移动互联网在渔业应用中依然存在着问题，例如移动终端和基础设施不够完善、部分区域的移动通信网络覆盖不够全面、渔业信息不够全面等。目前来说，移动互联网应用主要集中在大型企业生产，小企业以及渔民将移动互联网技术运用到生产的仍然较少。因此，解决这些问题是当前渔业移动互联网面临的主要任务。

随着移动互联网的不断深入推进，渔业移动互联网发展将主要体现在以下几方面：①适合渔业生产环境的简单、高效、易操作的移动终端设备；②超远距离的、稳定的海上移动通信网络覆盖；③更人性化的智能生产管理系统；④多元融合的、多层次化的生态养殖渔业体系。

参考文献

[1] 工业和信息化部电信研究院 . 移动互联网白皮书 [R/OL].[2018-12-22].http://www.caict.ac.cn/kxyj/qwfb/bps/201804/t20180426_158178.htm.

[2] 吴吉义 , 李文娟 , 黄剑平 , 等 . 移动互联网研究综述 [J]. 中国科学 : 信息科学 ,2015,45(1):30-36.

[3] 李春生 . 移动互联网发展趋势研究 [J]. 中国高新技术企业 ,2016(1):1-2.

[4] 郑凤 , 杨旭 , 胡一闻 , 等 . 移动互联网技术架构及其发展 [M]. 北京 : 人民邮电出版社 ,2015.

[5] 李平安 . 移动通信的发展及关键技术介绍 [J]. 长江大学学报 (自然科学版),2017,14(9):1-12.

[6] 姜日敏 . 浅谈移动通信技术的演进及发展 [J]. 中国新通信 ,2014,16(8):35-36.

[7] 廖建新 . 移动智能网技术的研发现状及未来发展 [J]. 电子学报 ,2003,31(11):1725-

1731.

[8] 张小强, 杨放春. 一种基于 GPRS 技术的无线监控系统 [J]. 中国数据通信, 2004,6(11):92-95.

[9] 徐延海. 浅谈 EDGE 技术及发展 [J]. 中国新通信, 2007(23):30-32.

[10] 刘佳, 王军峰, 徐越群. 第三代移动通信 3G 技术解析 [J]. 石家庄铁路职业技术学院学报, 2010,9(3):65-67.

[11] 韩苏丹. 4G 移动通信网络技术的发展现状及前景分析 [J]. 电信快报, 2014(2):39-41.

[12] 李明锋. 4G 移动通信技术的特点及应用探讨 [J]. 河南科技, 2013(14):16.

[13] 郭鑫. 第四代移动通信 (4G) 关键技术 [J]. 中国新技术新产品, 2011(21):26.

[14] 刘婷婷, 方华丽. 浅谈 4G 移动通信系统的关键技术与发展 [J]. 科技信息, 2013(9):298.

[15] 李双喜, 徐识溥, 刘勇, 等. 基于 4G 无线传感网络的大田土壤环境远程监测系统设计与实现 [J]. 上海农业学报, 2018,34(5):105-110.

[16] 王莉. 第 5 代移动通信网络的新业务应用及其关键技术 [J]. 信息通信, 2018(8):243-245.

[17]IMT-2020(5G) 推进组. 5G 承载网络架构和技术方案白皮书 [R/OL].[2018-12-23].http://www.caict.ac.cn/kxyj/qwfb/bps/201809/t20180928_186179.htm.

[18] 董爱先, 王学军. 第 5 代移动通信技术及发展趋势 [J]. 通信技术, 2014,47(3):235-240.

[19] 霍翔, 傅海威, 邱晓成, 等. 基于 RFID 和移动互联网技术的海产品质量安全溯源系统研究 [J]. 物流科技, 2016(9):42-44.

[20] 姚玉霞. 信息网络及信息技术在渔业通信领域的应用前景 [J]. 科技创新导报, 2017(29):149.

[21] 董宇, 成世文. 基于北斗的远洋渔业监控系统应用设想 [J]. 信息通信, 2015(1):56-58.

[22] 杨蕾. 具有组网能力的数字渔业电台的设计与实现 [D]. 大连: 大连海事大

学 ,2013.

[23] 贾海天 , 王荣祥 , 孙顺 . 基于移动互联网的养殖平台开发与应用 [J]. 电脑编程技巧与维护 ,2014(18):61-62.

[24] 贺强 , 杨璐 , 蔚晨月 , 等 . 基于物联网技术的水质监测系统 [J]. 电子技术与软件工程 ,2018(15):166.

[25] 于合丽 , 李玉红 . 移动互联网时代休闲渔业发展的营销模式探究 [J]. 商场现代化 ,2016(3):58-59.

[26] 严颂 . 移动互联网掀起的革命 [J]. 广东经济 ,2014(6):27-29.

第九章

智慧池塘型养殖

　　智慧池塘养殖逐步向工厂化、集约化、精准化养殖模式转变，实现对水产养殖环境和养殖生物生长情况有效、实时的监测、控制，并以此推动产业升级，已经成为当前我国水产养殖现代化发展的热点。本章主要结合物联网、大数据等技术，对智能水质监测系统、智能增氧系统、智能投喂系统和智能管理系统进行了详细介绍。

第一节　概述

水产养殖业是发展最快的动物食品生产行业。据统计，2020 年全球鱼类产量达到 1.78 亿吨，水产养殖对全球养殖和捕捞总产量的贡献逐步提升，从 2012 年的 42.2% 增至 2020 年的 49.2%[1]。作为鱼类主产国，水产养殖在我国农业生产中占有十分重要的地位[2]。我国是世界水产养殖和水产品出口大国，2020 年，我国水产品产量占世界总产量的 60% 以上，养殖水产品产量占全国水产品总产量的 79.8%，其中池塘养殖是我国水产养殖的主要模式，其养殖面积占水产养殖总面积的 52.09%[3]。

池塘养殖是利用天然的或人工开挖的水域进行水产经济动物养殖的生产方式，是人们通过苗种、饵料及其他相关的物质投入，人为地干预和调控影响养殖动物生长的环境条件，以期获得最大产出的复杂的系统活动。该系统是一个人工建立并进行经营管理的营养型生态循环系统，然而，在长期缺乏科学管理和改造的模式下，池塘养殖换水次数少、清整池塘不及时，导致池底淤积严重，进而影响水质和正常的生产。

随着我国经济发展的转型升级，农业结构调整进入了关键时期，水产养殖业也面临着从传统的粗放式养殖模式逐步向工厂化、集约化、精准化养殖模式转变。如何适应水产养殖业发展的新要求，加大建设智慧水产养殖系统的力度，进而实现对水产养殖环境和养殖生物生长情况有效、实时的监测和控制，并以此推动产业升级，已经成为目前我国水产养殖现代化发展的热点。物联网技术正是推动这种产业转型升级的关键技术[4]。

第二节　智能水质监测系统

水质良好的程度对于水产养殖具有十分重要的作用，为能够及时掌握水质变化、提前做出对应措施，有效躲避养殖风险、提高亩产量，对水质参数进行监测显得非常有必要。基于移动终端的物联网技术的发展为用户提供了随时随地远程管理和干预渔业生产的可能性。在大规模池塘养殖管理中引入移动物联网技术，对水质进行全面实时监测，可以实现鱼塘水质管理的远程控制和干预。

智能水质监测系统（图9-1）是结合物联网、智能感知、无线通信网络、大数据、云计算等技术，利用智能水质传感器、智能控制终端等设备组成的自动在线水质监控管理网络，能够多元化、多元素地对水质进行远程监测管理，自动上报异常情况，根据历史数据指导生产管理，提升水质管理的自动化、智能化、数字化，科学把握池塘养殖水质问题。

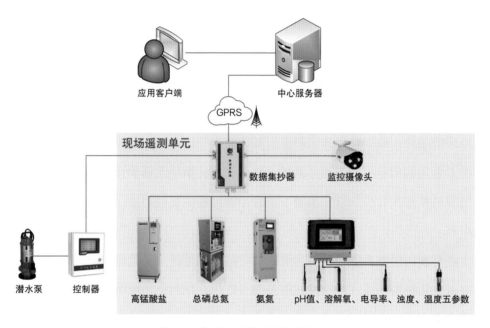

图 9-1　智能水质监测系统结构

数据监测：水质监测系统可通过传感器设备，在线实时监测水体的溶解氧、浊度、pH、电导率、温度、悬浮物等参数的变化情况，24小时全天候在线监测。

数据传输：在线水质监测技术可在极短的时间内将监测点采集的数据传至用户端，确保数据的及时性和有效性。利用4G、Wi-Fi、以太网、LoRa等无线网络，将监测数据上传至云平台。与传统人工取样监测相较，不仅简化了烦琐的程序，还节约了监测时间。

监测预警：通过系统平台，用户可以设置所监测参数的阈值，一旦前端传感器监测到某处水质参数超过安全值域，系统将发送报警信息通知用户，以便及时处理，确保养殖池的水质良好。

水质分析：水质监测系统可设置监测时段，自动采集，无须人工看顾。系统自动生成数据图表，用户可直观地了解水质变化情况。采集数据可保存，可随时查看历史数据并分析，总结水产养殖经验，指导管理。

智能控制：基于水位、水质等实时工况，智能控制潜水泵、排水泵等泵站的启停状态及启停数量，按照机会均等、互为主备的原则，轮值切换水泵。云平台可在安卓/IOS版手机App、电脑软件/网页、微信监控平台等终端远程管理，不受时间、地点的限制。

第三节　智能增氧系统

池塘养殖是一个人工营养型生态循环系统，到了养殖后期，大量的残余饵料、排泄物以及养殖生物尸体等沉积，会造成池塘养殖水体中氨氮、亚硝酸盐等的浓度快速升高，再协同低水平的溶氧量，从而导致养殖生物抵抗力减弱，引起病害产生[5]。因此，水产养殖池塘中大多都配有增氧系统，以维持池塘良好的水质环境，促进养殖生物的生长。

根据增氧方式不同，增氧技术可分为物理增氧技术、化学增氧技术、生物增氧技术和机械增氧技术等，其中机械增氧技术使用最为广泛[6]。近几年，我国国内生产企业在增氧机的生产工艺、产品可靠性和外观质量等方面，尤其是塑料化方面都下了大力气，力争使我国增氧机的科技含量和整体性价比与国外的相比具有竞争优势。增氧机生产企业还在积极开发新产品，积极研制具有定时增氧、自动保护控制、智能化控制系统等的增氧机，既可以减轻渔民繁重的体力劳动，适时调节水质环境，最关键的一点是，还可以提高渔民收益。我国渔业能源消耗测算中，推算池塘养殖中增氧年耗电量达 40.3×10^8 kW·h，占池塘养殖总能耗的 54.6%[7]。可以说增氧机是我国实现渔业现代化不可缺少的基本装备。

　　我国增氧设备的研究开发始于 20 世纪 70 年代。增氧机械经过几十年的研究与发展,已逐渐成为一种成熟的养殖装备。王兴国等研究了养殖水体增氧技术及方法[8],蒋树义等研究了水产养殖用增氧机的增氧机理和应用方法[9],焦宝玉等进行了池塘养殖中不同机械增氧技术的组合及效果验证[10]。目前,在池塘养殖中常见的机械增氧模式有叶轮式增氧、水车式增氧、喷水式增氧、充气式增氧、射流式增氧、微孔管式增氧、螺旋桨式增氧等。

一、叶轮式增氧机

　　叶轮式增氧机(图 9-2)是目前使用最多的增氧机,开发至今已有近 50 年,叶轮式增氧机主要由电动机、撑架、叶轮、浮筒等组成。

图 9-2　叶轮式增氧机

　　叶轮式增氧机有三个方面的作用,即增氧、提水搅拌、曝气。其主要原理是水跃、液面更新、负压进气等联合作用[11]。通过电动机带动叶轮转动能够较大范围地搅动水体,形成中上层旋流,增大水和空气的接触面积,不仅扩大了气液界面的表面积,而且气液间的双膜变薄,使中上层的增氧均匀,达到增氧、搅水和曝气的目的,一般适用于水深在 1.5 m 以上的大面积池塘。

　　多年来,对于如何提高叶轮式增氧机效率的研究有很多。朱松明研究了通过局部增氧提高叶轮式增氧机效率[12]。黄志恒研究发现,叶轮式增氧机能满足鱼类应急氧需求,其试验结果表明,叶轮式增氧机具有较强的水体搅拌能力,它在运转时可使周围水体的溶解氧快速增加[13]。鱼类有趋氧性，当溶解氧很低而使呼吸受到抑制时，鱼本能地游动到溶解氧比较高的水域以暂时解决缺氧的问题。因此，叶轮式增氧机具有应急增氧的功能。何雅萍针对我国的密集化、集约化水产养殖要求更迅速、更有效地提升水体中的含氧量的问题，对不同类型增氧设备进行了性能特点分析[14]。张祝利等通过研究叶轮式增氧机的性能发现，近 10 年来叶轮式增氧机的增氧能力和动力效率值呈下降趋势[15]。涌浪机是近年来在叶轮式增氧机基础上研制和推广的一种新型水产养殖增氧设备，但其在现实中的应用尚少。管崇武等对涌浪机在高位池凡纳滨对虾高密度养殖条件下的增氧效果进行了研究，并对比了不同天气状况下的增氧效果，试验表明，涌浪机在晴好天气下的增氧能力远超同功率水车增氧机，但在阴雨天和夜间增氧效果较差。因此，在实际应用中，将涌浪机与其他增氧方式相结合使用，将会取得较好的效果[16]。

二、水车式增氧机

水车式增氧机（图9-3）主要由电动机、减速箱、机架、浮筒、叶轮等五个部分组成，根据叶轮的数量不同，有单车、多车之分。

图 9-3　水车式增氧机

电动机通过传动系统带动叶轮的运转，然后叶片拍击水面，实现水车叶轮的击水和搅水作用，增加表层水体与空气的接触，把空气压入水中，同时产生强劲的作用力，一方面把表层的水压入池底，另一方面推动水向后流动，具有较好的增氧效果，对养殖池溶解氧的均匀度提升效果显著[17]，适用于水体较浅的池塘。何雅萍研究了水车式增氧机在清水试验中的增氧能力、动力效率，以及在实际养殖池塘中上、下水层溶解氧的变化[18]。宋瑜清等对市场上的水车增氧机增氧能力和动力效率进行了对比试验，为政府了解市场水车增氧机生产水平提供参考，同时为用户选择增氧设备提供依据[19]。

水车式增氧机也具有一定的应急增氧能力，但是由于它的叶轮转速不高，对底层水提升力不大，因此不会"拱池底"。水车式增氧机提水及搅拌深度为 1 m 左右，对 1.5 m 以下的底层水体几乎没有增氧作用。水车式增氧机的显著特点是运转时可形成一股较大的定向水流，对喜好水流的养殖鱼类较为适合。

三、喷水式增氧机

喷水式增氧机（图 9-4）是利用潜水电机直接驱动泵叶旋转，抽吸上层水体将水喷向空中，然后散开落下，增加水的溶氧量。

图 9-4　喷水式增氧机

随着科技的进步，喷水式增氧机性能逐年改进，目前市场上常见的有推浪喷水式增氧机以及浮水泵喷水式增氧机等。浮水泵喷水式增氧机是目前重量最轻、造价最低的增氧机。同时，由于它的外露零件都是工程塑料制成，并配用不锈钢紧固件，耐腐性更强。泵壳抽送的水流经过接头、软管进入直管，从环形喷水口喷向空中后落回鱼塘，增加和空气的接触面，达到增氧之目的[20]。

喷水式增氧机可以在较短时间内迅速提高表层水体的溶氧量，同时具有观赏效果，适用于公园和旅游区等养殖观赏鱼类的浅水小池塘。

四、充气式增氧机

充气式增氧机（图9-5）的主机是空气压缩机或鼓风机。当加压后的空气通过水底安装的沙滤芯或微孔塑料管时，排出微小气泡，在气泡上升的过程中，氧气不断地溶入水体，从而达到增氧的目的。

图 9-5　充气式增氧机

充气式增氧机以鼓风机或空气压缩机作为气源，将压缩空气通过管道送至设在池底的微孔散气装置充气增氧，有的还在管路上设有空气过滤装置，以防池水受到污染。正圆机械设备厂研制的旋流充气组合式增氧机，综合了多种类型增氧机的优点，是叶轮式增氧机和充气式增氧机的技术组合，它既有叶轮式增氧机强大的提水能力和推动能力，又有充气式增氧机把空气中的氧气直接送入水底进行溶解的功能[21]。充气式增氧机多用于养鱼网箱、养虾池、水族箱循环温流水养鱼装置和冰封越冬池中的增氧，其增氧动力效率可达 230 g/(kW·h)，在一定范围内，养殖水体越深效果越好，适合于在深水中使用。

五、射流式增氧机

射流式增氧机（图9-6）由浅水泵和射流管配套组合而成，工作时，水泵喷出来的高速流水通过射流器，在射流器喉管附近的空气加速进入喷射扩张器，从而在喉管附近产生负压，空气和水混合达到增氧的目的。因为这种增氧机在水下没有转动的机械装置，不会伤害鱼体，所以适合养鱼密度大的深水鱼池以及育苗池增氧使

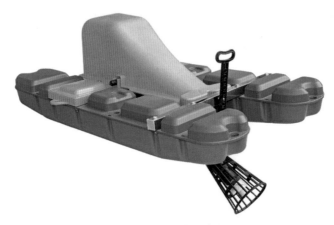

图 9-6 射流式增氧机

用。射流式增氧机水体搅拌能力较弱，但其作用于较深水体时，具有噪声低、引起的水流紊流程度小等优点。

周建来等研究了双侧吸气射流增氧机射流器喷嘴内吸气作用如何达到最佳效果[22]。门涛等采用 SC/T 6009—1999 评价了射流式增氧机的性能，结果表明，射流式增氧机对于下层水体具有良好的增氧效果，能使 1.5 m 水深处的溶氧值提高 31.0%；利用产生的水流搅拌水体，可避免水体溶氧量分层分布，并且水体曝气也可改善水质[23]。为进一步提升射流式增氧机的动力效率和实践效果，孙新城等创新设计了新型射流式增氧机[24]。

六、微孔曝气增氧机

微孔曝气增氧机（图 9-7）是一种池塘底充氧技术，是近年来发展起来的一种

图 9-7 微孔曝气增氧机

新型增氧机。它将高分子微孔管均匀地布设在池塘底部，利用空压机将空气压入微孔管道，然后在池塘的底部以连续不断的微小气泡逸入水体，气泡破裂后使空气弥散溶解到水体中，不仅具有很好的增氧效果，带动水体上下对流，减少温跃层、氧跃层的产生，同时也可以将池塘底部的有害物质带走，适用于深水池塘。

对于微孔曝气增氧机，各地研究人员做了大量的应用试验。杨笑谈等针对微孔曝气增氧在北方池塘养殖中的应用做了实验，实验表明，开启微孔曝气增氧设备后，池塘底部溶氧水平有 0.2 ～ 2 mg/L 的提升，亚硝酸盐、氮磷明显减少，表底层差异显著减小，消除跃层作用明显，底质环境得到改善，比上一年增产 33.3%，并首次将这个系统大面积应用于北方冰下越冬池塘中 [25]。张美彦等对微孔曝气增氧机的应用现状进行了总结分析 [26]。为研究微孔曝气增氧机的增氧性能和池塘应用效果，顾海涛等按照标准规定的方法对增氧性能和不同水深对增氧性能的影响进行了试验，并在池塘中对应用效果进行了试验。结果显示：微孔曝气式增氧机具有比叶轮式增氧机等更强的增氧能力 [27]。但是，微孔曝气增氧机不具有应急增氧功能：微孔曝气设备原是污水好氧生物处理系统中一个重要的工艺设备，在城市污水和工业废水处理厂广泛应用。当水底曝气增氧时，充足的氧可转化水底微生物分解物，使水体自我净化功能得到恢复，减少氨氮、硫化物、亚硝酸盐等有害物质的产生，使水体生态环境良性循环。但实测结果表明，因运行时曝气作用于整个养殖水体而增氧缓慢，没有形成水流，曝气式增氧机对水体没有搅拌作用。因此，该类型增氧机的"面增氧"工作方式在养殖水体缺氧时没有应急增氧作用。当晴好天气需要进行上层水体富氧层与下层水体欠氧层交换搅拌时，微孔曝气增氧机也没有提水及搅拌能力，其单独使用时，不适合四大家鱼等常规鱼种的养殖，最好能配合其他增氧机一起使用。

目前，微孔曝气增氧机已被列入了《国家支持推广的农业机械产品目录》，获农机补贴，主要由罗茨风机（空压机、滑片泵等）、微孔增氧盘（增氧管）、截止阀、排气阀、支架、通气主管、辅管、软管、接头等设备组成，另外配阀门定时开关、水质检测仪器等。

七、螺旋桨式增氧机

目前，在水产养殖业应用较多的增氧机是叶轮式、水车式、喷水式和射流式增氧机等，这几种增氧机在增氧方面都能起到不错的作用与效果，但是存在搅水面积小、溶氧效率低等缺点，只限于表层水的流通，螺旋桨式增氧机（图9-8）弥补了这些方面的不足[28]。在实际应用中，叶轮式增氧机在运转时产生的噪声很大，主要应用于虾、鳗等水产品养殖中；水车式增氧机和射流式增氧机的市场占有率相对较小，主要是在特种水产品的养殖和工厂化养殖中应用得较多，主要的缺点表现在增氧能力与动力效率方面功效较差。

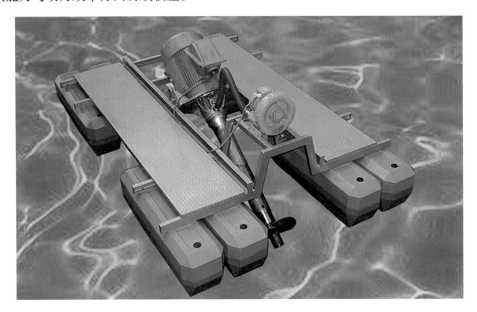

图 9-8　螺旋桨式增氧机

螺旋桨式增氧机就是在以上几种增氧机的基础上进行改造而成的，它的原理是将空气通过螺旋桨高速旋转所产生的负压吸入水中，并在高速水流的冲击下破碎成微小的高密度雾状气泡扩散至水体的中下层，这就极大地增加了气－液传质界面，且使气泡在水中停留的时间延长，溶氧时间延长，使得空气能与水体充分混合；而且，气泡破裂时产生大量负离子，能起到充分溶氧和净化水质的作用。同时，由于螺旋桨的强大的推力，水流可将氧气送到 35 m 开外的水中，形成动态富氧水流环绕整个水体，大流量的过饱和水流既促成水体中的高效率氧气交换，又形成模拟生态水流，将富氧水送至水体的各个角落，使死水变成活水。

八、其他增氧方式

传统的增氧技术（如叶轮式、水车式、喷水式增氧机）虽然对水体表层增氧效果较好，但存在增氧能力有限、底层增氧量低、增氧不均匀、能耗大、噪声大等诸多问题。耕水机（图 9-9）是通过轮翼的旋转，生成围绕其中心上升的循环水流和扩散到水面的水流，将水体底部的水引导提升到水面，经吸收氧气和阳光后再循环回水底。

图 9-9　耕水机

耕水机使水体充分暴晒于紫外线下，消除多种有害菌类和气体，通过水体的循环使水质明显改善，水体颜色明显变浅，水体溶氧总量增多，上、中、下各层溶氧均匀度显著提高，鱼群浮头现象明显减少。同时，促进了水体中有益藻和浮游生物的生长，形成完善的食物链，减少了饵料投放量，提高了饵料利用率，达到生态健康养殖的要求。林海等对耕水机在池塘养殖中的应用效果进行了比较研究并得出相似的结论：耕水机具有良好的水体搅拌能力，有一定的改善水质的效果，同时也具有良好的经济效益[29]。

除了传统的机械式增氧设备，生物净化方法也是一种常见的改善水体氧含量的方式。它主要是指利用生物的代谢活动来降低存在于环境中的有害物质的浓度或使其完全无害化，从而使受到污染的生态环境能够部分或完全恢复到原有状态的过程。比如，利用生物膜法能将水中有机物和氨氮分别降解、氧化为毒性相对较低的硝酸盐，使养殖水体得到一定程度的净化，但会导致硝酸盐的大量累积及溶氧与 pH 值的显著降低。因此，敬小军等提出并构建了由水生高等植物、滤食性贝类和生物刷搭配的集成生物净化系统，通过三者所具有的不同水质净化功能，达到水质净化和废弃物循环再利用的目的[30]。杨帆等利用水生植物增氧系统处理方法，建立了预测螺旋藻增氧效果的数学模型，该模型具有较高的预测可靠性，研究结果也表明螺旋藻增氧效果好[31]。

国外增氧技术的研究主要集中在利用富（纯）氧增氧，在对水库、湖、河等增氧时，使用这种增氧方式效果良好。富（纯）氧增氧的氧源主要是高压氧气、液氧或现场制备的富氧，通过改变气源，增加气液接触面积，提高增氧效率，降低能耗。同我国占绝大多数的机械式增氧设备相比，富（纯）氧增氧设备具有省电、结构简单、生产成本较低、增氧效率高等优点。

贾惠文等介绍了一种用于工厂化循环水养殖的纯氧增氧设备，通过溶解氧的变化监测试验，证明了纯氧增氧比空气增氧具有更大的优势[32]。刘松等提出了超重力机增氧方式，它利用旋转可调的离心力场代替常规重力场，使得气液两相的相对速度大大提高，相界面更新加快，生产强度成倍提高，极大地强化了气液传质过程[33]。研究表明，用超重力机进行水体增氧，测得的溶解氧浓度最大值达 25.92 mg/L，比水车式增氧机高出许多，体现出了超重力技术在水产养殖中的广阔应用前景。这些研究为开发新型增氧设备奠定了基础。

九、混合增氧方式

不少养殖池塘利用装备结构和增氧机理上的差异，在同一养殖水域安装两种及以上不同的增氧设备，优势互补、配合使用、混合增氧，取得了较为理想的增氧效果。如在翘嘴红鲌混养塘中，采用以耕水机平衡增氧为主、叶轮式增氧机增氧为辅的混合增氧方式，同比增产 11.3%。此外，有些养殖场把耕水机与底层微孔增氧设备或叶轮式与水车式增氧机配合使用，也取得了较好的效果。

魏珂等在探究南美白对虾池塘养殖中机械增氧合理化模式时得出结论：在南美白对虾池塘养殖中，立体增氧模式明显优于单一增氧模式，尤以底充式和水车式增氧机结合的立体增氧模式效果最好[34]。黑龙江牡丹江水产技术推广站利用增氧剂和机械增氧相结合的方法进行增氧，可以很好地解决越冬鲤鱼大批死亡的问题。蒋建明等提出了一种日常情况下利用耕水机改善水质和应急情况下采用叶轮式增氧机增氧的复合自动增氧模式，试验结果表明，复合增氧方式与单一增氧方式相比，节省了约 65% 的电能、80% 的人力成本和 20% 的药品等，总体利润增加 20% 以上[35]。

第四节　智能投喂系统

当前水产养殖业规模化的发展趋势日益明显，随之带来了诸多挑战：要求投喂的距离远、范围大；需要实现多点同时投喂；投饵量巨大，人工给投饵机上料耗时耗力；对饵料成本控制的要求显著提高，需进一步提高投喂的定时定量精度和饵料利用率；解决残余饵料污染水环境问题；降低设备投资和使用成本；智能化控制问题；等等。所以，针对投饵要求机械化、精准化、智能化，开发应用集中式智能自动投饵系统技术和装备势在必行。近年来，国内外科研机构对智能化水产养殖投饵设备进行了不断的探索研制，取得不少研究成果，能够基本上实现饵料投喂的精准化、自动化、智能化。

一、国外研究与应用现状

一些国家，如挪威、美国、加拿大、丹麦、日本、爱尔兰、德国、意大利、智利等，普遍使用自动投饵装备，从饵料的运输、储存、输送到投放都有精确的数量控制。如：挪威 AKVA 公司的 Marina CCS 投饵系统，美国 ETI 公司的 FEEDMASTER 投饵系统，意大利的 Techno SEA 公司的 AQUAFEED300 投饵系统，加拿大 Feeding Systems 公司的 Feeding Systems 投饵系统等。国外深水网箱养殖一般是将自动投饵系统安装在海上工作平台上（也有安装在工作船上的，若网箱离岸较近也可将投饵系统安装在陆地上），再由海上工作平台布置 PVC 管道到各网箱。只要在投饵机的控制器（一般为 PLC）或连接控制器的电脑上设置好投喂参数就可自动工作，整个操作过程自动化程度相当高。值得一提的是，自 1986 年起，挪威就有将自动投饵系统和音响集鱼系统结合使用在鳕鱼幼鱼养殖上的生产实践。

随着信息技术的发展，传感器技术被广泛地应用在海水养殖过程中。目前，国外大型的养殖场除了使用气力提升系统和水下摄像机监控养殖对象进食饵料情况，也开始研发红外传感器和水底声波传感器来监控。红外传感器系统的基本工作原理是将红外传感器安装在养殖水箱或池塘的底部来测量饵料收集装置中的残余饵料量，当被探测到的残余饵料量与总的投饵量的比值达到计算机设定的数值时，投饵装置将会停止投饵。这样在投饵的过程中能及时地监测养殖对象对饵料的进食情况，在其进食完成后及时停止投饵，大幅提升了饵料的利用率，节省了饵料成本。声波传感系统的基本工作原理是将声波传感器安装在养殖水箱或池塘的底部，声波探测养殖对象的活动轨迹和饵料残留轨迹，并传输到计算机控制系统生成清晰的影像图片，饵料投喂者可以通过饵料残余量影像图片和被监视养殖对象的活动迹象影像图片来判断是否停止投饵[36]。

意大利 Techno SEA 公司为了解决普通投饵装备在恶劣天气和海况下正常投饵的难题，研发出了一种沉式智能投饵机 Subfeeder-20，能将不同类型、品质、大小的饵料颗粒投入水中供养殖对象摄食，采用自动沉浮设计工艺，可以实现全天候的自动投饵[37]。

加拿大 Feeding Systems 公司成功研制了适用于大网箱、陆基养殖工厂和鱼苗孵化场的自动投饵系统，并为各种不同的养殖对象（如虾类、鳕鱼、虹鳟、比目鱼、罗非鱼和鲇鱼等）分别开发出了不同的投饵控制软件。在自动投饵机和专用软件的配合下很好地提高了饵料的利用率。

挪威 AKVA 公司的 Akvasmart CCS 自动投饵系统，包括各种投饵机、环境传感器、多普勒颗粒传感器，以及各种水下、水面摄像机。自动投饵系统可以同时实现对 40 个网箱进行远程投饵，最大喂料量达 11 520 kg/h，最大输送距离达 1 400 m。Akvasmart CCS 自动投饵系统的研发和使用在很大程度上降低了投饵时对劳动力的需求量，提高了饵料利用率，使复杂的水产养殖控制过程变得非常简单。

美国 ETI 公司生产的 FEEDMASTER 自动投饵系统在许多国家得到了推广使用。系统对饵料颗粒基本没有机械损伤和热损伤，且具有很高的投饵精确性、可靠性和很大的饵料储存容量。基于 PLC 自动控制的投饵系统在 PLC 的基础上使用了计算机作为人机交流的媒介，在计算机上安装专业的投饵软件，可在软件操作界面上直接设置投饵参数，操作简便。

芬兰的 Arvo-tec 公司开发了机器人投饵系统，通过计算机控制可以实现无人操作并且可以实现池与池之间的区别投饵，机器人通过轨道悬挂于养殖池或网箱上方，在到达轨道上的饵料补充点时，能够自动加料。投饵系统还可以结合养殖环境监控系统使用，当养殖环境发生变化时，投饵系统自动修正，以满足养殖对象对饵料需求的细微变化[38]。

二、国内研究与应用现状

相较于国外发达国家，我国水产养殖信息化建设起步较晚，国内工厂化养殖日常生产基本还没有使用自动化投饵装备，装备的研发也还处于起步阶段；池塘养殖多使用半自动小型投饵机，饵料补充需要人工添加，投喂时间、投喂量等仍需要人工设定，且多为准确性较差的机械式控制器[39]。

国内养殖投饵喂料一般采用 3 种方式：一是靠人工投饵喂料，仅凭人工经验，工作效率低，劳动强度大，无法保证投饵的均匀度；二是靠投饵机投饵喂料，这种方式虽然可以通过人工操作定时定量投饵，节约劳动力，但只能固定在同一地点投饵，饵料分布在岸边很小的水域内，其他水域特别是中间水域无法覆盖，不能保证投饵的均匀度；三是通过船载投饵机喂料，通过汽油机或者柴油机驱动船，再通过安装在船上的投饵机将饵料投向池塘，这种方式容易污染水体，而当普通船的螺旋桨在水下工作时易打断水草影响养殖环境，同时吸卷、缠绕水草会影响螺旋桨工作，并且船行进的路线全凭人工随意确定，随机性强，很难保证投饵的均匀度[40]。

随着农业电气化、自动化技术的发展，出现了一些针对不同养殖环境的自动投饵设备[41, 42]。中国水产科学研究院南海水产研究所主持研发、渔业机械仪器研究所参与研制的"深水网箱养殖远程多路自动投饵系统"，能够实现手动、自动、远程控制模式下的定时、定点、定量投喂[43]。中国水产科学研究院渔业机械仪器研究所研制了一种适用于大规模海上网箱养殖的"网箱气力投饵系统"，利用气力输送来代替人工投饵[44]。上海海洋大学开展了适用于工厂化养殖的自动投饵机器人系统的研究[45]。朱鸣山分析介绍了自动投饵机器人应用的可行性及系统构成。该系统的应用可达到降低人工成本、提高饵料投放精度的目的，与工厂化循环水养殖智能控制系统配合，可实现不同水产品种、不同生长阶段、不同生长环境下的饵料精确投放[46]。水产养殖机器人虽能根据实时航程、航速、料量参数实时控制投料速率，做到出料均匀，但没有对投饵过程进行建模和定量分析，无法保证饵料落在水面上的实际分布均匀度。李明等研制了自动巡航式无人驾驶投饵船 [47]，投饵船虽能根据人为遥控在池塘中投料，但完全靠人工经验确定投喂量，且航行路线随机性强，工作效果差。

第五节　　智能管理系统

我国是世界第一水产养殖大国，养殖水产品产量占全世界的 70% 以上。随着国内水产养殖业规模的扩大，对配合饵料的需求亦不断增大。而投饵装备技术的优劣直接决定了养殖鱼类的摄食率、健康程度和生长速度，也会影响养殖水体的水质条件。我国传统的水产养殖大多通过人工采集水样分析进行水质检测，这种方式无法实现实时监控，自动智能化的水质检测成为养殖水质监控技术的发展趋势 [48]。

目前，在水质监测方面，来清民等设计了分布式水产养殖监控系统 [49]，刘兴国等研究了水产活动中水质监测技术安全保障系统及应用 [50]，漆颢等设计了基于 IoT 的鱼塘环境监测系统 [51]，在精准投喂方面的研究报道较少；而国外的水产养殖设施先进，具有较高的自动化水质监测管理水平和科学化、精准化饵料投喂水平。如 Chang 等设计的集约式养殖智能投饵系统 [52]，在自动投饵系统设计的基础上开发了池塘养殖数字化管理系统，结合水体环境监测结果以及鱼类生长信息，分析形成适宜的投喂时间和投喂量，以提高饵料利用率，节约养殖成本，减少水体自身污染，进而构建池塘健康养殖的新模式。

一、集中式自动投饵增氧集成系统

根据现有投饵机存在的问题和水产养殖规模化、集约化的需求，集中式自动投饵增氧集成系统的应用成为智能化水产养殖发展的必然趋势。近年来，一些研究机构对该系统进行了研制和应用。研究立足于有机地将监测技术、无线传感、工程技术、机械设备、管理软件等现代技术手段集合起来，应用于水产养殖活动，进而实现自动化、科学化、智能化的标准养殖模式。与传统粗放型养殖模式相比，其在高密度、高产值、高效益方面表现出明显的优势 [53]。该系统一般集成有自动上料单元、精确下料单元、气送投喂单元、水体增氧单元和智能控制单元五大部分，并研究开发应用一套完整的集中投饵增氧模式与技术方案[54]。

集中式自动投饵增氧集成系统设计有大型的组合式饵料仓，能容纳一周甚至更长周期的投饵量。为了进一步达到定量投喂，实现精准化投喂，避免饵料浪费，同时避免水体因饵料残留过多导致的水质恶化问题，设计有称量装置以实现精确称重，可以根据需求实现精确自动上料，能够有效地节约劳动力成本。根据不同的养殖条件，在掌握养殖颗粒饵料远程流体输送理论和工艺设计的基础上设计的气送投喂方案，可以很好地实现饵料远距离气力多点投料，采用独创的无动力旋转撒料器可实现360°无死角投饵。为了解决投喂过程中鱼类摄食引起的水体氧含量骤减的问题，设计气力输送与水体增氧一元化，将气力输送与增氧曝气功能有机整合。集成PLC智能控制系统，根据不同养殖对象的摄食行为特点、不同生长周期独立设置自动投饵策略。还可以根据鱼类摄食状况，控制调节投饵速度和投饵时间，实现按需适时投饵，进一步提高饵料的利用率。智能控制系统可记录统计投饵量数据，建立投喂与产出模型，为科学化养殖提供指导和依据。设计通常包含碎料筛除回收装置，因国产养殖颗粒饵料中的粉、碎料比重约在5%左右，不易被鱼类摄食，如不有效去除回收，不仅浪费饵料、增加成本，还极有可能污染水质。

二、水质监测与管理系统

水产养殖水体水质的实时监测和控制管理是水产养殖过程中的关键环节，是保证水产品品质的一项重要措施。

在水质检测方法方面，经历了经验法、化学法、仪器法3个阶段。经验法是指养殖人员根据经验，人为判断水质的各项指标，此类方法只能做出粗略的估计。传统化学法是指利用化学反应对水质各参数进行检测，作为目前最为成熟的方法，化学法精度高、可靠性好、敏感度强，同时具有可重复性。然而化学法也有较为明显的不足，如检测周期长、成本高、操作复杂，且自动化程度低。仪器法是指利用水质检测企业所研制的相关仪器或设备进行检测。该类仪器多为便携式，操作简单，可实现快速检测[55]。在未来很长一段时期内，实现水质监测和传感技术的实时在线将成为研究的重点方向；水质参数的预测仍将是水质监测技术的重点研究方向；低功耗广域网将成为水产养殖水质监控系统主流的远程通信技术。

在水质控制管理方面，由于水产养殖环境的特殊性，导致传统的有线控制系统不再适于水产养殖的水质监控。水产养殖领域的水质控制系统通信将以无线通信方式为主，且应具有低成本、低功耗等特点。按通信距离和覆盖范围的不同，无线传感器网络可以分为局域网和广域网技术。局域网技术主要包括ZigBee、Wi-Fi、蓝牙等，其通信距离较短，适于作为前端无线传感器的组网形式[56]。ZigBee相对于Wi-Fi、蓝牙等技术具有低功耗、低成本的特点，同时具有多跳、自组织的特点，易于扩展网络的覆盖范围，被广泛应用于无线传感器网络中[57]。广域网技术包括蜂窝移动通信网、低功耗广域网（LPWAN），目前水产物联网远程通信技术仍以GPRS为主。

在水产养殖水质调控方面，主要有物理调控、化学调控和生物调控等方式[58]。物理调控方式是见效最快的一种方法，同时具有不产生二次污染的优势，但是不具有可持续性；化学调控同样具有见效快的优点，但易造成水体的二次污染；生物调控无毒害，但见效慢，操控复杂。因此，实际调控中应多种方式综合使用，以有效提高调控效果。常见的DO调控措施有启动增氧机、换水、投放增氧剂，增加液氧等，在增加水体中DO含量的同时可达到调节铵盐及亚硝酸盐含量等参数的目的[59]；pH的常见调控措施有换水和投放酸性或碱性药物等；氨氮含量的调控可采用换水、加溶剂、臭氧处理等多措施综合调控方式[60]。

三、物联网集成系统

目前，物联网技术运用于水产养殖的研究开发逐步增多，但是其研究开发的内容主要局限于水质的数据采集与水情的实时监测方面，真正做到与养殖机械进行集成化控制的成熟案例还很少。物联网集成系统主要是集中式自动投饵增氧设备与物联网技术的集成。集成的物联网系统主要内容包括：①水质监测——利用ZigBee技术搭建无线传感器网络，实时采集水温、pH和溶氧量等数据；②水情监控——利用高精度摄像头实时监控水面情况；③计算机控制——利用计算机远程接收无线传输数据并根据预先设计的控制程序发布控制指令；④自动投喂——按照控制指令，操控投饵设备进行自动化精确投喂；⑤智能增氧——按照控制指令，操控增氧设备进行增氧；⑥实时预警——跟踪监测水质水情变化与设备运行情况，发生意外情况和设备故障时及时向主控计算机发送预警信号，并利用GSM模块向技术人员发送报警短信。

本章小结

传统池塘养殖逐步向工厂化、集约化、精准化的智慧池塘养殖模式转变，实现对水产养殖环境和养殖生物生长情况有效、实时的监测和控制，并以此推动产业升级，已经成为当前我国水产养殖现代化发展的热点。本章主要从智能水质监测系统、智能增氧系统、智能投喂系统和智能管理系统等方面，结合物联网、智能感知、无线通信网络、大数据、云计算等技术，进一步提高水质监测预警、溶解氧预测控制、饵料精准投喂和决策管理的自动化、智能化、数字化水平。

农业物联网技术运用于水产养殖的研究逐步增多，但是其研究开发内容主要局限于水质的数据采集与水情的实时监测等方面，真正做到与养殖机械进行集成化系统控制的成熟案例仍较少。国内池塘养殖多使用半自动小型投饵机，饵料补充需要人工添加，投喂时间、投喂量等仍需要人工设定，且多为准确性较差的机械式控制器。未来，工业化养殖需结合水体环境监测结果以及鱼类生长信息，分析形成适宜的投喂时间和投喂量，以提高饵料利用率、节约养殖成本、减少水体自身污染，进而构建池塘健康养殖的新模式。

参考文献

[1] 联合国粮食及农业组织 .2020 年世界渔业和水产养殖状况 : 可持续发展在行动 [R/OL].[2022-01-10].https://www.fao.org/3/ca9229en/ca9229en.pdf.

[2] 高鸣 , 陈洁 , 姚志 . 中国淡水养殖业绿色发展 : 提质增效与未来路径 [J]. 华中农业大学学报 (自然科学版),2022,41(3):96-106.

[3] 农业农村部渔业渔政管理局 .2021 中国渔业统计年鉴 [M]. 北京 : 中国农业出版社 ,2021.

[4] 杨宁生 , 袁永明 , 孙英泽 . 物联网技术在我国水产养殖上的应用发展对策 [J]. 中国工程科学 ,2016,18(3):57-61.

[5] 刘文珍 , 徐节华 , 欧阳敏 . 淡水池塘养殖增氧技术及设备的研究现状与发展

趋势 [J]. 江西水产科技 ,2015(4):41-45.

[6] 徐皓 , 田昌凤 , 刘兴国 , 等 . 养殖池塘增氧机制与装备性能比较研究 [J]. 渔业现代化 ,2017,44(4):1-8.

[7] 徐皓 , 张祝利 , 张建华 , 等 . 我国渔业节能减排研究与发展建议 [J]. 水产学报 ,2011,35(3):472-480.

[8] 王兴国 , 王悦蕾 , 赵水标 . 养殖水体增氧技术及方法探讨 [J]. 浙江海洋学院学报 (自然科学版),2004,23(2):114-117.

[9] 蒋树义 , 韩世成 , 曹广斌 , 等 . 水产养殖用增氧机的增氧机理和应用方法 [J]. 水产学杂志 ,2003,16(2):94-96.

[10] 焦宝玉 , 贾砾 , 张凤枰 , 等 . 池塘养殖中不同机械增氧技术的组合及效果验证 [J]. 淡水渔业 ,2016,46(5):105-112.

[11] 张厚珍 . 常见渔业增氧机的类型及工作机理 [J]. 渔业致富指南 ,2018(7):32-34.

[12] 朱松明 . 叶轮式增氧机的研究 [J]. 农业工程学报 ,1993,9(1):105-110.

[13] 黄志恒 . 池塘正确使用增氧机的技术要点 [J]. 猪业观察 ,2001(6):14.

[14] 何雅萍 . 现代化背景下简述几种常见类型增氧机的技术性能特点 [J]. 科学与信息化 ,2017(32):2.

[15] 张祝利 , 顾海涛 , 何雅萍 , 等 . 增氧机池塘增氧效果试验的研究 [J]. 渔业现代化 ,2012,39(2):64-68.

[16] 管崇武 , 刘晃 , 宋红桥 , 等 . 涌浪机在对虾养殖中的增氧作用 [J]. 农业工程学报 ,2012,28(9):208-212.

[17] 宋瑜清 , 熊元芳 , 马志光 . 三种增氧机增氧性能研究 [J]. 现代农业装备 ,2014(2):37-40.

[18] 何雅萍 , 顾海涛 , 门涛 , 等 . 水车式增氧机性能试验研究 [J]. 渔业现代化 ,2011,38(5):38-41.

[19] 宋瑜清 , 熊元芳 , 蒋姣丽 , 等 . 水车式增氧机比对试验结果分析 [J]. 农机质量与监督 ,2013(5):25-26.

[20] 张厚珍 . 常见渔业增氧机的类型及工作机理 [J]. 渔业致富指南 ,2018(7):32-34.

[21] 郑艳波, 周贞兵. 组合式增氧设备在鱼塘大口鲶高密度养殖中的应用 [J]. 农村致富之友, 2016(24):284,144.

[22] 周建来, 邱白晶, 郑铭. 双侧吸气射流增氧机内吸气作用的分析 [J]. 农业工程学报, 2009,25(7):72-78.

[23] 门涛, 张祝利, 顾海涛, 等. 射流式增氧机性能研究 [J]. 渔业现代化, 2011,38(2):49-51.

[24] 孙新城, 陈建能, 李鹏鹏. 射流式增氧机创新设计及试验研究 [J]. 农机化研究, 2017,39(01):52-57.

[25] 杨笑谈, 金柏, 张权, 等. 北方地区微孔管曝气增氧效果初步试验分析 [J]. 渔业致富指南, 2013(2):75-76.

[26] 张美彦, 杨星, 杨兴, 等. 微孔曝气增氧技术应用现状 [J]. 水产学杂志, 2016,29(4):48-50.

[27] 顾海涛, 刘兴国, 何雅萍, 等. 微孔曝气式增氧机的性能及应用效果 [J]. 渔业现代化, 2017,44(3):25-28.

[28] 陈盼盼, 郭津津, 郭恩生. 基于 FULENT 模拟螺旋桨式增氧机的研究分析 [J]. 中国农机化学报, 2015,36(6):96-99.

[29] 林海, 张云贵, 李旭光, 等. 耕水机在池塘养殖中应用效果的比较研究 [J]. 水产养殖, 2017,38(3):4-7.

[30] 敬小军, 袁新华. 生物净化系统对精养鱼池内部水循环的影响 [J]. 江苏农业科学, 2013,41(2):194-197.

[31] 杨帆, 李国学, 张宝莉, 等. 螺旋藻增氧系统处理养殖污水与预测模型研究 [J]. 环境工程学报, 2012,6(9):3001-3006.

[32] 贾惠文, 曹广斌, 蒋树义, 等. 鱼类循环水养殖纯氧增氧设备的设计与增氧性能测试研究 [J]. 江苏农业科学, 2010(6):563-568.

[33] 刘松, 朱宝璋, 王伟. 重力机在水体增氧中的应用 [J]. 化工进展, 2010,29(s2):38-40.

[34] 魏珂, 杨敬辉, 王雄伟. 池塘养殖南美白对虾中 4 种机械增氧模式的试验研究 [J]. 安徽农业科学, 2012,40(22):11307-11309.

[35] 蒋建明,朱正伟,李正明,等.水产养殖中复合精确自动增氧技术研究 [J].农业机械学报,2017,48(12):334-339.

[36] 纠手才,张效莉.海水养殖智能投饵装备研究进展 [J].海洋开发与管理,2018,35(1):21-27.

[37]AKVAgroup.2009—2010 网箱水产养殖 [R].挪威：AKVAgroup，2010.

[38] Robot Fish Feeders [EB/OL].(2022-11-20). https://www.integrated-aqua.com/custom-products/robot-feeders.

[39] 马晓飞.水产物联服务系统研究与开发 [D].南京：南京农业大学,2015.

[40] 唐荣,邹海生,汤涛林,等.自动投饵船及其测控系统的设计与开发 [J].渔业现代化,2013,40(6):30-35.

[41] 李康宁,李南南,刘利,等.淡水网箱养殖自动投饵机设计 [J].河北渔业,2018(4):48-51.

[42] 刘吉伟,王宏策,魏鸿磊.深水网箱养殖自动投饵机控制系统设计 [J].机电工程技术,2018,47(9):145-148.

[43] 李璟.我国首套深海网箱自动投饵系统研制成功 [J].中国水产,2009(11):69-70.

[44] 徐皓.渔业装备研究的发展与展望：在中国水产科学研究院渔业机械仪器研究所成立 40 周年之际 [J].渔业现代化,2003(3):3-6.

[45] 袁凯.投饵机器人关键技术巧究 [D].上海：上海海洋大学,2013.

[46] 朱鸣山.水产自动投饵机器人在工厂化养殖中的应用 [J].福建农机,2018(1):7-10.

[47] 李明,郑文钟,洪一前.自动巡航式无人驾驶投饵船的研制 [J].现代农机,2018(2):48-51.

[48] 吴豪.水产养殖水质监控技术及其发展 [J].吉林农业,2018(24):70.

[49] 来清民,马涛.基于现场总线的远程分布式水产养殖监控系统 [J].信阳师范学院学报 (自然科学版),2006,19(2):199-202.

[50] 刘兴国,刘兆普,王鹏祥,等.基于水质监测技术的水产养殖安全保障系统及应用 [J].农业工程学报,2009,25(6):186-191.

[51] 漆颢, 管华, 龚晚林. 基于物联网的鱼塘环境监测系统设计 [J]. 物联网技术, 2018,8(11):72-73,76.

[52]Chang C M, Fang W, Jao R C, et al.Development of an intelligent feeding controller for indoor intensive culturing of eel[J]. Aquacultural Engineering,2005,32(2):343-353.

[53] 顾靖峰. 基于物联网技术的集中式自动投饵增氧集成系统装备的开发应用 [J]. 农业开发与装备, 2016(3):57-58.

[54] 吴敏. 集中式自动投饵增氧一体化控制系统 [J]. 农机科技推广, 2018(5):54-55.

[55] 尹宝全, 曹闪闪, 傅泽田, 等. 水产养殖水质检测与控制技术研究进展分析 [J]. 农业机械学报, 2019,50(2):1-13.

[56] 徐大明, 周超, 孙传恒, 等. 基于粒子群优化 BP 神经网络的水产养殖水温及 pH 预测模型 [J]. 渔业现代化, 2016,43(1):24-29.

[57] 李道亮, 杨昊. 农业物联网技术研究进展与发展趋势分析 [J]. 农业机械学报, 2018,49(1):1-20.

[58] 李明. 浙江省水产养殖机械化现状及机械装备需求 [J]. 农业工程, 2016,6(1):1-4.

[59] 房燕, 韩世成, 蒋树义, 等. 工厂化水产养殖中的增氧技术 [J]. 水产学杂志, 2012,25(2):56-61.

[60] 陈有光, 段登选, 陈秀丽, 等. 工厂化养鱼中氧气锥的增氧规律 [J]. 渔业现代化, 2009,36(3):26-30.

第十章

智慧陆基工厂型养殖

　　陆基工厂化水养殖具有资源节约、环境友好和产品安全等特点，是世界水产养殖业的重要发展方向之一，也是实现水产养殖与环境和谐发展的重要途径。本章详细阐述了陆基工厂养殖的物联网系统与智能装备。

第一节　　陆基工厂型养殖概述

水产品是世界各国人民重要的食物、营养、收入和生计来源。水生食物生产也已从主要依赖野生水产品捕捞转变为依赖水产品养殖，且品种不断增多。2014 年是具有里程碑式意义的一年，当年水产养殖业对人类水产品消费的贡献首次超过野生水产品捕捞业。我国在其中发挥了重要作用，水产养殖产量总量为 4.5×10^7 t，占世界总量的 61.62%[1]。

水产养殖是我国渔业的重要组成部分。工厂化池塘、开放式流水养殖工厂、深水网箱和循环水养殖是我国当前集约化养殖的主要生产模式。工厂化养殖是集约化养殖理念的主要呈现形式，主要分为陆基与海基两种模式。其中陆基工厂化循环水养殖具有资源节约、环境友好和产品安全等特点，是世界水产养殖业的重要发展方向之一，也是实现水产养殖与环境和谐发展的重要途径[2]。

我国设施渔业十年来获得了迅猛发展，已经成为一个举足轻重、充满活力的新兴产业。目前已形成"南箱北厂"的格局，即南方沿海以海水网箱养鱼为主，北方沿海以工厂化养鱼为主，相互补充，相互依存。工厂化养鱼是设施渔业的基础，因为网箱成鱼生产首先要有工厂化育苗与大规模鱼种的培养，然后才能投入网箱养成[3]。

近年来，随着养殖机械渔用投饵机、增氧机等在水产养殖业上的广泛应用，科学养鱼跃上一个新台阶，因其节约饵料、调控水环境、节省人工、降低劳动强度的优点，受到广大养殖户欢迎。

一、陆基工厂型养殖定义

陆基，指的是陆上基地，与之相对的是海基、空基和天基。陆基工厂化养殖是指在陆上基地运用建筑、机电、化学、自动控制学等学科原理，对养殖生产中的水质、水温、水流、投饵、排污等实行半自动或全自动化管理，始终维持水生动物所需的最佳生理、生态环境，从而达到水生动物健康、快速生长及最大限度提高单位水生动物产量和质量的目的，且不产生养殖系统内外污染的一种高效养殖方式。

二、陆基工厂化养殖沿革

我国是世界上从事水产养殖历史最悠久的国家之一，南方的"鱼塭"和北方的"港养"方式已经延续了数百年之久。我国陆基工厂化水产养殖始于 20 世纪 60 年代的工厂化育苗研究，逐步扩大至以名特优海水鱼类育苗和养殖为主；至 90 年代初，陆基工厂化养殖才开始步入规模化的经营之路，营运水平逐年取得新进展，但其典型构成仍然是"深井海水 + 养殖大棚"模式 [4]。

工厂化养殖是装备化程度最高的养殖方式，也是引领未来的先进水产养殖生产方式。目前，我国工厂化养殖设施规模为 $5.832 \times 10^4\,m^3$，年养殖产量 $3.6 \times 10^5\,t$，但大部分处于初级发展阶段，主要的水质控制手段是对地下水进行增氧以及换水，用水量大，排放难以控制。近年来，随着用水以及排放的问题突显，循环水养殖技术的应用得到不断增强。目前，在科学技术的推动下，我国工厂化循环水养殖系统形成了一些典型生产模式，如：密度为 $20 \sim 30\,kg/m^3$ 的鲆鲽类养殖模式，密度为 $20 \sim 30\,kg/m^3$ 的鲟鱼养殖模式，密度为 $50 \sim 60\,kg/m^3$ 的罗非鱼养殖模式，以及名优品种苗种工厂化循环水繁育模式等。国外的渔业先进技术及系统装备也逐步引入我国。

"十二五"以来，在"国家高技术研究发展计划（简称'863'计划）""国家科技支撑计划"等项目的支持下，我国在高效净化装备研发与系统模式构建方面取得显著进展，在装备系统构建上已接近国际先进水平。①以生物膜形成机制与填料生物膜优化研究为重点，开展了高效生物滤器机理研究与设备研发；围绕氨氮转化效率，开展了盐度、温度等条件下氮化物去除与转化情况等研究；开展了生物膜快速挂膜、膜生物反应器处理水产养殖废水膜污染特性研究 [5-6]；开展了海水条件下有机物沿生物滤器转化的研究 [7]；研发出具有高反应效率及净化功能的填料移动床和流化沙床等生物滤器 [8-10]。②以缩短固形物在水中停留、防止粪便破碎溶解和避免气水混合为重点，研发出了一些适用装备。③集成循环水处理、水质在线监控、自动投喂与数字化管理等系统，形成了专业化的工厂化循环水养殖系统。

现阶段我国工厂化海水养殖已涵盖鱼类、贝类、海参、对虾等诸多品种，但规模化养殖品种较少。

三、陆基工厂化养殖的两种形式

按日均新水添加量的不同，我国海水鱼类陆基工厂化循环水养殖主要有封闭循环和半循环两种形式。一般将日均新水添加量低于养殖系统总水体 10%、水循环率 ≥ 25%/h（循环量 6 次/d）的养殖系统简单定义为封闭循环水养殖系统，其运营规模约占海水鱼类循环水养殖总水体的 40%；将日均新水添加量高于养殖系统总水体 50%、水循环率 ≥ 17%/h（循环量 4 次/d）的养殖系统简单定义为半循环水养殖系统，其运营规模约占海水鱼类循环水养殖总水体的 60%。从水处理技术方案区分，封闭循环水养殖系统又分为设施型和设备型。半封闭循环水养殖系统相较于封闭循环水养殖系统，水处理技术环节简单，基础造价相对低廉，管理维护亦相对方便。

四、陆基工厂化养殖系统原理及主要工作部件

陆基工厂化养殖系统包括智能增氧系统与循环水装备、智能投饵系统与设备、水泵监控系统与装备、智能管理系统与终端等。

智能增氧系统可以将水体中的氧气控制在适宜水平。当前，在水产养殖过程中，水体中的溶氧水平往往达不到应有的要求，从而影响了饵料系数，提高了养殖成本。因此，在养殖过程中，当水体中溶解氧低于一定水平时，需要通过机械或化学等方法来补充养殖水中的溶氧量。循环水装备主要通过调节换水量来控制氨氮、亚硝酸盐等有害物质的含量。

自动投饵系统是在高密度的工厂化养殖中提高饵料利用率、控制养殖成本的主要手段。集约化养殖中，饵料成本一般占养殖总成本的 70% ~ 90%。饵料的合理投放，既可减少饵料浪费，节约养殖成本，又能降低残饵对养殖水体的污染。开展自动投饵设备和技术方面的研究，研制和推广符合我国国情、操作相对简便、经济性较高的自动投饵系统，是我国水产养殖迈向工业化的重要标志。

基于物联网技术的水泵监控系统可以有效提高泵站的管理效率，降低泵站管理的人力成本；对水资源进行合理调配，有利于泵站管理的集成化、智能化发展[11]。

工厂化水产养殖是一种集约化的养殖模式，通过采取分散监测、集中操作、分级管理的控制模式，对多个水域的水质参数进行监控，从而实现对养殖水体的有效调控。因此，智能管理系统与终端应运而生，并且以其很强的自主性、良好的协调性、

高可靠性和实时性等优点，被广泛应用于水产养殖中[12]。

五、陆基工厂化养殖对水产养殖业的影响

随着养殖规模的不断提升，流水养殖模式面临水质资源破坏、病害增多、食品安全、沿海工业用地挤压，以及如何达到国家对节能减排的要求等一系列问题，其发展已经面临瓶颈。在此瓶颈期，工厂化循环水养殖应运而生。工厂化循环水养殖模式是一种新型的高效养殖模式，以养殖用水净化后循环利用为核心特征，节电、节水、节地，符合国家提出的循环经济、节能减排、转变经济增长方式的战略需求[13]。

陆基工厂循环水养殖不仅大大提升了水产养殖的效率，充分利用了劳动力，利用机械完成养殖的大部分劳作；也通过水资源的循环使用减少了浪费，降低了充水量，这解决了一些地区面临的水资源匮乏的问题。同时，投饵机的使用大大减少了仅仅依靠人工经验抛撒饵料造成的饵料浪费，减轻了环境污染；水泵监控系统提高了管理效率；智能管理终端同时对多个水域的水质参数进行监控，实现了对养殖水体的有效调控。这是一个有机统一的整体。

陆基微循环工厂化生态养殖技术具有显著的节水、减排、环保与节能效果，同时还兼备成本低廉、操作简便和易于推广等优点，是一种生态、健康、高效的精准池塘养殖模式[14]。

六、陆基工厂化养殖发展趋势

虽然陆基工厂养殖系统发展较好，但仍然存在一些问题，如循环水养殖系统（Recirculating Aquaculture System，RAS）中病害防控压力增大、养殖设施设备运行稳定性及标准化有待加强、适宜 RAS 养殖的品种偏少、专业技术人才相对匮乏等。辽宁、河北等地作为主要的陆基工厂化水产养殖区，拥有工厂化（流水）养殖面积约 3.2×10^6 m^2，但大多以小规模分散经营为主，资源利用率低。由于渤海近海水域污染严重、适宜养殖的水资源日益减少等原因，此类水产养殖企业亟须进行循环水养殖工艺升级改造。今后，我们应致力于解决这些问题，并结合我国国情和产业现状，积极借鉴国外先进经验，走自主创新之路，大力构建适用性强、可靠性高、经济性好的国产化养殖装备；继续开展高密度养殖、营养调控、投喂策略、养殖污水资源

化利用、新能源技术整合应用等一批关键技术与理论的研究，为建立自主创新的工业化养殖模式奠定坚实基础。

近年来，随着产业转型升级压力的增大，企业对新型工厂化养殖技术的需求旺盛，推动了陆基工厂化养殖产业的快速发展。然而，由于科研支撑力量不足，该产业技术在发展过程中凸显出的诸多问题未能得到有效解决，致使各养殖企业工厂化养殖模式不一，缺乏关键技术标准，运营水平参差不齐，严重制约了产业健康快速发展。鉴于此，国家鲆鲽类产业技术体系开展了我国海水鱼类陆基工厂化养殖产业调研，以获取科学、全面的产业发展一线资料，归纳总结影响产业发展的关键科学和技术难题，以期为后续科研工作的开展理顺思路、指明方向。

陆基工厂化水产养殖要以主养品种为对象，以养殖环境精准构建为核心，运用工程经济学原理进行专业化设计，研究构建基于养殖品种生理学基础与循环水流的可控生境，研发高效设施装备，集成智能化控制技术，建立不同类型的养鱼工厂。具体来讲，在基础研究方面，开展可控水体养殖应激机制研究，建立最佳密度、流场与水质边界参数；开展饲喂营养操纵机制研究，建立饲喂策略、生长模型与品质调控模型。在技术研发方面，开展设施高效利用技术研究，研发立体化功能鱼池；开展鱼池水质、水流构建技术研究，研发精准控制系统；开展循环水净化技术研究，研发快速启动型高效生物滤器；开展高效装备技术研究，研发粉料集中投饲系统，机械化起捕、分池、疫苗注射、鱼苗计数等装置。在集成构建方面，开展养殖系统集成技术，建立养殖工艺与标准体系，构建专业化成鱼养殖工厂、苗种繁育工厂典型示范模式。

海水工厂化养鱼是工程技术和海洋生物科学的有机结合，被认为是国家发展海洋生物资源高增值利用的一个方向。目前，世界各地出现了许多由装备技术支撑的大型、超大型养鱼工厂，其中包括鱼菜（植物）共生、遥控无人养鱼车间，可使水净化到更适合鱼类生长的超自然状态，达到按标准排放、无环境污染的生产，优质高产，科技附加值超过80%，体现了当今时代渔业的知识经济特征。因此，陆基工厂化养殖将成为未来渔业可持续发展的必然趋势和主流。

第二节　智能循环水养殖系统

　　循环水装备的主要原理就是利用水质深度净化技术以及生物净化技术使水质得到净化，进而达到环保、节水、节地、节能的目的。

　　智能循环水养殖系统主要设施设备有：自动控制微滤机、紫外线消毒器、蛋白质分离器、臭氧发生器、高效溶氧罐、分子筛制氧机、管道式离心泵、快速过滤器等。整个系统流程如图 10-1 所示。

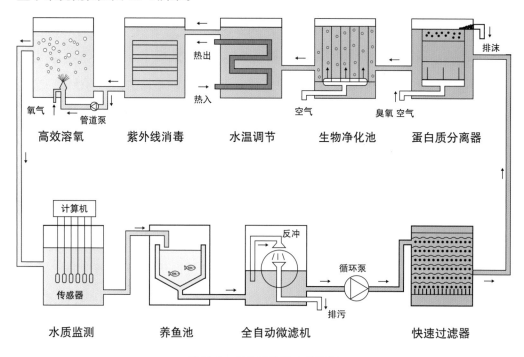

图 10-1　水处理系统工艺流程

　　循环水处理过程：①由养鱼池排出的废水经地下管道流至安装于低位蓄水池上部的自动控制微滤机（其主要实现部分悬浮物和固体杂质的去除工作），经叠滤处理并进行充分曝气后流至低位蓄水池；②利用循环泵将蓄水池中水体转输至快速过滤器，为减少后续生物净化工序的负荷，采用快速过滤器进一步去除微米级和纳米级胶质颗粒和悬浮物；③蛋白质分离器进一步分离出水体中大量多投的饵料及鱼类的粪便、死亡水藻等有机杂物，避免这些有机物进一步分解成氨氮或亚硝酸盐等对鱼虾有毒的物质；④经蛋白分离处理后直接将水体输送至生物净化池进行以去除氨氮为主的处理，此过程中可根据需要注入地下水进行水温调节，然后将调温完成后的水体送至紫外线消毒水渠进行消毒、杀菌处理；⑤将处理完成后的水送至高效溶氧罐与纯氧充分混合，保证出水口的水体溶解氧达到饱和或过饱和状态；⑥安装于出水口的水质自动监测系统对水进行实时在线自动监测，将处理达标的水体送回养鱼池。此系统中各模块功能如下。

一、自动控制微滤机

微滤机是去除大悬浮颗粒、杂质的主要设备，去除率可以达到 70%。如图 10-2 所示，微滤机是一种转鼓式筛网过滤装置，其利用一个外部附有一层致密筛网可以转动的滚筒，由电机驱动，滚筒转动时将颗粒悬浮物截留在筛网上由反冲洗水流将颗粒物冲入接污槽内并流出转筒，水体中的残饵粪便得以有效去除。

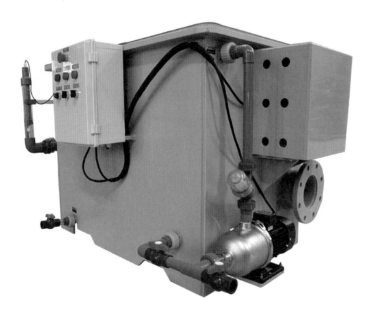

图 10-2　自动控制微滤机

二、过滤器

快速过滤器是利用特殊的滤沙将池中的微小污物消除。滤沙作为清除污物的介质，被装填在过滤器内的腔体内。当含有污物微粒的池水由泵压入过滤管路中，池水经过过滤器，微小的污物可被沙床捕集滤除掉。过滤后的水由过滤器底部经控制开关再由管道返回蛋白质分离器。如图 10-3 所示。

图 10-3　过滤器

三、蛋白质分离器

蛋白质分离器，又称泡沫分离器，主要利用微小气泡的表面张力对水体中的微细颗粒和黏性物质进行吸附，可将水体中有可能通过分解产生对鱼类有害物质的大部分有机物和蛋白质进行分离处理，基本去除率可达70%以上。同时，结合臭氧使用，可达到固化可溶性蛋白、增加溶氧量、去除氨氮和消毒杀菌的作用。如图10-4所示。

图 10-4　蛋白质分离器

四、臭氧消毒发生器

臭氧处理具有消毒彻底、氧化分解可溶性有机物从而降低氨氮和COD、去除重金属离子、增加溶氧量等多种功能，因此，在国内外水产养殖中广为应用。从杀菌消毒的能力看，臭氧消毒几乎优于其他任何消毒方式。臭氧消毒杀灭病菌、病毒的效果很好，但是剩余臭氧即便是浓度很低也可对养殖鱼类产生影响，在这方面国内外专家做了大量的实验和研究。研究表明：①虾类比鱼类承受水中臭氧浓度的能力高；②鱼类一般在剩余臭氧浓度为 0.03 mg/L 时就可轻微失去平衡，0.05 mg/L 以上时超过 24 小时就可死亡；③臭氧在海水中的半衰期为 20 分钟。在海水养殖中如何应用臭氧消毒是一个值得重视的问题。

五、生物净化池

生物净化池主要以微生物技术实现水体中有害物质的分解及处理，在对水体中产生的氨氮及亚硝酸盐降解处理方面表现得尤为突出。因此，生物净化池是循环水养殖系统中必不可少的重要设施之一[15]。其中，生物膜法是去除养殖水体中氨氮的最经济、有效的方法。MBBR（moving-bed biofilm reactor，移动床生物膜反应器）是一类新型的生物膜生化处理装置，是在固定床反应器、流化床反应器和生物滤池的基础上发展起来的一种改进的新型复合生物膜反应器。水体通过曝气流动，水流呈完全混合态，池内填充比重接近于水、比表面积大的聚乙烯或聚丙烯悬浮填料，填料上可附着大量的硝化和反硝化细菌，细菌的生长消耗了水体中大量的有机物，水体得以净化。

六、紫外线消毒池

当养殖水体流经紫外线消毒器时，养殖水体将受到波长为 253.7 nm 的强紫外线照射，这个波长的紫外线具有穿透细胞膜并破坏其内部结构的能力，从而使菌体失去分裂和繁殖能力，并逐渐衰退，最终达到消除养殖水体中致病菌的效果。

七、高效溶氧罐

高效溶氧罐由一个特制的反应器和氧气瓶连接，只用极小的电耗，使水与氧气充分混合、溶解。高溶氧的水从设备底部流出，出水不含气泡，不会出现气泡逸出的情况。设备通过全自动的控制系统，对容器中的液位进行控制，从而防止纯氧泄露。设备出水的溶氧值很高但没有气泡，纯氧不至于被浪费。如图 10-5 所示。

图 10-5　高效溶氧罐

八、分子筛制氧机

分子筛制氧机是指以变压吸附（pressure swing adsorption，PSA）技术为基础，从空气中提取氧气的新型设备。其利用分子筛物理吸附和解吸技术在制氧机内装填分子筛，在加压时可将空气中的氮气吸附，剩余的未被吸取的氧气被收集起来，经过净化处理后即成为高纯度的氧气。分子筛制氧机可输出纯氧使鱼池溶氧达到饱和，这时鱼的活动能力增强，食欲旺盛，生长快，既保证了体质健康，不易生病，又长了肌体。

第三节　智能水质监控系统

陆基工厂化循环水养殖的密度高、风险大，养殖对象对 pH、溶解氧、温度、氨氮、亚硝酸盐等水质参数的变化敏感，易受影响，因而监测水质参数极为重要。陆基工厂化循环水养殖场内布置了完善的智能水质监控系统，可以做到快速有效调控。智能水质监控系统包括智能水质传感器、数据采集终端、智能控制终端，主要实现对 pH、溶解氧、温度、氨氮、亚硝酸盐等水质参数的实时采集、处理，以及对增氧机、循环泵、压缩机等设备的智能在线控制。

一、智能水质监控系统结构

(一)硬件系统结构

智能水质监控系统采用现场监控与远程监控同步工作的模式，系统的硬件结构如图 10-6 所示。

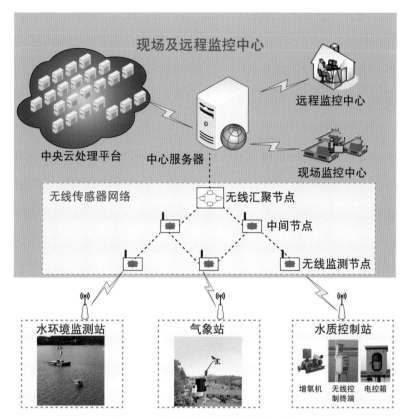

图 10-6 智能水质监控系统硬件结构

1. 无线数据采集节点

数据采集节点安装在养殖现场的水面上，与水质传感器直接相连，传感器采集的水质信息通过传感器信号线传送到采集节点进行存储和发送；采集节点为传感器提供能量，控制传感器。采集节点可实现多传感器实时在线，多参数同时监测和存储。

2. 无线汇聚节点

无线汇聚节点是 WSN 内部网络与管理节点的接口，它连接传感器网络与互联网等外部网络，实现协议栈之间通信协议的转换，还可以发布管理节点的监测任务，把收集的数据转发到外部网络上。

3. 数据传输网络

现场监测数据需要实现近距离传输和远程传输。本系统的无线传感器网络可实现 2.4 GHz 短距离通信和 GPRS/CDMA 无线通信，同时采用智能信息采集与控制技术，具有自动网络路由选择、自诊断和能量智能管理等功能。

4. 现场监控系统和远程监控系统

感知与控制设备无线传感器网络和具有 GPRS/GSM 通信功能的中心服务器与远程监控中心，能够实现现场以及远程的数据获取、系统的组态信息、系统控制和系统预警等功能。

（二）软件系统结构

智能水质监控系统软件平台可以实时监控水质参数，实现现场及远程的数据获取、系统组态、系统预警以及报警等功能，可以汇总实时监测数据，进行曲线分析。该软件系统还包括设备属性设置、监测设备工程设置和设备数据的查询及管理等功能，不仅可以对水质进行监测和调控，还可以设置无线采集节点、无线汇聚节点、水质传感器、增氧机等设备的属性，对设备状态进行监测，以保证设备在正常状态下运行，避免出现未知的设备故障带来的不必要的麻烦。图 10-7 为智能水质监控

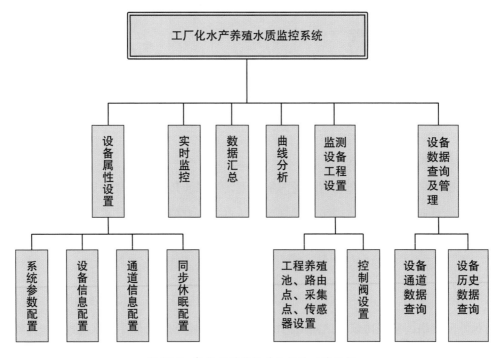

图 10-7　智能水质监控系统软件功能结构

系统软件功能的结构。

二、水质监控系统工作原理

水质传感器可实时获取水质参数，这些水质参数经过无线数据采集节点汇集到无线汇聚节点，再通过数据传输网络传输到中心服务器上。智能水质监控系统预测到溶解氧含量有下降趋势或者检测到溶解氧浓度低于水生生物需要的最适宜的浓度时，将及时启动增氧机增加溶解氧浓度。不同养殖车间配置的增氧设备不同，普通养殖车间以叶轮式增氧机为主，对于经济价值较高、受溶解氧浓度影响较大的特殊车间同时配有纯氧曝气设备，保证水产养殖安全进行。智能水质监控系统一方面可以通过多种水质传感器实时获取养殖水质环境信息，及时获取异常报警信息及水质预警信息；另一方面，通过采用水质信息智能感知、可靠传输、智能信息处理、智能控制等物联网技术，可实现对水质全过程的自动监控与精细管理，实现科学监测与管理。

第四节　智能投喂系统

在高密度的工厂化养殖中，自动投喂系统是提高饵料利用率、控制养殖成本的主要手段。集约化养殖中，饵料成本较高，占养殖总成本的 70% ~ 90%。合理投放饵料，既能够减少饵料浪费，节约养殖成本，又能降低残饵对养殖水体的污染。就自动投喂系统使用情况和目前我国水产养殖业发展的数量以及规模而言，我国水产养殖的自动化水平较低，水产养殖自动控制技术的研究相对滞后，高密度工厂化养殖中与工业化相配套的自动控制设备和技术缺乏，人工投饵和市场上现有的简易投饵机已不能满足需求。对此，开展自动投饵设备和技术方面的研究，研制和推广符合我国国情、操作相对简便、经济性较高的自动投饵系统，将是一项新的机遇和挑战。

一、智能投喂系统定义

为了节约人力、物力，提高效率，满足高密度工厂化养殖的需要，自动控制技术、通信网络和监控软件组成了综合性的工厂化养殖自动投饵系统。该系统能够采集和保存投饵及系统运行的数据，具有状态信号、报警和自动投饵等功能，从而能够实现对饵料的实时全天候自动投放和远程监控，及时掌握饵料投放状况，以相对准确地进行定时定量投饵，减少残余饵料量[16]。

二、投喂系统沿革

我国从20世纪70年代开始研制投饵机。1976年，中国水产科学研究院渔业机械仪器研究所成功研制了颗粒饵料机。1978年，中国水产科学研究院渔业机械仪器研究所成功研制了池塘自动投饵机。在之后的十多年中，经过多次的推广应用和改进，投饵机的生产技术逐渐成熟。

·相对来说，传统的自动投饵机还是具有一定局限性的，如投饵时间和投饵量均是不可调的。虽然随着发展有所改进，但是投饵速度和饵料的抛撒面积通常还是不可调的。这种投饵并不是真正意义上的自动投饵，只是代替了人工抛撒饵料这个重复动作，并不能根据养殖对象摄食行为的改变而做出相应的改变。之后，出现了需求式的投饵机，但只适用于能够通过训练懂得使用这种投饵机的鱼类，因为占有统治地位的鱼会阻止其他鱼类靠近饵料出口，因此，在别的鱼类养殖上并不适用。

随着对投饵机研究的深入，以及对鱼类生理学、营养学和行为学认识的不断加深，人们结合计算机和传感器技术，研发出了能在线计算养殖对象饵料需求量的投饵机。这种智能投饵系统能够通过各种监测和反馈设备，自动判断养殖对象对饵料的需求，具有高度自适性。其监测手段有：气力提升与水下摄像、传感器系统。具有大容量、高效率的智能投饵方式有中央投饵系统、自动投饵机器人。

三、投饵系统种类

目前较为常用的智能投饵系统可分为以下几类：基于无线通信与PLC的投饵系统、基于机器视觉的投饵系统、基于图像处理的投饵系统、移动式投饵系统等。

目前市场上销售的投饵机根据动力的不同，主要分为3种类型：一是使用220 V电压的投饵机，广泛适用于池塘、水库养殖，是目前使用最多的一种，规格有大、中、小三种；二是不用动力的小型投饵机，适用于面积较小的网箱和工厂化养殖；三是电瓶直流电供电的投饵机，适合使用电源不方便的边远零星鱼塘[17]。

投饵机根据适用对象的不同，可分为以下三类。

（一）池塘投饵机

池塘投饵机是投饵机中应用最广、使用量最大的一种，抛撒面积为10 ~ 50 m²。

（二）网箱投饵机

根据使用状况分为水面网箱投饵机和深水网箱投饵机。单个水面网箱面积为 5 m×5 m，抛撒位置应在网箱中央，抛撒面积一般控制在 3 m² 左右。深水网箱投饵机需把饵料直接输送到距水面几米以下的网箱中央。

（三）工厂化养鱼自动投饵机

一般用于工厂化养鱼和温室养鱼，要求投饵机每次下料量少且精确，抛撒面积一般在 1 m² 左右。

使用时投饵机位置必须面对鱼池的开阔面，要放在离岸 3 ~ 4 m 处的跳板上，跳板离池塘水面高度在 0.2 ~ 0.5 m。投饵台位置可一年一换。由于鱼群抢食，池塘水位难免因搅水而越来越低。如果两塘口是并立的，可共用 1 台投饵机。是否开启投饵机主要根据水温而定，12 ℃ 以上常规鱼便可开食，早春水温低于 16 ℃、秋季低于 18 ℃，鱼群一般不浮到水面抢食。投饵机工作方式一般常用投饵 2 秒左右，间隔 5 秒左右，每次投饵量以鱼群上浮抢食的强度而灵活设置，每次投饵总时间不超过 1 小时。以 80% 鱼儿吃饱离开为宜。与人工投喂颗粒饵料相比，投饵机可节约饵料 15%，可增产 15% ~ 20%[18]。

四、投饵系统原理

智能投饵系统与装备一般应用于深水网箱与陆基工厂，其种类与设计方法也多种多样。此处以景新等人在 2016 年设计的基于 PLC 技术的智能投饵系统与装备为例做详细介绍，他们利用轨道传动、传感器和 PLC 技术对原有的系统进行重新设计与规划，研发了新型的室内工厂化水产养殖自动投饲系统，并对行走装置、料仓、定量控制装置和自动控制装置等方面都做了详细的设计。

该系统的工作原理是：在鱼池上方架设跑道形封闭轨道，轨道上对应的每个鱼池都装有一个起始点限位开关和一个终止点限位开关，当自动投饲机沿轨道行走，触发了需要进行投饲的鱼池上方的起始点限位开关时，根据自动控制系统发出的指令，进行相应的投饲工作；当自动投饲机触发了终止点限位开关时，则结束该鱼池的投饲任务，并根据设定的程序沿轨道行走至下一个需要投饲的鱼池上方。系统通过调节定量装置的电机转速来控制投饲量，从而实现对该鱼池的定量精确投饲[19]。

该工厂化水产养殖投饲系统结构如图 10-8 所示。

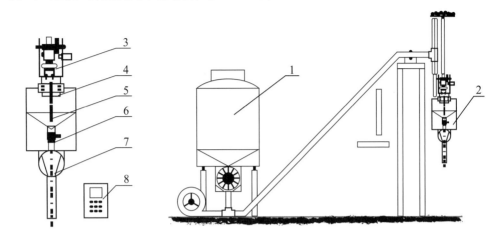

图 10-8　室内工厂化水产养殖自动投饲系统整体结构

注：1.上料装置；2.自动投饲装置；3.行走装置；4.PLC 控制箱；5.料斗；6.定量控制装置；

7.抛撒装置；8.上位机。

其主要工作部件有：上料装置、自动投饲装置、行走装置、PLC 控制箱、料斗、定量控制装置、抛撒装置等。其中，行走装置主要由轨道、行走滑车和限位开关组成；定量控制装置主要由定量转盘、步进电机以及定量室组成；抛撒装置主要由抛料室、抛料导管和步进电机组成；上料装置包括料仓、上料转盘、鼓风机、导料管、出料口和红外测距传感器；PLC 控制箱由控制器、上位机、传感器、限位开关和电机这五部分组成。自动投饲系统工作流程如图 10-9 所示。

投饵机在结构上一般由料斗、下料装置、抛撒装置、控制器等四部分组成，不同投饵机的主要区别是下料装置和抛撒装置不同。工作时，电动机经皮带轮减速后带动甩料盘和搅拌器转动，通过搅拌器的饵料经落料控制片和下料漏斗落入料盘，被叶片甩出机外，定向投入池中。饵料呈扇形散落鱼池中，也可以呈 360° 全方位投饲，投饵机可以控制投喂次数、持续时间及投饲量，自动程度较高。主电机功率一般为 30 ~ 100 W，投饵距离 2 ~ 18 m，料箱可装饵料 60 ~ 120 kg，每台投饵机的使用面积为 0.33 ~ 1.33 hm²。对各装置介绍如下。

（一）料斗

一般由白铁皮或黑铁皮制成。白铁皮工艺简单，价格较低，但其较薄，强度较低。而黑铁皮则较厚，加工过程需要专门设备，生产中需经折边、焊接、喷漆等多道工艺，

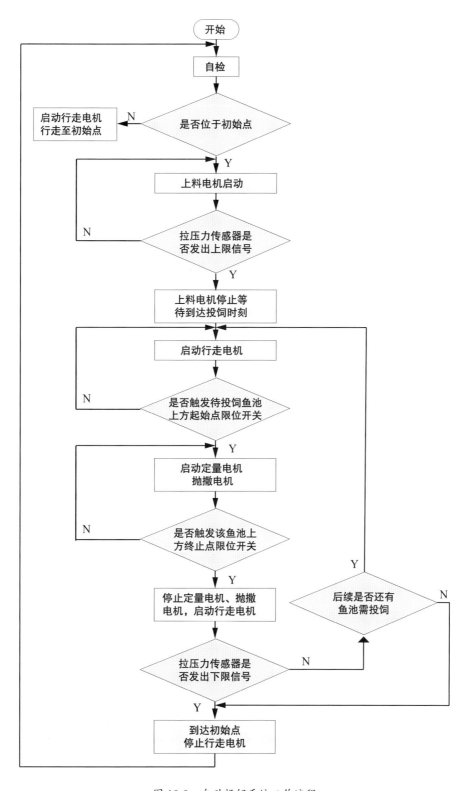

图 10-9　自动投饲系统工作流程

其产品外观漂亮、结实耐用，但价格稍高。

（二）下料装置

下料装置共有七种类型。

1. 电磁铁吸拉式下料机构

电磁铁吸拉式下料机构由于结构简单，造价较低，在 20 世纪八九十年代得到广泛应用。由于电磁铁的往复运动，产生的振动较强烈，对电磁线圈使用寿命影响较大，容易使线圈破损产生漏电，造成安全隐患。

2. 电磁振荡式下料机构

电磁振荡式下料机构和电磁铁吸拉式下料机构的结构都比较简单，但电磁振荡式下料机构成本较低，近几年应用得比较多。

3. 偏心轮振动式下料机构

偏心轮振动式下料机构在投饵机上的应用比较广泛。这种机构工作性能比较稳定，激振源电机的工作方式是间歇工作，对电机的要求不是太高，用抽油烟机的小电机就可以满足要求。这种机构的造价与前两种机构相比要高，维修概率比前两种低。

4. 皮带输送式下料机构

皮带输送式下料机构的优点是输送平稳，控制好的话可以定量输送。皮带式输送机构具有输送量大、结构简单、部件标准化等优点。常用的胶带输送机构可分为普通帆布芯胶带和纯橡胶皮带。其缺点是：在使用过程中皮带老化会对张紧度产生影响，进而影响饵料的输送；维修时需要拆卸的部件较多。

5. 抽屉定量式下料机构

抽屉定量式下料机构采用低压直流供电，具有噪声低、安全、高效等优点。由于体积较小，一般多用于实验室及家庭养殖观赏鱼使用。

6. 转盘定量式下料机构

转盘定量式下料机构装置结构简单，出料稳定，易于使用和清理，对微量原料能顺利、精确、快速和自动定量出料，适用于粉末、微量原料种类多、精度高的配料生产要求。

7. 螺旋输送下料机构

螺旋输送下料机构的优点有结构简单、横截面尺寸小、密封性好、工作可靠、制造成本低、便于中间装料和卸料。螺旋输送下料机构可逆向输送，也可同时向两个相反方向输送；输送过程中还可对物料进行搅拌、混合、加热和冷却等作业；通过装卸闸门可调节物料流量；不宜输送易变质的、黏性大的、易结块的及结块的物料；输送过程中物料易破碎，螺旋及料槽易磨损；单位功率较大；使用中要保持料槽的密封性，螺旋与料槽间有适当的间隙。

（三）抛撒装置

抛撒装置按投饵机的用途可分为以下几类。

第一类，不使用动力的抛撒装置，当饵料从下料口落下时，碰到其下方的锥形撒料盘，把饵料碰散开。这种装置一般应用于投饵面积较小的工厂化养殖中。

第二类，使用管道和高速流动空气把饵料输送到投饵点，在其出口设一障碍物，饵料碰在其上散开。这种装置应用于环境较特殊的网箱养殖或工厂化养殖中。

第三类，使用电机及转盘的抛撒装置是目前应用最多的类型，主要用于池塘养殖中。其电机有高速电机及低速电机两类。由于高速电机速度高，饵料接触转盘的瞬间碰撞力较大，其饵料破碎率也较高，故倾向于使用低速电机，通过配用不同直径的转盘适应不同的池塘面积，其投料均匀、饵料破碎率低。

（四）控制器

控制器主要有两个功能：一是定时功能，在开启投饵机后，经过一定时间自动停止投喂；二是间隔控制功能，在投料期间，每隔一定时间打开下料开关进行投喂，然后关闭，周而复始，直到定的时间到，停止投喂。

控制器又分为机械定时控制器、电子定时控制器和最新的以单片机为核心的控制器三种。由于单片机的可编程性，不仅定时准确，间隔时间和投料持续时间可随时调整，而且有一定的智能性，比如在开始投料的几分钟和结束投料前的几分钟，控制器可自动对间隔时间和投料持续时间进行调整，以适应摄食鱼的数量变化，减

少饵料损失。另外，单片机还可设置每天所有的投喂程序，控制器自动完成每天的投喂工作，当料斗中没有饵料时，自动停止投喂并报警。以单片机为核心的控制器是未来的发展方向[20]。

五、使用

随着科学技术的进步，水产养殖机械化逐渐替代了人工养殖。在投饵机的使用过程中应注意以下方面。①选择适当的投饵位置。投饵机必须面对鱼池的开阔面，要放在离岸 3 ~ 4 m 处的跳板上，跳板高度离池塘最高水位 20 ~ 30 cm。②在生产管理过程中，要注意观察天气、水温、水色和鱼类摄食情况变化，及时调整投饵机的投饲量、投饵次数及持续时间，以保证鱼类得到较充足的饵料又不造成饵料浪费。③驯化鱼群上浮抢食的习惯。在驯化阶段应当根据鱼群的情况少投、慢投。投喂的间隔时间可以调到 10 s 以上，可将每次投饵时间延长至 3 ~ 4 h。除此之外，鱼群驯化时间的长短也受到水温、水质肥瘦、放养模式的影响，水质瘦，驯化期短，反之则长。而且，大欺小，强凌弱，是鱼群生存的规律，也是物种生存的规律。一般在投放规格一致的鱼类后的 10 ~ 15 d，鱼群就会上浮抢食。④使用投饵机前需详细阅读说明书。在使用的时候要按照说明书规范操作，因其在使用时都与水面较接近，所以一定要注意用电安全，及时断电。如投饵机发生故障，应及时与厂家或经销商联系，切勿自行拆卸，以免发生危险或扩大故障。

六、对行业产生的影响

智能投饵装备的使用不仅解放了生产力，大大提高了饵料的利用率，降低了生产的成本，还减少了饵料残渣对水体的污染。其产生的影响主要体现在以下几个方面。

（一）投饵机的应用有利于促进全价配合饵料的推广

配合饵料相对于单一饵料来说，最重要的优势是能够根据养殖品种所需要的营养，把各种单一饵料配合，根据一定比例组成营养全面、经济的混合饵料，从而避免了单一饵料中营养成分失衡的问题。但如果不是用机械而是用人工投喂，由于摄食面小、水溶度高等因素，相对于投饵机投喂会多，从而损失饵料，使养殖效益得不到保证。所以，投饵机与配合饵料的搭配可达到较高的经济效益。

（二）利用投饵机驯化鱼类到水面摄食，可降低饵料系数

鱼类在水面摄食，投喂的饵料在水中停留的时间很短，故饵料溶于水体的量就

很少，一般在 5% 左右，而手工撒料或传统的沉水喂法损失率在 15% ~ 20%。这正是投饵机在水产养殖中最能直接产生经济效益的一个作用。

（三）投饵机的使用满足了科学养鱼中多餐投饵的要求

为了保证鱼类更好更快地生长，常见的淡水养殖鱼类一般需要多餐投饵。人工投喂一般一天仅能喂 1 ~ 2 次，如果一天喂多次，养殖面积大，就需要大量的人力，这将大大增加养殖成本。而投饵机可以每天喂 4 ~ 6 次，每次喂八成饱，这样在保证不浪费饵料的前提下，鱼类可以摄食更多的饵料，很好地满足了生长的需要，同时也节省了大量的人力。

（四）投饵机的正确应用不仅能够降低病害发生率，还可以提升鱼类的品质

对于不使用投饵机的鱼塘，由于饵料浪费比较严重，沉入塘底和溶入水体的饵料会腐烂变质，一旦超过了池塘本身的净化能力，就会造成有害细菌生长和有毒气体富集，导致鱼类易感染细菌、病虫害。若水体环境十分不适宜鱼类生存，不仅会影响鱼类生长速度，甚至会导致恶性泛塘和暴发性疾病等，引起鱼类灭绝性死亡。而正确使用投饵机投喂配合饵料的池塘，池底基本无残余饵料，能够很好地解决饵料过剩造成的影响，使池塘保持一个良好的生态环境，故鱼类病害少，使用药物也就减少，即便需要使用药物，也可选用温和、无刺激性的药物，从而使生产的鱼达到绿色无公害标准，提升鱼类品质。

（五）投饵机的正确应用也可以很大程度上提高养殖者的养殖技能

由于使用投饵机可驯化鱼类到水面摄食，因此可看清鱼类的规格、生长速度、摄食强度和数量，而这一切变化都受到天气变化、水质变化、气温变化、用药状况、饵料优劣等因素的影响。养殖者只要勤于观察、记录、分析这些因果关系，就不难找出人工控制鱼类生长、病害等一系列问题的切入点，迅速提升自身的养殖技能。

七、发展趋势

近年的统计资料显示，鱼类和虾类养殖产量在我国水产养殖总产量中所占的比重正在逐年增大。此外，我国水产养殖正逐步从大量使用低值野杂鱼向使用人工配合饵料转变，水产养殖业对人工配合饵料的需求正在逐步增大。相对于水产养殖业发展的数量和规模，我国在水产养殖配套设施的研发方面则相对滞后，机械化和自动化程度均较低，其中比较突出的是目前国内缺少与大型深水网箱养殖、高密度工

厂化养殖、水库大水面网箱养殖和大面积池塘养殖等相配套的自动投饵装备与技术，应注重这些方面的研究。

第五节   水泵监控系统与装备

水产养殖中的排灌设备主要是水泵，水泵常常发挥增氧或调水的功用[21]。水泵的用途是：输送流体，在水产养殖中主要是向池塘注水和排水，保证鱼类各生长阶段的不同水位要求；注入河水或深井水调节水温；注入新水，增加水中溶氧量，提高池水透明度，加强池水光合作用，提高池塘初级生产力；抽排池塘多余和老化水体，调节水质、EC 和 pH 值，给鱼类一个适宜的水体生存环境。

一、常见水泵分类

使用水泵能够对池塘进行新水加注和有害水排放，常见的水泵有离心式、活塞式和轴流式三种。

离心式水泵是利用大气压的作用，将水从低处提升至高处的水力机械，它由水泵、动力机械与传动装置组成，广泛应用于农田灌溉、排水，以及工矿企业与城镇的给水、排水。为适应不同需要，离心式水泵有多种类型，其工作原理及实物如图 10-10 所示。

图 10-10   离心式水泵工作原理及实物

注：液体注满泵壳，叶轮高速旋转，液体在离心力作用下产生高速度，高速液体经过逐渐扩大的泵壳通道，动压头转变为静压头。

活塞式水泵利用的是大气压力，如常见的压水机。活塞式水泵又叫"吸取式抽水机"，是利用活塞的移动来排出空气。活塞上部有个阀门，下部还有个阀门，通过活塞运动造成内外气压差而使水在气压作用下上升被抽出。当活塞压下时，进水阀门关闭而排气阀门打开；当活塞提上时，排气阀门关闭，进水阀门打开，在外界大气压的作用下，水从进水管通过进水阀门上方的出水口被压出。这样活塞在圆筒中上下往复运动，不断地把水抽出来。其工作原理及实物如图 10-11 所示。

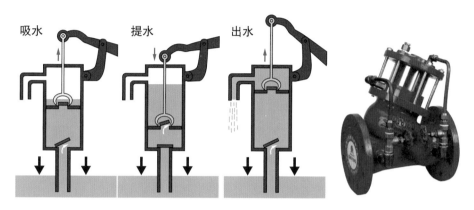

图 10-11　活塞式水泵工作原理及实物

轴流式水泵和电风扇的原理类似，旋转的桨叶把水推向水泵轴方向的后方。轴流式水泵流量大，但是提升高度（扬程）不大。轴流式水泵是靠旋转叶轮的叶片对液体产生的作用力使液体沿轴线方向输送的泵，有立式、卧式、斜式及贯流式数种。轴流泵叶轮装有 2 ～ 7 个叶片，在圆管形泵壳内旋转。叶轮上部的泵壳上装有固定导叶，用以消除液体的旋转运动，使之变为轴向运动，并把旋转运动的动能转变为压力能。其工作原理及实物如图 10-12 所示。

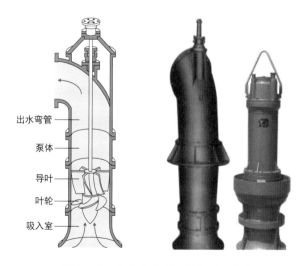

图 10-12　轴流式水泵工作原理及实物

二、水泵监控系统方式介绍

在泵的自动监控系统中，最上层是作为通信网络核心节点的调度平台，一方面将各水量实时监测及闸泵群实时控制技术方法与手段统一实现到调度平台，另一方面也能把各种基于数学模型的调度方案与策略通过调度平台的技术手段得以实施和落实。

调度平台配置各种服务器、数据库、工作站以及大屏幕显示系统，负责数据的汇集、存储、处理和显示任务。各水闸泵站工程是通信网络的汇聚节点，配置用于监测与闸泵群实时控制的 OPC 服务器及若干工作站。现场设备层的闸泵站实时控制系统 PLC 通过以太网接口接入通信网络中，本地监控中心工作站以及调度平台工作站均通过通信网络实现对闸泵的控制；水量监测系统中，位于闸泵本地的信息汇入 PLC，独立的监测站点则通过无线 GPRS 通信网络接入调度平台。

根据基于 Web 的 B/S 结构远程监控系统中监控代理服务器在远程访问中的不同方式，将通信方式分为无代理、单工代理和双工代理三种。其中无代理通信指远程浏览器直接与现场监控服务器建立连接，收发数据，而不是通过代理服务器连接；单工代理通信指远程浏览器发往现场监控服务器的控制命令和参数必须经过监控代理服务器转发，现场监控计算机可以将数据直接发往远程客户端；双工代理通信指现场监控计算机与远程客户端的交互都通过监控代理服务器来完成。

第六节　智能管理系统

智能管理（intelligent management，IM）是以人类智能结构为基础，系统研究人与组织的管理活动规律和方法的学科，具有很强的实践性和扩展性。智能管理是人工智能与管理科学、知识工程与系统工程、计算技术与通信技术、软件工程与信息工程等多学科、多技术相互结合、相互渗透而产生的一门新技术、新学科，它研究如何提高计算机管理系统的智能水平，以及智能管理系统的设计理论、方法与实现技术。智能管理是现代管理科学技术发展的新动向。智能管理系统是在管理信息系统（management information system，MIS）、办公自动化系统（office automation system，OAS）、决策支持系统的功能集成和技术集成的基础上，应用人工智能专家系统、知识工程、模式识别、人工神经网络等方法和技术，进行智能化、集成化、协调化设计和实现的新一代计算机管理系统。终端也称终端设备，是计算机网络中处于网络最外围的设备，主要用于用户信息的输入以及处理结果的输出等。

一、物联网智能管理系统应用现状

我国首个物联网水产养殖示范基地于 2011 年在江苏建成。示范基地采用先进的网络监控设备、传感设备等将物联网和无线通信技术相结合，实现远程增氧、智能投喂、预报预警等自动控制。水产物联网通过感知层监测养殖水体多个理化指标，如水温、溶氧量、透明度、pH 值、氨氮、亚硝酸盐、盐度等。监控系统包括水质的智能检测、数据的无线传输、控制设备、中心监控等部分，系统工作流程见图 10-13。监控系统整合了物联网传感技术、智能处理与控制技术，具备多种功能，如数据实时收集、无线传输、智能处理、信息预警、辅助决策等。实时采集数据通过无线传输并转换处理后呈递给用户，用户可以通过现场监控显示器了解养殖环境状况，也可通过网络、手机等途径随时了解水质情况，并判断是否采取必要措施 [22]。

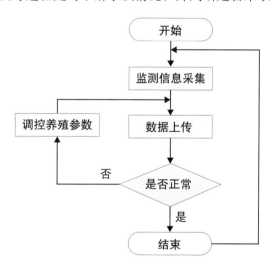

图 10-13 监控系统工作流程图

传统水产养殖业以牺牲自然环境监控和大量的物质消耗等粗放式饲养方式为主要特征，经济效益低且污染水体环境。而基于智能传感技术、智能处理技术及智能控制等物联网技术的智能水产养殖系统，则能集数据和图像实时采集、无线传输、智能处理、预测预警信息发布、辅助决策等功能于一体，通过对水质参数的准确检测、数据的可靠传输、信息的智能处理，以及控制机构的智能化自动控制，来实现水产养殖的管理[23]。

基于物联网 Android 平台的水产养殖远程监控系统，能够实现对多传感器节点的信息（pH 值、温度、水位、溶氧量等环境参数）的远程采集和数据存储功能，实现对多控制节点的远程控制。系统不受时间、地域限制，用户可以在任何具备网络覆盖的地方从手机上浏览并获取数据，将数据从数据库中导出到用户的 SD 卡上，以 TXT 格式存储，系统的多个手机用户客户端可以共享一台服务器，具有很高的性价比[24]。

基于物联网的养殖水质监控系统，在实现水质参数监测的基础之上，收集大量养殖水体质量参数数据，利用智能算法建立养殖水体质量模型，并据此对养殖水体参数进行自动调节控制。另外，该系统还能利用生物特性对目标参数进行自动修正。系统不仅做到了功能的完备性、运行的稳定性和节能性，而且弥补了以前监测系统在数据分析方面的不足，真正实现了物联网的"感、传、知、用"[25]。

智能管理系统结构自底向上依次包括监控单元、数据传输单元、数据通信网络、数据库及 Web 客户端等。系统利用物联网技术的优势，采用适合渔业实践的各类传感器、控制设备，对各种养殖参数进行精确的、实时的检测及控制。系统利用传感器网络路由管理协议，进行各类监控单元的自适应组网，以及渔业管理子网络内部的数据互联。在人工交互方面，系统利用 GIS 技术，可以将管理过程做到高度可视化。系统实时显示各个渔业管理子网络的地理信息，以及网络内部监控单元的相关数据，同时利用 B/S 网络结构，允许管理人员登录 Web 页面进行远程控制[26]。

二、陆基工厂水产养殖智能管理系统分类

（一）水产养殖环境监控系统

水产养殖环境监控系统主要包括以下几个方面的建设内容。

1. 养殖水质及环境信息智能感知技术

采用具有自识别、自标定、自校正、自动补偿功能的智能传感器，对水质和环境信息进行实时采集，全面感知养殖环境的实际情况。

2. 养殖水质及环境信息无线传输技术

当前通过无线传感器网络技术对环境进行监控已经相当成熟，可运用无线通信、嵌入式测控以及计算机技术，实现短距离通信和无线通信。研制系列无线监控中心，开发无线网络管理软件，构建与集约化水产养殖应用相适应的水质及环境信息无线传输系统，将有效解决水产养殖领域应用覆盖范围大、能耗约束强、环境恶劣和维护能力差等条件下的信息不可靠传输的难题。

3. 水质管理决策模型建设

水质好坏会影响养殖对象的生长速度和健康水平，最终影响水产品的质量，严重的水质问题会导致水产养殖的重大损失。养殖环境信息、水质信息、养殖措施和养殖生物量间的定量关系描述是水产养殖数字化、精细化管理的前提和难题。系统将根据气温对水温的影响，饵料及养殖对象的代谢物对养殖水体 pH 值的影响，养殖密度对日增重量、日生长量和成活率的影响，水体增氧对养殖水体中溶氧量和氨氮的影响，氨氮、亚硝酸盐对化学需氧量的影响，氨氮、亚硝酸盐对葡萄糖吸收能力的影响，残饵、粪便对水质的影响等，建立水质参数预测、生物增长模型等系列定量关系动力学模型，解决水质动态预测问题，为水质预警控制、饵料投喂和疾病预防及预警提供数据支持。

4. 养殖设备智能控制技术

针对现有养殖设备（如增氧机）工作效率低、能耗高、难以用精确数学模型描述等问题，通过分析研究控制措施与参数动态变化规律，动态调整环境控制措施，实现养殖设备的智能控制，以降低能量消耗，节约成本。

（二）水产品健康养殖智能化管理系统

整合水产品精细喂养与疾病预测、诊断决策等子系统，建设水产品健康养殖智能化管理系统，形成一套包括硬件装置和软件系统的集约化水产养殖场健康养殖数字化平台，实现水产养殖全过程可视化、自动化、科学化管理。主要建设内容包括以下几方面。

1. 水产品精细投喂智能决策系统

依水产品在各养殖阶段营养成分需求，根据各养殖品种长度与重量的关系，光照度、水温、溶氧量、养殖密度等因素与饵料营养成分的吸收能力、饵料摄取量的关系，借助养殖专家经验建立不同养殖品种的生长阶段与投喂率、投喂量间定量关系模型。利用数据库建库技术，对与水产品精细饲养相关的环境、群体信息进行管理，建立适合不同水产品的精细投喂决策系统，解决喂什么、喂多少、喂几次等精细喂养问题。精细投喂系统也可以为水产品质量追溯提供基础数据。

2. 自动化投饲系统

利用监控软件和网络技术，通过局域网、手机等工具，实现远程异地监控。无人员在养殖现场时，能实时掌握投料情况、养殖产品的进食情况。利用远程控制系统，进行定时定量精准投喂控制，实现自动化定时精准投料养殖，减少饲料损耗。在相对集中的养殖场所建立监控平台进行监控，在零星养殖场所可通过手机进行监控。

3. 水产品疾病诊断系统

水产品用药种类很多，要对症下药才可以。从水产品疾病早预防、早诊治的角度出发，在对气候环境、水环境和病源与水产品疾病发生关系研究的基础上，确定各类病因预警指标及其对疾病发生影响的可能程度，建立水产品预警指标体系，根据预警指标的等级和疾病的危害程度，建立水产品疾病预警模型；建立疾病诊断推理网络关系模型，建立水产品典型病虫害图像特征数据库，实现水产品疾病的早预防、及时预警和精确诊治的目的。

（三）水产养殖对象个体行为视频监测系统

养殖场视频监控系统主要用于实现对水产品养殖环境的远程监测管理。现代水产养殖场采用全封闭管理方式，有利于水产品的安全生产，可有效杜绝外界环境对水产品的不利影响。为了方便外界人员观看水产品养殖加工的实时情况，在水产养殖及加工场地内设置可移动的监控设备，利用视频摄像头的动态可视化特点，对水产养殖及生产加工环节进行实时监控。主要建设内容包括：水产环境视频采集系统，实现现场环境的采集功能；传输系统；远程监测系统；移动终端，通过手机等移动终端可以异地监测水产养殖场的情况。

（四）"气象预报式"信息服务系统

整合当地热线和农业信息网站资源等的水产养殖技术、水产养殖行业新闻及市场动态信息，利用网格技术、数据库异构分布技术、中间件技术、云计算技术、人工智能技术等充分融合现有的水产信息资源，采用三网融合技术，为养殖企业和养殖户提供水产养殖信息服务，解决生产管理、养殖技术推广、市场信息服务等方面的问题。采用手机报、惠农短信、农林电视节目等信息技术手段，为养殖户提供适时的水质环境预测预报、应急防范、技术咨询服务[27]。

我国是水产养殖大国，养殖模式正在逐渐向集约化、工厂化发展，水质监控成为集约化养殖中十分重要的一环。水产养殖物联网系统的建立是现代水产养殖技术发展的必然趋势。与发达国家相比，我国的水质监控技术还不够成熟，在关键技术的研究上还有较大提升空间。终端感知层的数据采集和数据处理技术将成为重点攻克的环节，应从理论研究和设备研发方面加强攻关。养殖水质监控中感知层的信息融合，远程视频传输的应用，信息处理技术的集成、智能，以及物联网技术与集约化养殖的结合，将是未来的发展趋势[28]。

本章小结

海水养殖是我国海洋渔业的重要组成部分，陆基工厂化水产养殖具有资源节约、环境友好和产品安全等特点，是世界水产养殖业的重要发展方向之一，也是实现水产养殖与环境和谐发展的重要途径[29]。我国水产养殖物联网技术目前主要应用于养殖水环境监控、养殖区域管理监控、养殖动物生长状况监控，以及养殖产品储运、加工环节监控等方面。面临的主要问题有：水产养殖业相当程度上还处于粗放型的生产阶段，不能适应现代化水产养殖生产的要求；物联网设备技术还不太可靠，行业标准尚不统一；资金投入大，成本高等。发展水产养殖物联网应解决的关键技术有：精准养殖环境感知技术、精准养殖模拟技术、精准养殖设备智能控制技术、精准养殖管理技术、精准养殖规模化生产集成技术等。用物联网＋技术和自动化设备代替人工管理操作，对养殖水体及生态条件进行监测、处理和控制，创造出最适宜水产品生长的水环境，使其达到最快的生长速度，从而使单位水体获得较高的产量，并降低养殖风险，减少对技术管理人员的依赖，减轻管理人员劳动强度，减少能耗，提高生产效率，已经成为水产养殖的发展趋势[30]。

参考文献

[1] 联合国粮食及农业组织.2016年世界渔业和水产养殖状况：为全面实现粮食和营养安全做贡献[R/OL].[2022-02-09].http://www.fao.org/3/i5555c/i5555c.pdf.

[2] 刘宝良,雷霁霖,黄滨,等.中国海水鱼类陆基工厂化养殖产业发展现状及展望[J].渔业现代化,2015,42(1):1-5,10.

[3] 宋德敬,马绍赛,薛正锐.工厂化养殖工程技术与装备[J].中国水产,2004(1):143-149.

[4] 农业部渔业局.中国渔业年鉴[M].北京：中国农业出版社,2015.

[5] 翟雅男,范长健,李媛,等.一体式膜生物反应器处理水产养殖废水膜污染特性研究[J].渔业现代化,2014,41(5):11-16.

[6] 张正,王印庚,曹磊,等.海水循环水养殖系统生物膜快速挂膜试验[J].农业工程学报,2012,28(15):157-162.

[7] 张延青,陈江萍,沈加正,等.海水曝气生物滤器污染物沿程转化规律的研究[J].环境工程学报,2011,31(11):1808-1814.

[8] 宋奔奔,宿墨,单建军,等.水力负荷对移动床生物滤器硝化功能的影响[J].渔业现代化,2012,39(5):1-6.

[9] 张海耿,吴凡,张宇雷,等.涡旋式流化床生物滤器水力特性试验[J].农业工程学报,2012,28(18):69-74.

[10] 张海耿,张宇雷,张业群,等.循环水养殖系统中流化床水处理性能及硝化动力学分析[J].环境工程学报,2014,34(11):4743-4751.

[11] 魏一,马天明,夏翌佳.基于物联网技术的大型输水泵站远程监控管理系统研究[J].电子技术与软件工程,2016(5):16.

[12] 史兵,赵德安,刘星桥,等.工厂化水产养殖智能监控系统设计[J].农业机械学报,2011,42(9):191-196.

[13] 王峰,雷霁霖,高淳仁,等.国内外工厂化循环水养殖研究进展[J].中国水产科学,2013,20(5):1100-1111.

[14] 刘邦辉,方彰胜.罗非鱼精养池塘陆基微循环工厂化生态养殖技术研究[J].广东农业科学,2016(2):144-149.

[15] 朱建新,曲克明,杜守恩,等.海水鱼类工厂化养殖循环水处理系统研究现状与展望[J].科学养鱼,2009(5):3-4.

[16] 田应平,杨兴,周路,等.工厂化水产养殖自动投饵系统的设计[J].贵州农业科学,2010,38(5):238-242.

[17] 施槐奎,周丽英,金仰贤,等.投饵机在水产养殖中的推广及应用[J].浙江农村机电,2006(2):22-23.

[18] 景新,樊树凯,史颖刚,等.室内工厂化水产养殖自动投饲系统设计[J].安徽农业科学,2016,44(11):260-263,300.

[19] 何伟.自动投饵机原理及应用[J].河南水产,2004,59(3):10-11.

[20] 黄平.水产养殖中水泵增氧的使用技巧[J].渔业致富指南,2003(18):24.

[21] 陈小江.物联网技术在水产监控方面的应用现状[J].农村经济与科技,2016,27(14):98.

[22] 刘金权.构建软硬结合的水产养殖物联网解决方案[J].物联网技术,2013(6):10-11.

[23] 李慧,刘星桥,李景,等.基于物联网 Android 平台的水产养殖远程监控系统[J].农业工程学报,2013,29(13):175-181.

[24] 吴滨,黄庆展,毛力,等.基于物联网的水产养殖水质监控系统设计[J].传感器与微系统,2016,35(11):113-115.

[25] 姜凯,高凡.基于物联网技术的智能渔业管理系统设计[J].工业控制计算机,2016,29(5):33-34.

[26] 高亮亮,李道亮,梁勇,等.水产养殖监管物联网应用系统建设与管理研究[J].山东农业科学,2013,45(8):1-4.

[27] 曾洋泱,匡迎春,沈岳,等.水产养殖水质监控技术研究现状及发展趋势[J].渔业现代化,2013,40(1):40-44.

[28] 刘宝良,雷霁霖,黄滨,等.中国海水鱼类陆基工厂化养殖产业发展现状及展望[J].渔业现代化,2015,42(1):1-5.

[29] 杨宁生,袁永明,孙英泽.物联网技术在我国水产养殖上的应用发展对策[J].中国工程科学,2016,18(3):57-61.

[30] 高晓霞.魏茂春:物联网＋水产是西医法,中西医结合将颠覆行业[J].海洋与渔业,2015(12):44-45.

第十一章

智慧网箱型养殖

　　本章介绍了如何在网箱养殖过程中将养殖技术、装备技术和信息技术有机融合，实现网箱型养殖生产过程的自动化、管理过程的信息化，以及决策层面的智能化，以实现智慧网箱型养殖，从而降低工作人员的工作强度和养殖风险，同时提升养殖规模和效益。

第一节　概述

虽然我国海水养殖产业发展迅速，但近年来养殖水域面临的生态问题愈加严峻，内陆污染物排放、海水养殖自源性污染等不利因素压缩了近海养殖可利用空间 [1]。为了提高农户经济收入、丰富优质水产品供给，淡水网箱养殖近年来快速发展起来。

我国淡水网箱养殖始于 20 世纪 70 年代初，当时主要在一些水库和湖泊养殖 [2]。随着我国渔业产业结构的逐步调整，淡水网箱养殖方式、种类和产业结构都有了新的发展，从主要依靠天然鱼饵的粗放式的水产网箱养殖发展到鱼种多达几十种并且投喂配合饵料的集约化网箱养殖 [3]。"十二五"以来，在"国家科技支撑计划""国家海洋经济创新发展区域示范"等项目的支持下，我国在网箱构建与高效装备研发等方面取得了一定的进展，并在关键技术上处于世界领先水平，深水网箱是海水养殖中先进生产力的代表。

网箱可分为普通网箱和深水网箱。普通网箱结构比较简单，主要应用于沿海湾，其容量有限，对环境影响较大，养殖规模受到限制。我国深水网箱主要设置在较深的海域，具有一定抵御水流和风浪的能力，而且设施化程度比较高 [4]。由于网箱养殖产量和成品化速度远远超过了原始的粗放式养殖和自然放养模式，越来越多的人开始从事网箱养殖。但同时网箱养殖的问题也逐渐出现，如在有限的海域内高密度的养殖，会造成环境污染、水质恶化、水产品品质下降甚至病害增多，养殖空间和养殖产量的提升受到很大的限制。而且，大部分网箱都无法抵御恶劣海况的影响，每年因狂风和大浪等灾害天气造成的损失巨大 [5]。虽然近年我国网箱设施的抗风浪能力有了进一步提升，产业规模也得到迅速扩大，但深水网箱设施的安全性问题依然存在。

深海网箱养殖已成为我国海洋渔业发展的必然选择。现在国际上关于网箱养殖关键配套系统与装备主要包括智能投饵、智能洗网、吸鱼泵、活鱼运输、气力卸鱼、水下监视器、起网机、预警系统和大型智能化养殖管理平台等。随着对鱼类生理学、营养学和行为学认识的不断深入，基于计算机技术和传感器技术开发的智能投饵机配备了各种监测和反馈设备，能在线计算养殖对象的饵料需求，同时自动判断养殖对象的饵料需求。智能洗网装备基于传感器、计算机视觉等技术，采集网衣相关数据，控制检查网衣清洗过程。其他配套装备的智能化发展促进了网箱装备的发展。在这些系统与装备中，投饵机装备系统是实现网箱养殖自动化的基础，智能洗网是高质量养殖的保障。

第二节　智能水下监测系统

一、智能水下监测系统的意义

深远海养殖网箱具有能源供给充足、网箱结构牢固、搭载能力强、体积大的明显特点，现代的网箱一般会配置自动投饵机、吊机、收鱼机等设备，因此现代网箱拥有开展智能化养殖的条件。虽然网箱在硬件设施上存在如上的很多优点，但其同时存在着水下信息获取困难、监管困难、传输困难等不可忽视的问题：深远海网箱养殖生物数量大，水下环境复杂，不仅需要对水温、水深、水质等生态环境信息进行监测，还需要获取鱼群的生物量、投喂量、鱼的活动状态、网衣的健康状态等信息；深远海网箱一般离岸几十到上百千米，使用常规的 4G/5G 传输信息非常困难；信息传输到岸以后，需要将获取到的信息自动提取分析，实现鱼群的智能投喂和异常信息监测。针对上述问题，现如今网箱养殖已经采用智能水下监测系统。

二、智能水下监测系统应用概况

深远海网箱养殖应用智慧渔业养殖模式，采用声光传感器实现养殖鱼群生物信息和水质环境信息的获取及实时监测，实现智慧渔业的可视、可测、可控、可预警，将传统渔业养殖与智能技术相结合。深远海网箱智能化养殖监测系统由卫星通信系统、多传感器和数据处理终端组成，如图 11-1 所示。智能化监测系统通过获取到的鱼体的尺寸、鱼群的密度和速度信息，来监控鱼群的活动状态、投饵情况、网箱网衣的破损和附着状态等，并显示环境及水质传感器测量的水质参数（pH 值、水温、

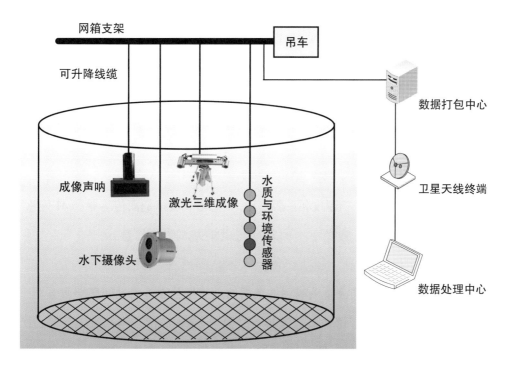

图 11-1　深远海网箱智能养殖监测系统

溶氧量等）、营养盐参数（氨氮含量等）、生物参数（叶绿素、藻类蛋白含量等）。
根据网箱体积的不同，传感器可以选用成像声呐、水质与环境传感器、水下激光雷
达、水下摄像头等。从网箱获取到的信息通过视频和数据压缩技术进行传输，带宽
一般控制在 6 ~ 8 Mbit/s。所有传感器信息通过卫星通信链路传输到数据处理中心，
通过数据分析和人工智能方法，可具体掌握鱼群生长动态信息，从而实现智能投饵
决策和鱼群异常信息的自动报警。最终结合先进的卫星宽带通信技术、传感器技术、
信息处理技术、人工智能技术，实现深海养殖的管理信息化和决策智能化。

（一）声呐成像测量鱼群密度

声呐成像是利用声学发射独立波束，依靠回波对目标进行探测的多波束系统，
通过水下二维声呐成像处理和测算，得到声呐测量的水体体积内鱼群的数量和密度
信息。

（二）水下激光雷达测量鱼的体长、游速

水下激光雷达采用激光距离三维成像技术，能有效增大水下的探测与识别距离，
为水下光学摄像机的 3 ~ 5 倍。水下激光成像雷达选用脉冲激光器作为光源，经过

实际海况验证，配合人工智能算法，可对鱼体长度和游速进行估测。

（三）水下视频摄像头监控鱼的活动状态

虽然水下视频摄像头探测距离有限，但其具有高清、真彩的特点，可实时监控鱼的活动状态。根据图像信息，采用计算机视觉算法对鱼群进行智能检测和分类，用于鱼群的多样性监测。

（四）水质及环境传感器监测环境参数

水质及环境传感器包括温度传感器、EC 传感器、流速剖面传感器、pH 传感器、溶解氧传感器、叶绿素传感器等，可以准确获取环境的参数信息。

（五）数据处理系统

水质及环境传感器等设备采集到的数据信息通过总线传输到网箱端服务器，激光雷达、成像声呐、水下摄像头等视频信号通过 LAN 口接入网箱端服务器，所有数据在处理后通过船载卫星通信终端上传到高通量卫星。数据处理中心通过互联网接收由高通量卫星运行中心发送的数据，之后将数据写入数据服务器，并使用应用服务器将读取到的数据进行可视化处理，最后客户通过 PC 端 / 移动端访问所有的视频数据和遥测数据。

（六）养殖监控系统显控界面

应用服务器端接收多路视频（激光视频、摄像头视频、声呐视频）数据，进行解码并实时显示；接收水质及环境传感器参数，实时显示温度、深度、EC、溶氧量、叶绿素、pH 值等环境参数；对不同的视频数据进行日志存储，支持调取和回放；对环境参数进行日志存储，支持随时查询；通过集成传感器数据融合分析算法，分析鱼群的密度统计、鱼群的体长统计、鱼群的数量统计；监控终端可以调用以上文件，显示统计结果，并通过数据分析提供预警信息和喂养指导。

三、小结

目前我国的海洋牧场建设已经进入快速发展阶段，海洋牧场建设已从近岸浅海向深远海加快推进。基于养殖网箱实施自动化、智能化养殖，是提升养殖规模和效益、降低从业人员工作强度和养殖风险的重要手段，对养殖海域环境实施远程实时监测是养殖自动化、智能化的关键环节。面向深远海网箱养殖需求，研制与深远海大型智能化养殖网箱配套的海洋环境监测系统，将养殖技术、装备技术和信息技术有机组合，实现网箱养殖生产自动化、管理信息化、决策智能化，实现传统渔业与智能科技深度融合，是当今智慧渔业网箱养殖的重点。

第三节　智能投喂系统

一、智能投喂系统的意义

在网箱养殖过程中，饵料成本占比很大，一般占养殖总成本的 50% ~ 80%。同时，饵料的投放量会影响养殖对象的健康和生存。如何精确控制投放的饵料量，既能使饵料充分利用，又能保证饵料的供给量充足成为亟须研究的问题。养殖管理的一个重要内容就是将饵料成本控制到最低，这不仅可以减少饵料成本，也可以避免因过量投喂饵料使残饵造成局部水域水质的恶化。但同时要注意，如果投喂量太少，同样影响养殖对象的生长速度，导致养殖周期延长或增加其他养殖风险。

但实际上，饵料的投喂量并不是一成不变的，饵料量因养殖对象以及环境条件（如水温、水质、溶解氧浓度、流速、光照强度和白昼的长度等，这些影响了养殖对象的饵料转化率）的不同而不同，这使得所需的饵料量计算变得很复杂。同时，养殖对象的生理因素（如年龄、成熟度、性别、激素水平等）也影响饵料的转化率，相应增加了饵料量估算的不确定性。

因此，为了在这种不确定性的情况下进行精确的饵料投喂以减少饵料残余量，从而减轻局部水域污染并减少饵料成本，智能投喂系统开始被研发。

二、智能投喂系统与装备应用概况

饵料在养殖过程中占据了总成本的一半以上，因此，如果要有效降低养殖成本，首先需要考虑的就是如何降低饵料的成本。单纯减少投饲量，不利于养殖对象的生长；而过量投喂会造成饵料浪费，饲养成本增加，也会对养殖对象的生长环境造成影响。不符合养殖对象生长规律的饵料投喂不但不能增加收益，反而会增大养殖风险，影响其生长速度和最终收获量。所以需要根据养殖对象的需求对网箱养殖投喂量进行科学的决策。传统网箱养殖靠人工每天定时投喂，由于养殖人员管理水平和经验的差异，饵料投喂差异性明显，饵料浪费问题严重，而且人力成本逐渐增加。因此，许多国家都在研究先进、高效的网箱养殖自动投饵机或投喂系统。

投喂过程是网箱养殖中举足轻重的环节，关系到整个网箱系统中养殖对象的健康生长状况与网箱养殖的最终产量。从全球的自动投喂系统发展过程可以看出，投喂系统与网箱的发展基本同步，并且针对各种不同海洋环境中的网箱养殖系统提供了与之配套的投喂系统。除了海洋中的养殖系统，不同湖泊、河流、沿海等地区构建了家庭养殖或企业工厂化养殖等不同经营方式、不同规模的养殖系统。湖泊、河流区域主要是淡水化养殖，而沿海主要进行海水化养殖，实际中，针对不同的需求建立了相应的投喂方式。对于家庭式的池塘网箱养殖，机械化的投喂机可能已经满足了需求，但精准化投喂技术比较落后，容易造成饵料的浪费。对于工厂化的养殖，特别是沿海的规模化网箱养殖，不精确的投喂会造成极大的浪费，需要更加智能化的投喂系统。更大面积的养殖海域要求投喂设备具备更大的覆盖范围及更好的性能；同时为了能更好地观测养殖对象的摄食行为并保障其在不同时期的健康生长，相应的监控手段应该被建立。

三、国外发展概况

一些发达国家，如美国、加拿大、日本、德国，以及一些渔业强国如挪威、丹麦等在自动投喂设备上的研究与应用比较先进，基本脱离了人工养殖模式，并且实现了对饵料从存储到输送，再到投放的各阶段的精确控制。除了智能化投喂设备，随着信息技术的发展，人们利用水下摄像、红外传感、声学监测等对鱼的摄食状况进行了很好的监测 [6]。

AKVA 集团作为挪威一个最大的水产养殖装备和技术研发企业，他们设计的 Marina CCS 中央投喂系统，依靠风机产生高速空气流，把下料装置中的饵料通过喷射器转入到主输送管道，经分配阀投放到目标网箱中，该系统极大地减少了投喂时的人工劳动量，提供了远距离网箱投喂的途径 [7]。此外，早在 20 世纪 80 年代，AKVA 就研制了一整套自动投喂系统。该系统结合了多普勒颗粒传感器、水下摄像机和其他一些环境传感器对投喂的状态进行监测。该系统能从不同的物质中区分出饵料颗粒，并判别沉淀的饵料量是否已达到一定的显著性水平。AKVA 多普勒颗粒传感器就是通过声波传感的原理来生成鱼和饵料颗粒的影像，通过视频影像来判断饵料多少，进而决定是否停止投喂。

美国 ETI 公司研发的 FEEDMASTER 投饲系统在国际上销售状况很好，其特点是饵料机械损伤和热损伤率低，同时投喂精度、可靠性和饵料存储容量都比较高，投喂能力为 100 kg/min，最高可达 250 kg/min。每套 FEEDMASTER 自动投喂机可以供应 24 ~ 60 个直径约 10 cm 的饵料输送管道，相当于为 60 个网箱同时供料。该系统的运行依靠以 PLC 控制为基础的计算机上位机，通过对投喂软件中的参数进行设置实现不同投喂的自动化。美国新罕布什尔大学的大西洋海洋水产养殖研究中心对开放性海域中的网箱养殖自动投喂系统进行了长期的研究工作，开发了具有不同投喂能力的投喂设备[8]。

意大利已于 20 世纪 90 年代将专门的自动投喂技术应用于浮式网箱养殖。为了实现恶劣天气及海况下的自动投喂，意大利 Techno SEA 公司研发出了沉式自动投喂机 Subfeeder-20。该投喂机可在升降式网箱沉降到海面以下时，全天候自动投喂，适用于不同大小的饵料。

日本 NITTO SEIMO 公司研制的自动投喂系统采用了小料仓投喂的方式，这种方式是将小料仓悬挂安装在每个深水网箱上方，而小料仓通过计算机来控制，人们只需要操作与计算机相连的控制面板或者通过电话机遥控就可以实现对料仓的控制。

加拿大 Feeding Systems 公司研制的自动投喂系统可以用于大型网箱、陆基养殖工厂和鱼苗孵化场等多种环境。该公司针对虾、鱼等不同的养殖对象开发了相应的投喂控制软件，通过专用软件对自动化投喂系统进行精确控制，提高了深海养殖的饵料利用率。

四、国内发展概况

国内传统的投喂方式是人工投喂，即使用铁锹等工具抛撒饵料，并用人眼进行观测，判断养殖对象的饵料量。随着海水网箱不断向面积增大的方向发展，凭借人眼观察判断的盲目性也越来越突出。近年来，我国多家科研机构针对深水网箱养殖智能投喂系统装备开发进行了研究。中国水产科学研究院南海水产研究所和渔业机械仪器研究所在网箱自动投喂系统装备技术方面进行了一系列研究工作，研发了国内第一套远程气力输送自动投喂系统，投喂系统传输距离450 m，投喂能力为1 200 kg/h。该系统由控制设备子系统、供料设备子系统和输送设备子系统三个主要部分组成，融合了软件编程、传感器等技术，通过PLC实现网箱养殖精确投喂、自动控制和人性化操作等功能。20世纪80年代末到90年代中期，中国农业大学先后研究出了螺旋输送式供料和机械振动分料两种自动投喂系统[9]，中国海洋大学水产学院研究了适用于深水网箱和其他高密度养殖方式的投喂机。2006年，宋协法测定了在不同情况下管道中的真空度，以及冲饵管和吸饵管在不同开度时的下料时间，其研制的投喂机充分利用了海水资源，使用水力环流供饵、水力抽负吸饵、水动力投喂，并且可以通过水泵产生的高压水流携带颗粒饵料的混合物实现不同距离网箱的投喂[10]。大连海洋大学根据海洋牧场中渔业生产系统化和管理的需求，研制出一套应用了远程监控投喂系统[11]的设备，该设备以可编程逻辑控制器PLC为核心，通过声学技术、视频监测、传感器、无线通信等技术，解决了海洋牧场对饵料按时定量投喂以及水下监控等问题，从而实现了对海洋牧场的远程监控和管理。

五、智能投喂系统

智能投喂系统主要包括两大部分：一部分是智能投喂设备，另一部分是智能监控设备。智能投喂设备根据投喂原理主要分为空气动力投喂机、水动力投喂机、机械式投喂机；智能监控设备包括水下相机和声学装置等。其中空气动力投喂机主要由简单空气动力投喂机和中央投喂系统组成。

简单空气动力投喂机主要由柴油机或电动机带动风机运转，风机在风管内产生高速流动的气流，流动的气体通过负压吸入饵料并推动饵料通过喷嘴，喷撒到网箱水域表面。由活动接头与管道连接的喷嘴可以对喷撒方向进行变换以扩大撒料面积。

中央投喂系统采用气力传输原理，整套系统硬件由一个或多个气密型旋转下料器的大型料仓、风机、分配器、PLC控制器等组成，配有相应的软件实现投喂的自动控制，并完成定时、定量投喂。该系统适用于大型海水网箱养殖、开放的工厂化养殖、池塘养殖。

（一）智能投喂设备

1. 中央投喂系统

中央投喂系统采用气力传输方式。中央投喂系统的投喂部分由一个或多个配有气密式旋转下料器的大型料仓、风机、分配器组成。投喂装置由 PLC 控制系统自动控制，工人通过计算机人机界面软件进行交互，进而控制投喂系统，从而实现了多个养殖水域的定时、定量投喂。该系统适用于多种养殖环境，包括大型海水网箱养殖、室内外工厂化养殖和小型的池塘养殖等。基本工作流程是：料仓中的饵料落入具有计量料量功能的下料装置，之后借助喷射器输送到主输送管道，经分配阀的分配后进入不同的管道输送到各个网箱。整个系统依靠的动力是风机产生的高速气流，从而实现饵料在驱动管道中的流动。该系统具有输送距离远的特点，其输送距离可达 1 000 m 以上。中央投喂系统的典型产品有挪威 AKVA 集团的 Marina CCS 中央投喂系统和美国 ETI 公司的 FEEDMASTER 自动投喂系统等。这种中央投喂系统很大程度上降低了投喂时对人工劳动力的需求，但投资成本较高，并且不适合应用于离海岸较远或者分布较为分散的网箱养殖。因此，由该类型投喂系统衍生出了以海上平台为基础的投喂系统，为海上网箱养殖系统的开发提供了路径。该系统完全由计算机控制，且配备有漂浮在海面上的大型饵料桶仓，可以为距离陆地较远的地方提供饵料。该投喂系统可以配备卫星定位系统、远程遥控系统、反馈型自动控制系统，并结合现场水域环境和气象条件监测系统，极大地提高了其智能投喂性能。

2. 机械式投喂系统

机械式投喂系统主要是通过一些机械装置的传动对饵料进行推送，如螺旋泵式投喂机和双管悬挂式投喂机。螺旋泵式投喂机由电动机或柴油机驱动，饵料通过大料仓添加到螺旋输送机，再由螺旋输送机向悬挂于网箱上方的小料仓输送，最后由小料仓下方的撒料口向养殖水面进行抛撒。该投喂机结构较为简单、能耗低，但螺旋输送机稍笨重，占空间较大，且安装也有一定的难度。双管悬挂式投喂机采用了小料仓投喂的形式，在计算机的控制下对悬挂安装在深水网箱上方的料仓进行集成控制。

3.水动力投喂机

水动力投喂机主要由引射器、吸饵管、锥形喷头、冲饵装置、饵料箱、水泵和喷头等组成。该投喂机依靠引射器及水力喷头水流的作用形成负压，饵料箱中的饵料在负压作用下通过吸饵管进入主管道，再由水泵产生的高压水流携带颗粒饵料的混合物通过管道向网箱水面抛撒以实现投喂。环流的供饵、负压的吸饵、高速水流的投喂是该类投喂机的特点，它适合投喂各种颗粒状饵料，是一种新型的投喂机，适用于网箱养殖和陆上养殖。

4.网箱智能投喂设备的构成和工作流程

以国内的一种智能投喂系统为例，该系统采用气压压送式气力输送技术输送饵料，并播撒到水面，其采用 PLC 控制技术，并充分考虑网箱养殖自然条件的复杂性，通过软件编程实现智能投喂。

如图 11-2 所示，该系统一般由进料、供气、传输、动力、控制、降噪等 6 套子系统构成。启动柴油机，柴油机通过皮带带动风机，从下料器到管道内的饵料在高速气流的驱动下通往分配器，分配器分配通道，饵料沿着分配好的通道均匀地撒在不同的养殖水面上，实现多目标养殖水域投喂。

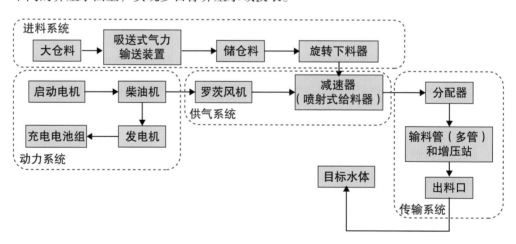

图 11-2　远程压力输送投喂系统流程

（二）智能监控设备

目前智能监控设备主要是基于声学传感技术、视频影像装置。

声波传感器是将传感器安在养殖容器下方，通过声波反射来生成声学影像；视频影像是通过摄像机采集图像。通过这些图像可以监视养殖对象饥饿时的进食行为，通过观测养殖对象聚集密度大小，就可以判断其是否吃饱，进而判断停止喂食时刻。

六、小结

网箱养殖通常朝着越来越大的方向发展，近海的网箱养殖面积增大，需要自动化的投喂机器，原来的人工投喂方式越来越不适用于日益增大的养殖场景，所以，能够精确地控制投喂量是智能投喂系统发展的目的。中国水产养殖业迫切需要实现用机械化和自动化的方式进行投喂。

在借鉴国内外的技术发展经验以及技术更新的同时，中国在开发自动投喂技术与装备方面应注意如下几个问题：加强投喂程序和相应控制软件的开发，建立人性化的人机交流模式；提高投喂智能化水平，结合各种监测、反馈设备（水下摄像机、传感器等），做到精确投喂，降低残饵量，减少饵料浪费；深入研究影响网箱中养殖对象摄食的各方面因素（如水文、天气、生理条件等），借助对各影响因素的监测，预先优化投喂程序。

第四节　智能网衣清洗系统

近年来，由于海洋生态环境的破坏和养殖箱体内的自身污染，使得网箱极易被一些海洋中的污损生物所附着造成堵塞，这不仅造成网衣寿命缩短，而且给水产养殖和管理带来极大的负面影响[12]。网箱被污损生物附着堵塞网眼，会影响网箱内外的水体交换，阻碍箱内残留的饵料以及动物粪便的排出和天然饵料、溶解氧的及时供给，当箱体内外的水体交换量减少时，容易造成箱内缺氧、缺饵，养殖环境变差，影响养殖对象的生长率和存活率。同时，网眼堵塞也会增加网衣的阻力，加剧网衣在海流作用下的漂移，使养殖容积大幅度减小，网衣间的摩擦甚至会对养殖对象造成机械损伤[13-15]。因此，除了研究网衣本身的防污技术外，网箱的清洗是亟待解决的一个问题。清洗网箱不仅可以及时清除网目上的附生藻类，避免网目因附着藻类的生长而堵塞，同时还可趁此机会检查箱体，发现破损及时修补加固，避免因箱内鱼类外逃而造成经济损失[16]。

早期的网箱养殖中，解决上述问题的方法是在人工更换网衣时对附着生物进行清洗[17]。但是一般每隔10～20天就要对网箱进行一次清洗，具体间隔时间以不使网目堵塞为宜。布满附着生物的网衣给更换网衣的操作带来很大的困难。据黄小华等人的现场测试，一个周长40 m、高6 m的网衣置于海水中3个月后，附着生物后的网衣总重量可达到1 t[18]，这不仅需要投入较多的人力进行清洗，而且劳动强度大，甚至可能对工作人员的人身安全造成威胁。不仅如此，因网箱换网时间过长，换网过程对养殖生物也会有一定程度的擦伤[19]。因此，迫切需要进行网衣水下清洗装备及技术的研究。

一、智能洗网系统与装备应用情况

（一）网箱清洗的方法

目前，国内外对养殖网箱的清洗采用的方法主要有以下几种。

1. 人工清洗法

人工清洗依靠人力，具体可以分成以下两种方法。一是振动清洗法。具体做法是操作人员将船划到网箱的一边，如果网箱上滋生的是悬浮性有机附着物，可在水中直接清洗。提起网衣抖动，或使用硬质毛刷擦洗，或用较长的竹条抽打。这种操作要求工作细致，需要注意防止因竹条端部或船帮挂坏网衣，造成网箱内养殖鱼的逃逸。另一种方法是在陆地上进行清洗，结合分箱并箱。首先需要把网箱内的鱼全部倒入另外设置的备用网箱内，再把需要清洗的网片运到岸上堆积起来，等附着的藻类腐烂后摊开晒干，在岸上运用手搓、抽打等方法清洁，检查网箱无破损后再将它们重新组装起来。可以结合鱼种的分箱及秋后并箱来进行。这种方法较上一种人工法清洗得更彻底，但劳动强度相对较大[20]。

2. 生物清洗法

自然界有一些可做"生物清洁工"的鱼类，如鲫鱼、鳊鱼、罗非鱼、鲤鱼、鲮鱼、鲷鱼等。网具都是由金属丝或者合成纤维制成的，长时间浸泡在富营养的养殖水体中，很容易被藻类或低等的无脊椎动物（如螺蛳）附着。可适当在网箱内搭配3%～5%，规格与主养鱼相同或稍小的滤食性或刮食性鱼类，效果最明显的做法是兼养食性较广的鱼类。尤其是在不投饵料的情况下，它们能够摄食网衣上的附着物。

吃掉部分附着的藻类、水绵和一些低等的无脊椎水生生物；即便是在投饵情况下，它们也会刮食网衣上的藻类，这样就能最大限度地减少网衣的清洗次数。这种方法既可以避免网衣被附着的藻类堵塞，又可以保证箱体内外水体的正常交换，以及残留的饵料、鱼类排泄物的及时排放。

利用生物对网箱进行清洗，不仅能节省劳动力，对网箱起到及时清理的作用，而且能增加养殖种类，提高养殖效益。农户不仅可以收获养殖鱼种，还会有额外收获。但目前生物清洗法面临的挑战是难以找到清洗效果较好的"生物清洁工"鱼类[21]。

3. 机械清洗法

机械清洗法需要利用大型的机械。一般使用潜水泵抽水，通过高压水枪冲击清洗箱体网衣。这种方法首先要有较大的机动船，有能够安装起吊网箱的起吊机，船上还要配备 8.8 kW 以上的柴油机（一般可直接在发动机上使用）、高压水泵、喷枪、橡胶管和水带。准备完工具后，将机动船开至网箱附近停机，抛前后锚使清洗机动船固定，用起吊机将网箱一侧提出水面，用水枪以强大水流冲洗网箱上的污渍，然后换到另一侧，用同样的方法进行清洗。

这种方法能加快网具的清洗速度，劳动强度低，工作效率也较人工清洗高出 4～5 倍。但是该方法清洗比较粗糙，对网衣上附着的水生动物较难清除，且大型机械会对鱼群造成惊吓，设备的投资较大。目前挪威等一些欧美国家多采用这种方法[22]。

4. 化学清洗法

有些试剂具有杀藻、抑藻作用。传统的药物清洗法是在网衣上面泼撒石灰水、草木灰或者浓度在 $(0.7 \times 10^{-6}) \sim (1.0 \times 10^{-6})$ 的硫酸铜，可以杀死附着的丝状藻。在施用药物时，需要将箱体的各部分网衣轮流提拉出水面，将配制好的硫酸铜溶液直接喷洒在网衣上。这种操作方式需将网衣提拉出水面，很费时、费力，鱼群也容易惊吓受伤。还可以采用挂袋法，即将药剂装入刺有若干小孔的矿泉水瓶、小竹篓或布袋中，加入砂石沉入水中悬挂在网箱内侧四周，每袋可装约 100 g 的药剂，每隔 2 m 挂一个，网箱底部也可以投放，药瓶（袋）内的硫酸铜浸泡在水中，会缓缓地溶解释放，在局部范围内形成一定浓度，将周围的藻类清除。另外还有一种方法叫钙粉涂敷法，这种方法是在网箱使用前，在网衣上涂敷一层碳酸钙粉或其他钙化合成物，增强网具的柔软性，使油污物不易附着。为了使碳酸钙粉末与网线充分黏合，可用聚氯乙烯等作为黏合剂，使用前先将其与碳酸钙粉末混合，再涂敷在网衣上。经这种方法处理后的网具不仅经久耐用，而且防堵性能良好。此外，在网衣上涂抹沥青也可以防止藻类附着[23]。

化学清洗法节省了工时劳力，既可杀藻抑藻，又可杀虫治病，一举两得，但这种方法的施药浓度不易控制，药剂浓度小的时候效果不好，药量大、浓度大时不仅成本较高，而且大量残留药物可能会引起一定程度的水质污染，或者对网箱内的鱼类造成不同程度的伤害[24]。目前，美国Flexabar-Quatech公司已经生产出一种网片水性防污涂料，能有效地阻止水生生物的攀附，防护性能很持久，而且对养殖鱼类无伤害，对水环境也无污染，但是对于农户来说成本较高。国内许多科研单位也正在研究网衣防附着涂料，有的涂料尽管防附着效果较好，但还是会对养殖鱼类有一定的危害。

5. 上提下沉法

将网衣反复地上提或下沉，也可以大大减少网孔的堵塞现象。因为大部分藻类附着在水面以下1 m的范围内，利用37 ℃以上高温，定期将附满藻类的网衣拉出水面置于烈日下曝晒，曝晒一段时间后网箱上附着的丝状藻类等生物逐渐死亡，可有效去除网衣上部分附着的藻类，抖动网衣或用竹条拍打网衣，将死亡藻类清除干净，然后将网衣缓缓放入水体中。如果网箱是封闭式或浮式网箱，则可采用沉箱法。将网箱下沉到水下1 m左右，使附生藻类随着水深增加，对光的吸收作用减弱直至死亡，从而达到除藻的目的，也有利于实现疏通堵塞的目的[25]。

上提法操作时间长，条件较高，不仅容易引起鱼类缺氧，且曝晒易使网箱材料老化，不宜常晒。下沉操作实际操作步骤复杂，费时费工，且容易伤害鱼类。

6. 微生物膜法

一些海洋微生物也被考虑用于防治网箱污损生物，如细菌和硅藻产生的生物活性物质不仅能抑制微生物的附着和生长，还能抑制无脊椎动物幼体以及一些大型藻类孢子的生长[26]。

7. 更换网衣网目法

网衣的网目大小直接影响网箱内外水体的交换，合理选择及时更换网目，能够保证网箱内外水体交换正常。网目越大，水体交换受到的阻力越小，交换速度越快，残饵、鱼类排泄物可及时被排出，保证箱内水质良好。网目小，既影响水体交换速度，又容易吸附水体中的藻类、悬浮物质，致使网目逐渐变小直至堵塞，鱼类吃食的残渣、剩饵及鱼类排泄物等污物无法及时排出箱外，存积在网箱内发酵、分解，进而影响箱体内水质。因此在制作网箱时建议选用网目大的网衣，投放大规格鱼种，可以有效避免藻类、残饵、鱼类排泄物等污物附着、沉积箱底。更换合适的网衣，适当增大网目可以大大提高网孔的滤水性能，加快水体交换速度，还能保证天然饵料生物的供应。需要注意的是，增大网目后必须相应地提高养殖鱼类的规格[27]。

在水产养殖的不同阶段，不同的鱼应该使用不同的网衣。网箱中的鱼饲养到一定时间应调换网目较大的网衣，这样不仅可减少网箱堵塞的现象，同时，因为新更换的网箱网目扩大，食物过滤量增加，对溶解氧和浮游生物供应也是非常有益的。

（二）智能洗网系统分类

网箱智能洗网系统一般包括清洗模块和控制模块，核心部分是洗网机或洗网机器人。根据清洗的方式来分，主要有如下几类：纯机械毛刷清洗、纯高压射流清洗、射流毛刷组合清洗等。

1. 纯机械毛刷清洗

采用纯机械毛刷清洗的洗网机可以分为电动式洗网机和便携式水下洗网机。

电动式洗网机由水上支架、水下电机、传动机构、毛刷组件和水下平台等组成。清洗网衣时，洗网机由水上支架吊放入水中，水下电机可以为清洗设备提供动力来源，通过合理操控，使水下平台的工作端面尽可能贴紧待清洗的网衣平面，水下电机接通电源运转，并由两个旋转方向不同的涡轮带动毛刷组件旋动。操控清污装置做上、下吊放运动，洗网机沿着网衣壁连续地滑刷，达到清洁污物的目的。水下电机另一端连着叶轮，叶轮高速旋转，推动水下平台紧贴网衣，在叶轮后部有储物袋，可以收集污物。在清洗过程中，因为网衣拉紧，能够平整地展开，解决了柔性构件的绞缠问题。缺点是设备是电力驱动，水下电机比较笨重，操作不便，同时还要注

意解决水下漏电问题。

便携式水下洗网机由高压水泵、柴油机、洗网机、工作盘、毛刷和操作杆组成。设备采用柴油机提供能量，利用柴油机所产生的推动力驱动设备运转，带动工作盘旋转，通过安装在刷架上的毛刷对网衣进行清洗。此类洗网机机械传动效率高、体积小、重量轻、操作简单，在减轻劳动强度的同时，可以防止触电。但是在机械传动过程中能量损失较多，清洗效率有所降低。

2. 纯高压射流清洗

这类洗网机在水下对网衣附着物进行清洗，水射流对附着物的清洗机理十分复杂。当高压水射流正向或切向冲击附着物时，其具有的冲击作用、空化作用、动压力作用、脉冲负荷疲劳作用、水楔作用、磨削作用等，可以对附着物表面进行冲蚀、剪切、剥离、破碎，并引起裂纹扩散，以达到洗净的目的。

这类洗网机不会伤害网衣，操作简单，省时省力，同时增大了网衣清洗的面积，提高了清洗效率。但是在实际使用时，由于射流在水中会受到强大的流体阻力，喷口精确对准清污部位比较困难，使用受到限制。

3. 射流毛刷组合清洗

射流毛刷组合洗网机主要包括高压水泵、水泵进水管道、水泵出水管道、操作手柄、涡旋转动圆盘、刷架及毛刷等组成部分，其中水泵和转动圆盘为主要组成部分。水泵通过将汽油的化学能转变为水流的机械能来提供能量，转动圆盘，带动毛刷转动。

此类洗网机的特点是能量损失少，可以控制清洗频率，综合了纯机械毛刷洗网机和纯高压射流洗网机的优点，克服了它们各自的缺点，目前大部分洗网机采用的是这种方式。不足之处是，这类系统需要水上配合，构造复杂。

二、智能清洗系统设计

目前深水网箱的发展，促进了洗网装备的发展，国内外已经研制出了水下清洗智能系统，本部分介绍一种典型的智能清洗系统。

（一）系统结构

网箱网衣的水下智能清洗系统包括水上工作船与水下清洗装置两部分。

水上工作船由小型发电机和小型起重机等设备组成。发电机可以为潜水电机提供电源，小型起重机主要由伸缩、回转、起升和变幅机构组成，能够实现自动伸缩、升降、回转和变幅等功能，同时可以控制水下清洗装置按照既定方案完成整个网箱网衣的清洗。

水下清洗装置是一个带有壳体的装置，由螺旋叶片、潜水电机、联轴器、涡轮、涡杆、转盘及毛刷等组成。考虑到海水具有腐蚀性，设计整个装置壳体时可以使用耐海水腐蚀的铝合金，其内部的构件可以采用青铜和不锈钢，这样能够保证设备在海水中长时间工作。潜水电机的一端连接螺旋桨，另一端通过联轴器和涡轮涡杆传动机构带动转盘转动。水下清洗装置通过绳索与工作船上的起重机连接，其清洗网衣的速度和面积直接通过工作船上的起重旋转装置来控制。清洗时，由工作船上的起重机通过绳索将该装置置于网箱网衣的外表面，螺旋桨的叶片高速转动时会产生反推力，使整个设备紧靠网衣表面。而潜水电机同时通过涡轮涡杆传动机构带动装有毛刷的转盘旋转，使转盘上的刷子在网衣表面做剧烈的摩擦运动，从而去除网衣表面的海洋附着物，以达到清洁的目的。其工作状态如图 11-3 所示。

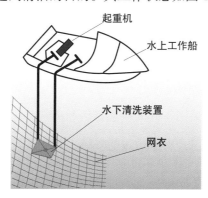

图 11-3　网箱网衣的水下智能清洗系统工作图

（二）控制模块设计

网箱清洗系统的控制系统，可以采用 PLC 来控制水下清洗装置的动作并采集相关检测信号，使水下清洗装置按照既定清洗路径工作。其控制系统图如图 11-4 所示。驱动系统接受工控机发来的信号，经处理及功率放大，驱动相应的执行机构，同时它又通过检测系统检测各执行机构的状态信息，并将其返回控制系统，从而实现计

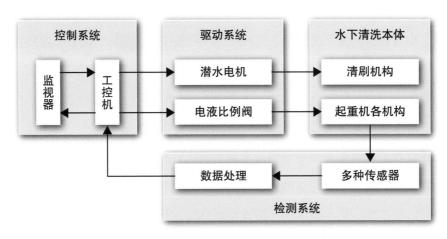

图 11-4　控制系统图

算机闭环监控。

三、小结

目前国内针对网衣的清洗方法都能不同程度地防止或减少网目的堵塞，能够使网箱内外的水体进行自由交换，确保鱼类能有效获取充足的饵料及氧气。但是这些方法都存在一定的缺陷，难以完全解决目前我国养殖网衣的防附着问题。

随着材料技术的发展，智能清洗设备朝着结构轻型化、便携化、环保低碳化发展。智能清洗设备驱动发展趋势应该朝着水动力及太阳能电力驱动的方向发展，同时，由于海区的不同，附着生物的种类不同，基于摄像头、传感器等设备，对不同海区、不同的网衣附着情况，应采用不同的刷毛材料和清洗方法进行智能规划。随着人工智能的发展，清洗机器人已经有了应用的基础，利用洗网机器人集群洗网是未来智能网箱系统发展的一个趋势。

第五节　智能吸鱼泵系统

吸鱼泵是在渔业中用以从渔网或鱼舱中抽取和运送鱼的机械，它以水或空气作为介质运送鱼，并且可以直接在一些水域进行无网捕捞。吸鱼泵作为一种重要的渔业机械，可以降低劳动强度和人工成本，提高输送效率。但在转运过程中，要求对鱼的损伤小，工作效率高。我国在 20 世纪 60 年代曾对吸鱼泵进行了早期研究，研制了离心式吸鱼泵，但因其对鱼损伤较大，没有推广使用。近年来，随着机械加工制造技术以及计算机技术的发展，出现了不同类型的吸鱼泵，其中，可编程自动吸鱼泵在很大程度上节省了人工成本。

随着远洋渔业的发展，远洋捕捞的规模和数量不断增加，为了降低劳动强度，并有效保证卫生状况，吸鱼泵被广泛用于海水运输船的卸货和深水网箱的起卸等。吸鱼泵可以很好地解决养殖中倒池、分池、起捕、取鱼过程对鱼产生的损伤和惊吓，同时可以级联分级机和计数系统。由经验可知，在鱼水比例为 1 ∶ 1 时吸鱼泵效率最高。

吸鱼泵吸起渔货后，还面临着传输、分级和计数等高强度劳动问题。渔货被吸取后还要进行大小分类并计数，这一过程需要耗费很大的人力、物力、财力，所以吸鱼后要通过切换电磁阀使系统由吸鱼改为排鱼并连接分级分类计数系统。

目前常用的吸鱼泵有离心式吸鱼泵、真空容积式吸鱼泵、射流式吸鱼泵等。离心式吸鱼泵工作效率高，但对鱼体的伤害比较大；真空容积式吸鱼泵可以控制，并尽量减少给鱼类造成的伤害，但是工作效率偏低；射流式吸鱼泵使用时不易对鱼体造成损伤，但主要还是用于活虾以及较小的鱼类。

一、离心式吸鱼泵

离心式吸鱼泵是应用最早的吸鱼泵，由叶轮和壳体组成，叶轮高速旋转，在进口处产生负压，出口处产生高压，使鱼水混合物在负压处被吸入，之后鱼水混合物在正压力的作用下从高压处排出。但由于鱼要经过叶片的作用，所以鱼体受的损伤较大，死亡率较高。

针对以上离心式吸鱼泵的缺陷，中国水产科学研究院南海水产研究所重新进行了设计，加大了吸鱼泵吸收半径，并提高了功率，减轻了鱼体受到的损伤。改进后吸鱼泵吸鱼效率可达 34.5 t/h，对于体长 350 mm、体高 90 mm、体重 0.5 kg 以下的鱼类可以基本保持鱼体的完好，大大节省了劳动强度和劳动时间。

通常使用的离心式吸鱼泵是叶片式的，鱼在鱼泵内输送时是否受损，取决于叶片间的大小和鱼体的大小。叶片数增加，可以提高运输鱼的效率，但同时鱼的流道变窄，鱼更加容易受损，所以通常吸鱼泵叶轮以双叶片为主。离心式吸鱼泵结构紧凑，抽水能力强，可以根据鱼体大小选择合适的鱼泵，但伤鱼率较高。

二、真空容积式吸鱼泵

近几年，国内研制生产了真空容积式吸鱼泵，这种吸鱼泵一般由吸鱼筒、真空泵、浮球式水位限位开关、各种电磁阀和电动球阀、电路控制箱、储鱼槽、进出软管等组成，利用真空和大气压原理，使鱼水混合物受到负压力作用，将鱼水吸上来。水环式真空泵作为形成负压的主要装备，结合一些控制转换阀门来完成活鱼起捕。由于真空鱼泵内部无活动部件，又是处于负压状态，对鱼体损伤小，所以常用于海水网箱的鱼苗转移和活鱼起捕。由于其安全快速、操作简单、鱼损小，所以有很大的市场潜力。真空容积式吸鱼泵结构如图 11-5 所示。

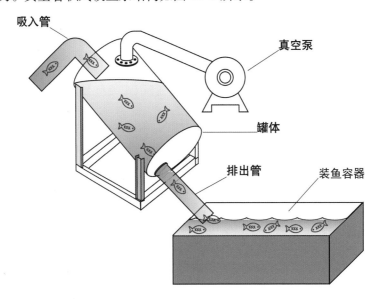

图 11-5　真空容积式吸鱼泵模型

图 11-6 为挪威 MMC Tendos 公司与 SINTEF（挪威科技工业研究所）合作建立的一种围网渔船真空吸鱼泵系统，新系统在鱼舱处建造了一个真空器，通过一个狭窄的密闭渠道，将鱼舱、鱼水分离器和围网中的海水直接相连，形成一条压差通道，由此将围网中的鱼吸入鱼舱，因其避免了传统离心式吸鱼泵的叶片刮伤，能较好地保护鱼体，所以很有发展潜力，在网箱中也有很大价值。

利用真空负压原理的吸鱼泵也存在一些缺点，比如真空负压环境对鱼的内在生理影响尚不明确，因此需要缩短鱼在真空负压环境中的时间。并且一些因素可能限制真空容积式吸鱼泵在网箱养殖中的发展，如吸鱼泵的体积较大、较重，拆卸搬运

图 11-6 MMC Tendos 公司与 SINTEF 合作研发的全新围网渔船真空吸鱼泵系统

及安放较难。

三、射流式吸鱼泵

射流式吸鱼泵（也称为文丘里吸鱼泵或者高压喷射式吸鱼泵）是用高压水以高速经喷嘴喷出，在真空室形成真空低压，使被输送鱼水吸入真空室；随后进入混合室进行混合，使能量相互传递和交换，速度也逐渐一致；从喉管进入扩散管，速度放慢，压力回升，鱼水排出，达到输送鱼水的目的。

射流式吸鱼泵有很多优点：结构简单，制造方便，成本低，不需要真空容积式吸鱼泵的真空泵和复杂的电气控制系统，并可以连续不间断输送渔货。但同时，也有效率低的缺点。

文丘里管结构如 11-7 所示。

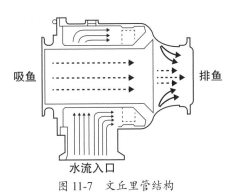

图 11-7 文丘里管结构

射流式吸鱼泵的工作原理是：当柴油机或油马达启动时，带动注水泵运转，水流到达文丘里管并通过喷嘴，使高速压力水流产生附壁效应，从而绕文丘里管的整个内壁喷出；此时射流头中心便产生文丘里效应形成负压，被吸入文丘里管的鱼处于水流保护层中，便不会因受到激烈冲撞而受伤；随后，被吸入的鱼和水可以进入一个鱼水分离装置实现分离。射流式吸鱼泵如图 11-8 所示。

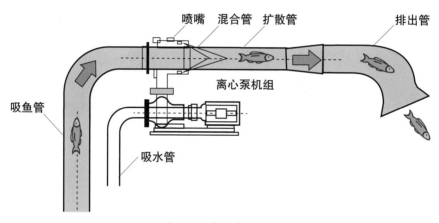

图 11-8　射流式吸鱼泵

射流式吸鱼泵采用流体力学原理设计，没有叶轮和转动部件，被输送的鱼不易受损伤，但因为其需要离心式水泵驱动才能工作，效能会被损耗，效率偏低（不会超过 30%）。

四、小结

根据以上对各种吸鱼泵的介绍，今后吸鱼泵的研制应朝着一些方向改进，如：保证鱼体无损保鲜传输，尽量缩短鱼体在管道或者真空负压环境下的时间，增强鱼泵的通用性；对吸鱼泵各功能部件进行模块化设计，使其满足海上出现故障时快速更换的要求，还要能够设计出适合网箱养殖的附加功能，代替人工实现对鱼体的提升、传输、分级、分类、计数和称重等；需要提高自动化、智能化控制水平，通过智能化监控减少鱼的损伤，精确控制吸鱼的速度和吸鱼的数量；调整、优化真空泵吸鱼程序，降低能耗。

第六节 活鱼运输系统

活鱼运输系统与装备是指保活鱼类的专用运输系统与装备，目的是提高鱼类在运输过程中的存活率。从原理上讲，活鱼运输系统的设计包括了两个方面内容：一是降低活鱼的代谢强度，二是通过改善活运水体的水质环境提高运输效率。目前主要有有水运输、无水运输和闭式循环活鱼运输系统三种鱼类运输方式。下面将分别对这三种活鱼运输方式进行简单介绍。

一、有水运输

有水运输是最传统的水产运输方法，适用于距离远、耗时长的活鱼运输。运输容器包括空气泵和水循环系统。有水运输具有简单易行、可随时检查鱼体活动情况、发现问题可及时采取措施、运输容器可反复使用的优势。但由于运输容器中活鱼密度较大，如果不及时向水中充入氧气，鱼将因缺氧而迅速死亡[28]。故有水运输存在操作频繁、水量大、鱼体易受伤的劣势。有水运输过程中，水体的清洁程度、pH值、温度和溶解氧浓度都会影响鱼的存活率。

（一）尼龙袋充氧运输法

目前，充氧运输法中双层塑料尼龙袋充氧密封运输最为常用，尼龙袋只能使用1～2次。选用厚0.1 mm的筒形袋，加入清洁的水放入活鱼，然后挤压出袋内积留空气并将氧气输入袋中，充氧量以尼龙袋膨胀无凹瘪为度（鱼、水、氧气的比例为1∶1∶4）。充氧结束后，立即用橡皮筋扎紧袋口，再将袋置于如木箱等刚性容器内[29]，配备冷藏车效果会更好。

此法价廉简便，不受运输车辆限制，既可成批运输又可零散装运。但是途中鱼体排泄物无法及时清除，水中溶解氧浓度受尼龙袋大小限制，无法对水质进行检测，而且尼龙袋易被刺破炸裂而产生漏水、漏气现象，出现问题补救难度大。因此，更适合于远距离的鱼苗运输或短途小批量的成鱼运输，但是鱼的存活率很难保证。

（二）水槽运输

水槽运输是在尼龙袋充氧运输的基础上进行了一定的升级，主要方式为在卡车或厢式货车上装载储运水槽和液氧罐，基本解决了运输距离受溶氧条件限制的问题，同时配以大量冰块用于给水体降温，可以减缓鱼类新陈代谢对水质造成的污染。有条件的企业还可以在运输路线沿途设置补水站给储运水槽换水。调研结果显示，由于技术门槛低，采用该方法运输的可行性高，投入也相对较少，因此，目前在行业内应用相对较广[30-32]。

（三）泡沫分离装置

泡沫分离就是利用气液界面对各种微小物质的吸附、浓缩的特性，向水中提供气泡以使污物从水中分离、上浮、分离去除的一种技术。所以，气泡供应机是左右处理性能的重要因素，气泡的细微程度（气液界面积的大小）、气泡量、气泡和杂质的接触频率（搅拌混合率）等决定了泡沫分离装置的水处理性能[33-34]。

在活鱼运输过程中，泡沫分离槽能保证氧的供给、二氧化碳的排放及细菌等污浊物质的去除，生物过滤槽能消解氨态氮及调节 pH 值。对活鱼运输而言，用泡沫分离装置的活鱼运输车能够进行高密度运输的原因是，这种方法能将鱼体体表分泌的黏液及鱿鱼墨液等能附着鱼鳃引起呼吸困难的物质迅速去除，具有很高的供氧能力。

二、无水运输

无水保活运输是不用水或者仅用少量水保持环境湿度，使鱼暴露在空气中运输的方法[35]。通常为了保证鱼类的存活，会通过休眠诱导或低温，使鱼进入类似"冬眠"状态，降低其新陈代谢的速度及对氧的需求量。无水运输时，空气中的 O_2 与 CO_2 含量的比值、环境温度及湿度等都会影响鱼的存活率。

（一）无水湿法

无水湿法是在运输时使鱼体保持一定湿度，一般会用数层湿纱布盖住鱼体，必要时可以使用碎冰、干冰和麻醉剂等[36]。但是该法仅适用于耐低氧能力强，尤其是在低温条件下生理耗氧量较少的鱼类。该法包装体积小，操作简便，能够节约成本，研究结果表明，运输 10 h 内鱼类存活率达 95% 以上[37]。但如果湿度不足，鱼体长期暴露在空气中会出现强烈的应激反应，鳃丝粘连，阻碍气体交换，引起血糖、乳酸和皮质醇升高，主要器官受损，甚至导致鱼体死亡。无水湿法受限制的条件较多且成本较高，多用于耐低氧能力强且经济价值较高鱼类的少量空运，适用范围较小[38]。

（二）冰温运输

水产生物和其他冷血动物一样，都存在一个区分生死的生态冰温零点（或临界温度），冰温运输主要是利用一系列技术手段将鱼类生存环境控制在较低的温度。生态冰温零点易受环境温度影响，将生态冰温零点降至接近冰点，是冰温运输技术保存活鱼的关键步骤，可使鱼类在离水条件下存活。对于临界温度在 0 ℃以上、不耐寒的鱼贝类，通过对其进行耐寒性驯化，可使其在生态冰温范围内存活。这样经过低温驯化的鱼贝类，即使环境温度低于生态冰温零点，也能保持冬眠状态而不死亡。处于冰温冬眠的鱼贝类，呼吸频率和新陈代谢率极低，为无水活运提供了条件[39]。

（三）麻醉工艺

在活鱼运输前，使用适当的麻醉剂对鱼体进行麻醉处理，药物经鳃部吸收进入血液，使鱼类处于昏迷状态，无法游动和跳跃，降低呼吸频率，从而降低代谢速度，减少耗氧量。这种方法不仅能高密度、长时间地运输活鱼，而且可以有效地提高鱼的存活率。麻醉法包括化学麻醉法与物理麻醉法。

化学麻醉法就是采用各种无毒或者低毒的镇静药物对活运水产品进行全身麻醉，使其暂时失去运动能力，行动迟缓，甚至使其进入休眠或昏迷状态，这种状态下的鱼类代谢强度降低，代谢废物减少。使用麻醉法运输时，麻醉药物的合适剂量与使用的药物种类、水产品的种类及个体大小（幼体或成体）有关，运输过程中应结合具体情况进行确定。目前，鱼用镇静剂主要包括丁香酚、MS-222、乙醚、苯巴比妥、盐酸普鲁卡因等[40-41]。其中，丁香酚和MS-222可以采用浸浴方式，具有易处理、效力快、安全性能高等优点。根据浸浴浓度的不同，可使活鱼麻醉时间达 12 ~ 40 h，适合长途运输。美国、日本和智利等国家已明确允许使用这两种药物。乙醚的使用一般采取喷雾方式，有效的作用时间为 2 ~ 3 h，适用于短途运输。苯巴比妥和盐酸普鲁卡因一般采用肌内注射法抑制脑干网状结构上行激动系统，主要用于大型鱼类的运输麻醉。

物理麻醉法是依据针灸原理，将银针直接插入鱼的头部使其麻醉后进行活运。银针的粗度、插入的部位与深度等因素对物理麻醉效果具有重要影响。此法是近年

来日本多部俊郎开发出的一种活鱼远距离运输技术。此项技术的发明为低成本、远距离活运水产品提供了一条有效的途径，但是操作并不简便[42]。

（四）模拟冬眠运输法

冬眠是动物生理对不利的季节环境的一种适应，深度冬眠动物血清里有一种多肽即阿片样肽，其在诱导动物冬眠上起着重要的作用。用腹膜内注射或渗透休克方式把这种冬眠诱导物质注入活鱼体内，会对鱼体的呼吸与肝肾功能产生重大影响，使其呼吸速率减慢，血清中苯丙氨酸转氨酶和尿酸水平短暂升高，而尿素氮等的水平降低[43]。Yoichi Kadokami 构想出了一套诱导动物冬眠进行水产品活运的方法：用一种装置把鱼类从养殖水槽转移到冬眠诱导槽，然后将鱼转入一个温度维持在 0 ~ 4 ℃的冬眠保存槽里或送入运输低温容器中的转运盒里，其温度也保持在 0 ~ 4 ℃，运输到目的地之后再把鱼放入苏醒槽里。由于鱼类的肾功能降低，其排尿量非常少，不需水循环，可以采用无水或少量水进行鱼类的长距离运输，因此这种方法被认为是水产品活体运输的革命性进展[44]。

相对于传统的有水运输，无水运输具有运输存活率高、鱼体受伤程度轻的优点。但是该法仅适用于耐低氧能力强、在低温条件下生理耗氧量较少的鱼类，而且技术门槛也较高，要求相关企业具有较高的管理水平，因此该技术在国内的推广受到了极大的限制。

三、闭式循环活鱼运输系统

由于网箱养殖的明显优势，我国海水网箱养鱼发展得很快，网箱数量持续大幅度增长。然而，相对于蓬勃发展的海水网箱养殖业和国内外市场对活鲜需求量的与日俱增，水产品保活运输流通技术的落后制约了水产养殖业的高速发展。为了能够实现鱼类的远距离运输，提升运输后的鱼类鲜活程度和鱼肉品质，闭式循环活鱼运输系统应运而生。闭式循环活鱼运输系统是由装卸系统、水循环系统、升降温系统、鱼舱监视与照明系统等构建的一整套相对完整的闭式循环水暂养系统。

闭式循环保活运输技术具有不受外部气候与航行水域环境影响，能全天候、高密度、大批量、长距离运输活鱼的优点。整个保活运输系统具备温度调控功能（鱼舱体保温、夏天降温、冬天加温），通过增氧脱气、消毒杀菌、生物过滤等实现运输过程中的水质调节，通过自动监控系统实现对水质的实时在线掌控[45]。

下面具体介绍各个系统的原理和组成。

（一）装卸系统

装卸系统由两部分组成：装鱼系统和卸鱼系统。装卸是指将活鱼由渔场吸入船上鱼舱和将船上鱼舱中的鱼卸到鱼池或海上渔场的过程。这一系统内包括活鱼装卸接头、计鱼器、鱼水分离器、赶鱼装置、吸鱼井、压力真空卸鱼装置和卸鱼接头。

1. 装鱼系统

装鱼系统的设备包括真空泵、计数器和吸口等。首先将抽吸口放入渔场中，再通过真空泵抽鱼舱与渔场管路间的空气，形成一定的真空度，从而产生虹吸现象。海水注满整个管路的同时通过循环水泵将鱼舱内的海水抽出，使鱼舱内形成负压。可以通过变频器来控制循环水泵的转速和排量，调节吸入鱼的速度，使得渔场的海水连鱼一起经过抽吸口流经鱼类计数器，最后被吸入鱼舱内，完成鱼的装载过程。

2. 卸鱼系统

使用卸鱼系统时，首先低速开启循环水泵，使鱼舱内部水循环，然后通过开启鼓风机加压使鱼舱内的压力增加（但应注意鱼舱内的压力也不能过高，一般应控制在 0.1 ~ 0.5 Pa），当舱内压力上升到一定程度后，鱼舱内的海水通过装卸鱼管流出，此时适当加大循环水泵的供水，维持鱼舱内的正压状态，使鱼舱内的海水连同鱼一起经装卸鱼管路，通过鱼类计数器后排至卸鱼池内。

（二）水循环系统

鱼舱海水循环系统用于鱼舱内海水的循环，并在循环的过程中对海水进行过滤、杀菌、消毒、去除二氧化碳、补充氧气等，以维持鱼舱内的水质。系统包括：循环水泵、臭氧发生装置、制氧装置、气水混合装置、海水过滤装置、CO_2 剥离装置和双氧水存储装置。依靠循环水泵可以维持鱼舱内的水循环，如图 11-9 所示。

（三）供氧与消毒系统

供氧系统主要由溶解氧传感器、氧气发生器、氧气瓶、氧气调节器、臭氧发生器和混合氧气泵等设备组成。首先空气被空压机压缩后进入空气干燥器中干燥，接着进入空气瓶，随后进入氧气发生器，生成氧气后进入氧气瓶贮存起来。氧气浓度传感器将探测到的氧气浓度传送到控制箱进行数据分析，然后将结果传送至驾驶室。当鱼舱中的海水含氧浓度低时可以开启氧气调节器向舱内水中补充氧气，但在紧急情况下，富含氧气的海水还可以通过循环水管路输入鱼舱内，起到快速补充氧气的

图 11-9　活鱼水循环系统

作用，以维持鱼类的正常生理需求，待氧气浓度达到正常值时停止供氧。

为了保持良好的水质，消毒杀菌是必不可少的环节。而臭氧的补充也可以起到杀菌、消毒的作用，从而保证了运输过程中鱼的质量，提高鱼的生存率。消毒系统的工作原理是：将氧气通到臭氧发生器（臭氧发生器配有一个风冷式的冷却器对其进行降温）以生产臭氧，而生成的臭氧则通过氧气输送管道进入鱼舱对鱼进行杀菌消毒。还有一种消毒方法，是利用鱼舱海水紫外线消毒系统对鱼舱海水进行杀菌消毒。海水由循环水泵从海水过滤及二氧化碳剥离装置舱抽出，经紫外线消毒装置消毒后注入鱼舱，如此不断循环净化。

（四）升降温系统

活鱼运输船鱼舱水体的升温可以依靠热油载体、燃油锅炉和热交换器来完成。导热油在燃油锅炉中不断被加热，经热油循环泵输送至热交换器（不锈钢圆管制成的水套），当循环的海水流经水套时会不断被导热油传出的热量加热，然后送至鱼舱，完成水体升温的过程。鱼舱水体温度升到设定值时，燃油锅炉会关闭，鱼舱内的水体则保留温度[46]。

长途运输的过程中需要对水体适当降温，活鱼运输船鱼舱水体的降温依靠制冷压缩机和热交换器来完成。制冷压缩机连接冷凝器，启动制冷压缩机，冷凝器另一端通过膨胀阀与流量调节阀连接进液管，热交换器分别与进液管和回液管相接，回液管的终端连接到制冷压缩机上，这样就完成了一个周期的制冷循环过程。在接近水产动物生存水温的低限时，其代谢强度最弱，耗氧量最低，因而运输温度控制在该水温时运输效果最佳，需要冷却液连续降温至所需的温度[47]。

（五）鱼舱监视系统

活鱼运输过程中，由于技术人员无法及时地根据鱼类行为和水质情况调整系统运转，以保证箱体内水温分布均匀，升温和降温速率平缓，pH 值和溶氧量在合理的范围内，满足鱼体存活的需要，一旦出现问题就会造成严重的损失。实时自动监控系统能够比较好地解决这一问题。对溶氧量、二氧化碳、pH、氨氮含量以及水温等指标进行实时监测，及时分析判断，采取各种措施，可以最大限度地提高保活运输的存活率。

如今，国内活鱼运输监控系统自动化水平提升，水质参数的测定主要使用检测仪器和传感器，溶氧量可以通过采用增氧泵及复合增氧剂来控制，过滤系统清除运输过程中鱼的排泄物，水温通过冷热水机组控制。就低温运输而言，目前国内已实现了低温活鱼运输的自动化监控设备的使用。洪苑乾等[48]研制的活鱼运输箱自动监控系统，使用检测仪器和传感器测定主要水质参数，根据溶氧量的高低开启或关停增氧泵，根据 pH 值高低开关过滤阀，调用温度控制子程序控制冷热水机组的运行。张广玲等以 AT89C51 单片机为控制系统核心单元，将空调压缩机作为控制对象，以水温和溶氧量为控制基础，实时监测水箱中水的含氧量和温度，自动控制增氧机工作，保证水箱中的水体在运输的过程中始终维持所运输鱼类的生存环境。聂少伍等人[49]以 PLC 作为核心控制器，实现了设备的启停控制，运用控制算法和脉冲定时器建立的即时通信网络，实现了温度、pH 和溶氧量的自动采集与控制。

总体来看，现有的活鱼运输自动监控系统一般以 PLC 或单片机为控制系统，监控对象为水温、溶解氧浓度、pH 和氨氮浓度等，对水质的调控以简单的启停设备为主要手段。

四、活鱼运输的问题与展望

我国目前运输装备落后，活鱼运输技术滞后。

有水运输方面，存在运输用水体积大、水质难处理、鱼体装载量少、供氧量多、成本高等诸多弊端。尼龙袋充氧运输方面，运输中尼龙袋易破裂，若出现漏气、漏水则不易对鱼类进行及时抢救，会影响存活率。无水运输法中各类麻醉剂剂量难掌控，麻醉效果不理想，用量不足达不到麻醉效果，用量过多又会使鱼沉底闷死。经化学麻醉剂麻醉后的鱼无法直接上市食用，需经一段时间暂养，将体内麻醉剂代谢完毕后才可食用。而有些商家为了提高经济利益，会添加一些违禁药物来提高运输效率，这些麻醉剂或违禁药物不仅价格昂贵，而且残留在鱼体内被食用还会对人体造成伤害。低温运输方面，低温模拟冬眠运输尚未广泛应用，主要是因为其运输装备要求严、运输成本高、技术门槛高，且仅适用于耐低氧鱼类。鱼长时无水运输后产生的生理应激比有水运输强烈，会出现严重的机体疲劳，体内糖类物质大量消耗，会降低鱼的品质[50–51]。

目前，研究活鱼运输的主要目的是提高存活率，降低运输成本。无水运输常与麻醉剂搭配，运输量是有水运输的3倍以上，可极大地降低物流成本。无水运输与有水运输相比，鱼苏醒耗时短，鱼更加鲜活，具有广阔的应用前景。鱼在无水环境下的休眠代谢规律以及麻醉剂的科学使用无疑将是今后活鱼运输的重点研究内容[52]。

本章小结

随着网箱养殖技术的快速发展，网箱部署逐渐从近岸浅海向深远海加快推进，并逐步朝着自动化、智慧化网箱养殖的方向靠拢。所谓智慧网箱型养殖就是要求在网箱养殖过程中将养殖技术、装备技术和信息技术有机融合，实现网箱型养殖生产过程的自动化、管理过程的信息化，以及决策层面的智能化，从而降低工作人员的工作强度和养殖风险，同时还能够提升养殖规模和效益。

智能水下监测系统是实现智慧网箱型养殖的首要及关键环节，不仅包括对养殖品种摄食、健康等状态的监测，还包括对养殖环境的监测，特别是对不方便随时管理的深远海养殖网箱的监测。在摄食监测方面，通过机器视觉、深度学习方法与技术对鱼的状态进行评估，并精确地提供投喂量是智能网箱型养殖发展的方向之一。

在养殖网箱环境（例如网箱、网衣）的监测上，通过摄像头、传感器等设备对不同的海区、不同的网衣附着情况采用不同材质的刷毛和清洗方法进行智能清洁，以保证鱼类能够有效获取充足的饵料和氧气。智能吸鱼泵系统和活鱼运输系统作为网箱型养殖过程中的输送及收获环节，保证鱼体无损保鲜传输以及缩短鱼体在管道真空负压下的时间是智慧网箱型养殖中重点研究的内容之一。总的来说，智慧网箱型养殖中将传统渔业与智能科技深度融合是网箱养殖的需求及趋势。

参考文献

[1] 陈琦, 韩立民. 基于 ISM 模型的中国大洋性渔业发展影响因素分析 [J]. 资源科学 ,2016,38(6):1088-1098.

[2] 黄一民, 杨德利 .GM(1,1) 和 BP 神经网络模型在我国海水养殖产量预测中的应用 [R]. 第十届全国水产青年学术年会 ,2009.

[3] 陈亮, 江涛, 闫秀英, 等. 深水养殖水质数据采集监测系统 [J]. 安徽农业科学 ,2015(14):320-322.

[4] 黄一心, 赵平, 孟菲良, 等. 我国网箱养殖状况探讨 [J]. 河北渔业 ,2015(8):72-75.

[5] 宋瑞银, 周敏珑, 李越, 等. 深海网箱养殖装备关键技术研究进展 [J]. 机械工程师 ,2015(10):134-138.

[6] 纠手才, 张效莉. 海水养殖智能投饵装备研究进展 [J]. 海洋开发与管理 ,2018,35(1):21-27.

[7] 刘志强. 海上网箱养殖自动投饵器的研制 [D]. 泰安 : 山东农业大学 ,2016.

[8] 庄保陆, 郭根喜. 水产养殖自动投饵装备研究进展与应用 [J]. 南方水产 ,2008(4):67-72.

[9] 王程, 张露, 金东东, 等. 基于高通量卫星的深远海网箱智能化养殖监测系统 [J]. 卫星应用 ,2022(6):6.

[10] 宋协法. 网箱养殖配套设备的设计与试验研究 [D]. 青岛 : 中国海洋大学 ,2006.

[11] 张建康. 渔网的防污处理法 [J]. 今日科技 ,1977(5):11-12.

[12] 郭根喜 , 陶启友 , 黄小华 , 等 . 深水网箱养殖装备技术前沿进展 [J]. 中国农业科技导报 ,2011,13(5):44-49.

[13] 董双林 , 李德尚 , 潘克厚 . 论海水养殖的养殖容量 [J]. 中国海洋大学学报 (自然科学版),1998(2):253-258.

[14] 许文军 , 徐君卓 , 陈连源 , 等 . 深水网箱网衣防污剂筛选试验 [J]. 上海海洋大学学报 ,2003,12(2):189-192.

[15] 韩德顺 , 倪全胜 . 水库网箱清洗方法 [J]. 渔业致富指南 ,2005(14):30.

[16] 丘永龙 . 网箱养殖中箱体附着藻类的处理方法 [J]. 科学养鱼 ,2015(6):21-23.

[17] 张朝晖 , 丛娇日 . 深海网箱的选择与管理 [J]. 渔业现代化 ,2002(5):32-34.

[18] 黄小华 , 郭根喜 , 胡昱 , 等 . 轻型移动式水下洗网装置设计 [J]. 渔业现代化 ,2009,36(3):49-52.

[19] 雷昌贤 , 袁东林 , 李耀雄 . 流水养殖中放养密度与池塘水体交换量对养殖鱼类个体增重的影响 [J]. 中国水产 ,2013(11):77-78.

[20] 马松山 . 鲢鳙养殖网箱的清洗 [J]. 河北渔业 ,2003(06):22-35.

[21] 陈登美 , 钱忠敏 . 防生物附着网具材料的试制 [J]. 渔业现代化 ,2002(5):35-37.

[22] 陈志明 , 毛沛盛 , 严谨 , 等 . 现代海水网箱、海洋牧场技术进展及研究方法 [J]. 广东造船 ,2018,37(2):46-49,77.

[23] 周辉 , 王兴礼 . 网箱养鱼过程中清洗网衣的方法 [J]. 渔业致富指南 ,2001(9):33.

[24] 郑永明 , 李继光 . 围箱网具巧清洗 [J]. 安徽行政学院学报 ,2002(9):24.

[25] 兰光查 . 基于模型试验的金枪鱼围网沉降性能研究 [D]. 上海 : 上海海洋大学 ,2011.

[26] 高运华 , 李建军 . 微生物粘膜对海洋大型污损生物附着的影响 [J]. 材料开发与应用 ,1999,14(4):19-21.

[27] 谢奉 , 张明 . 养鱼网目的适当选择与适时调整 [J]. 渔业致富指南 ,2009(10):39.

[28] 张小明 , 郭根喜 , 陶启友 , 等 . 歧管式高压射流水下洗网机的设计 [J]. 南方水产科学 ,2010,6(3):46-51.

[29] 宋玉刚 , 郑雄胜 . 深海网箱网衣清洗系统设计研究 [J]. 机械研究与应

用 ,2012(2):41-43.

[30] 吴际萍 , 程君晖 , 王海霞 , 等 . 淡水活鱼运输现状及发展前景 [J]. 农技服务 ,2008,25(3):72-73.

[31] 吕飞 , 陈灵君 , 丁玉庭 . 鱼类保活及运输方法的研究进展 [J]. 食品研究与开发 ,2012,33(10):225-228.

[32] 张宇雷 , 张成林 , 顾川川 , 等 . 活鱼运输装备与技术研究 [J]. 科学养鱼 ,2016(11):76-78.

[33] 郁蔚文 . 使用泡沫分离装置的活鱼运输系统 [J]. 渔业现代化 ,2005(5):52.

[34] 郁蔚文 . 日本的活鱼运输装备技术 [J]. 中国水产 ,2006,372(11):70-72.

[35] 张成林 , 管崇武 , 张宇雷 . 鲜活水产品主要运输方式及发展建议 [J]. 中国水产 ,2016(11):106-108.

[36] 林碎勇 . 山区稻田养鱼高产经验谈 [J]. 渔业致富指南 ,2007(20):31-32.

[37] 聂小宝 , 张玉晗 , 孙小迪 , 等 . 活鱼运输的关键技术及其工艺方法 [J]. 渔业现代化 ,2014,41(4):34-39.

[38] 谢蒙蒙 . 淡水活鱼运输现状及发展前景 [J]. 现代食品 ,2018(6):184-186.

[39] 吉宏武 . 水产品活运原理与方法 [J]. 齐鲁渔业 ,2003(9):28-31.

[40] 惠芸华 , 蔡友琼 , 于慧娟 . 镇静类药物在活鱼运输中的应用研究进展 [J]. 中国渔业质量与标准 ,2014,4(2):39-43.

[41] 陈守义 . 鱼类麻醉剂在活鱼运输中的应用 [J]. 水产科学 ,1992(10):21-23.

[42] 阎太平 , 刘亚东 . 提高活鱼运输成活率的方法与措施 [J]. 现代农业 ,2006(5):54-55.

[43] 焦世璋 . 提高活鱼运输成活率的几项技术措施 [J]. 渔业致富指南 ,2014(17):35-37.

[44] 韩杰 , 孟军 . 提高活鱼运输成活率的技术要点 [J]. 渔业现代化 ,2006(1):49.

[45] 田朝阳 . 大力推广海水鱼闭式循环保活运输技术 [J]. 渔业现代化 ,2003(2):35.

[46] 杨运义 . 活鱼流通产业化的运输方法和技术 [J]. 齐鲁渔业 ,2012(2):41-42.

[47] 朱健康 , 邱国泉 , 蔡明春 , 等 . 活鱼运输船应用闭式循环技术的研究 [J]. 应

用海洋学学报,2005,24(2):208-215.

[48] 洪苑乾,胡月来,黄汉英,等.活鱼运输箱水质自动监控系统的研究[J].渔业现代化,2013,40(5):48-52.

[49] 聂少伍,洪苑乾,黄汉英,等.低温活鱼运输箱监控系统研制[J].渔业科学进展,2014,35(4):110-117.

[50] 李雨晴,伍莉.活鱼运输方法及原理初探:上[J].科学养鱼,2018(9):80-82.

[51] 李雨晴,伍莉.活鱼运输方法及原理初探:下[J].科学养鱼,2018(10):82-83.

[52] 管维良,刘天天,梁中永,等.活鱼运输的研究进展[J].轻工科技,2016(6):3-5.

第十二章

智慧捕捞船

现代渔业不断由近海向远海方向转移，迫切要求现代渔船向着大型化、智能化方向发展，发展现代化渔业设备是我国由渔业大国向渔业强国转变的重要保证。本章主要对智慧捕捞船的关键技术和装备的发展趋势进行介绍。

第一节 捕捞设备概述

随着国民经济的发展，人类对海洋资源的需求日益增加，渔业资源的开发也越来越受到重视。海洋渔业是关乎国家粮食供应安全、海洋权益以及外交战略的资源性、战略性产业。经过多年的发展，我国已成长为世界海洋捕捞大国，拥有世界上最多的渔船以及最大的捕捞量[1]，然而我国海洋捕捞产量严重依赖于近海捕捞，远洋捕捞产量不足海洋捕捞产量的10%[2]。由于过度开发和利用，近海海洋生态持续恶化，渔业资源不断衰竭；与此同时，随着生活水平的提高，人们对海洋鱼类等优质蛋白质的需求不断增加。因此，调整与优化我国海洋渔业的产业结构，大力发展远洋渔业已成为我国海洋渔业发展的必然选择。随着现代渔业不断由近海向远海方向转移，传统的中小型渔船已经无法满足现代渔业对捕捞作业大吨位、高效率、智能化的要求，迫切要求现代渔船向大型化、智能化方向发展。所以，发展现代化渔业设备是我国由渔业大国向渔业强国转变的重要保证。

一、国内外捕捞装备的发展状况

捕捞船，即渔业捕捞船舶，是用以捕捞和渔业作业的船舶。我国在20世纪初引进了机动渔船。1930年代中期，东海和黄海水域已有一定数量的舷拖、双拖渔船从事捕捞作业。1950年代中期，传统的风帆渔船改用柴油机作推进动力，机帆渔船得到发展，现已成为我国海洋捕捞船队的重要组成部分。捕捞船按作业水域可分为海洋捕捞船舶和淡水捕捞船舶，前者又有沿岸、近海和远洋捕捞船舶之分；此外，还可按船体材料分为木质、钢质、玻璃钢、铝合金、钢丝网水泥捕捞船舶以及各种混合结构捕捞船舶；按推进方式可分为机动、风帆、手动捕捞船舶等。现代的渔船可以分为捕捞渔船和渔业辅助船两大类，但是主要使用的还是捕捞渔船。现代的捕捞船由于配备有智能助渔设备、导航设备、大功率的起网与收网设备，已经能够适应在远海作业，并且渔获量和作业效率较以前也有很大提高。

捕捞装备主要是围绕渔船作业方式来匹配的。目前国内渔船主要有拖网、围网、流网、张网、延绳钓、鱿鱼钓等作业方式。用于拖网作业的捕捞设备绞纲机，虽然已采用液压传动技术，但在控制技术方面和自动化方面的技术水平还相对落后，产品规格也相对较少。目前国内制造的最大的拖网液压绞纲机规格为 2×80 kN/100 min，350 kW，是中国水产科学研究院渔业机械仪器研究所于 2000 年研制的产品，但适用于更大型拖网渔船的绞纲机在国内还处于空白状态。因此，我国渔船及捕捞装备的技术水平与渔业发达国家相比还有较大差距。

海洋渔业发达国家以发展大型渔船为主，同时也注重海洋生态保护，淘汰具有掠夺性捕捞的传统方式，发展选择性捕捞。在各类渔船上一般都配备了先进的捕捞装备和助渔导航电子设备。围网、拖网捕捞装备一般都采用先进的液压传动与自动控制技术，操作安全、灵活，自动化程度高。绞纲机拖力达到 100 多吨，速度快，效率高。钓捕设备的操作方式以自动钓为主。同时，海洋渔业发达国家也注重发展中小型渔船，以满足近海捕捞的生产需要。在发展此类中小型渔船时注重多用途作业、渔船玻璃钢化以及装备现代化的捕捞设备和助渔电子设备。

而我国渔船捕捞技术的发展战略，应符合我国海洋渔业资源的形势及发展状况。目前，我国的海洋捕捞强度超过了渔业资源的良性再生能力，且捕捞产量最高的是拖网（以底拖网为主），其次是定置网和流刺网，而选择性较强的围网和钓捕作业方式的产量却不高，这说明我国渔业生产结构不合理。因此，未来我国海洋捕捞业的工作重点应放在结构调整方面：宏观上应减少近海捕捞渔船，由捕转养，发展远洋渔业；微观上调整渔船捕捞的结构，如对渔船船型、作业方式、渔具渔法、捕捞装备、助渔及导航设备、渔船环保设备等方面进行技术革新。

二、现代捕捞船智能装备

科技的发展也推动着现代渔业捕捞渔船向高效、智能的方向发展。为了提高捕捞作业的精确性和高效性，现代捕捞船一般都配备有探鱼设备、导航设备、起网机、绞纲机以及其他捕捞设备。

探鱼仪是一种助渔设备，利用超声波在水中传播碰到目标物后形成的反射波来测距。传统的捕鱼方式具有很大的盲目性，智能探鱼仪被运用到捕鱼作业中以后，它就像现代渔船的"眼睛",使捕鱼具有目的性和方向性,极大地提高了捕鱼效率。

渔船导航系统主要用于定位、引航和避免碰撞。现代渔船的导航设备主要是雷达。船用雷达由微波系统与天线系统、发射机、接收机、显示器和电源等部分组成。雷达自20世纪中期开始用于船舶导航,现在已发展为渔船必不可少的导航设备之一。

起网机是借助动力构件与网具间的摩擦力将网具从水中起到船上、岸上或冰面上的机械设备的统称,广泛应用于江河、湖泊、海洋渔船生产作业。起网机大大提高了捕捞效率以及围网渔船的机械化程度,减小了捕捞劳动强度,推动了我国围网渔业的发展。

绞纲机是最重要的船舶辅机之一,它的作用是在船舶进行拖网作业时,依靠其产生的机械动力来绞收钢绳,以达到回收渔网之目的。也可以用于绞收缆绳等其他用途,可以提高作业效率,节省劳动力。现代渔船由于大功率的需要,主要发展高压液压绞纲机。

其他在捕捞作业中用于操作渔具的机械设备按捕捞方式可分为拖网、围网、刺网、地曳网、敷网、钓捕等;按工作特点则可分为渔用绞机、渔具绞机和捕捞辅助机械三类。由于作业环境的需求,捕捞作业机械需有以下特点:结构牢固,可经受振动或交变冲击;具有防超载装置,能消除捕捞作业中的超载现象;操纵灵活方便,能适应经常起动、换向、调速、制动等多变工况的要求,以及实现集中控制或遥控;具有较强的防腐蚀性能。

三、捕捞船装备的发展趋势

海洋渔业捕捞主要包括近海和远洋两个方向。

近海以发展中小型渔船为主,发展趋势主要包括:①未来需要进一步改进渔船船型,采用新型材料,如用玻璃钢制作渔船船身;②采用节能技术,安装环保设备保护海洋环境;③安装助导航无线电设备,确保渔船安全生产与航行。同时要加大捕捞装备技术的开发力度,使中型渔船的捕捞设备完全实现液压化,并向自动化、智能化方向发展。

对于远洋渔船捕捞装备,从遵守《联合国海洋法公约》以及合理利用远洋渔业资源考虑,我国应加大发展围网、钓捕等选择性捕捞的力度。①发展大中型围网渔船,现代渔船对吨位、效率要求越来越高，这就要求现代渔船必须向大型化方向发展。近几年，远洋渔船的船体尺度、主机功率、排水量不断增大，这是渔船在远海作业中实现高效的保证。②更多融入现代化技术，向智能化发展。随着传感器、数据分析处理技术的发展，各种专用设备诸如全自动鱼类处理系统等在鱼类勘测、捕捞、加工及储藏等环节得到大量应用，这极大地减少了渔船上的作业人数，提高了工作效率。随着数据库、通信与网络技术的发展，基于位置的信息支持、智能决策分析与管理系统得到全面应用。如日本、美国等国家通过建立渔场渔情分析、预报和渔业生产管理信息服务系统，可及时快速地获取准确的渔场信息，为作业提供指导，提高捕捞效率。

第二节　智能探鱼系统

一、发展智能探鱼设备的意义

在传统的捕鱼作业过程中，渔民主要是靠经验，比如利用鱼群的跳跃以及声响等来判断鱼群的数量、种类和大概方位，这种捕鱼方式带有很大的盲目性[3]。而探鱼仪使得渔民可以有针对性地进行捕捞作业，极大地提升渔获量。随着海洋生物资源开发越来越受到重视，探鱼仪成为探测海洋生物资源的一种重要手段。利用探鱼仪探测鱼群有无、方位、距离等信息，极大地提高了渔民的生产工作效率。

目前我国海洋开发领域中渔业工程装备的现状和当前海洋开发势头良好的背景并不完全对称。渔业发达的国家几乎所有捕鱼船都装备了探鱼仪，通过装备不同类型的探鱼仪，不仅可以增加渔获量，甚至可以根据国家的捕捞政策实现有计划、按种类捕鱼[4]。而我国虽然是渔船拥有量第一大国，但是装备探鱼仪的渔船数量不足，而且高性能探鱼仪大多从日本、瑞典、挪威等国家进口。随着我国远洋渔业的发展，我国对探鱼仪的需求量将有较大的增长，因此，亟须研制显示信息丰富、控制功能强大、操作简单的智能探鱼设备。

二、探鱼设备的发展历史和国内外现状

探鱼仪最早出现在 1948 年末，它最初适用于围网渔业，取得了惊人的渔获量。

近年来，探鱼仪技术飞速发展，不仅出现了采用高清液晶显示器的单频彩色探鱼仪，而且涌现了双频探鱼仪和多波束探鱼仪，探鱼仪的应用范围也从单一的捕鱼扩大到了科学考察和鱼类资源评估。在 20 世纪 50 年代，我国主要从国外引进探鱼设备。60 年代以后，国内开始研制、生产和广泛应用探鱼仪。70 年代以来，中国水产科学研究院渔业机械仪器研究所、厦门水产电子厂、中国科学院声学研究所等单位先后研制和生产了 TCG-500 型大功率垂直探鱼仪、TS-3 型水平探鱼仪、STY-1 型机械扫描声呐、YS-1 型多波束渔用声呐和移动窗显示式垂直探鱼仪。80 年代相继研制出探鱼能力达 500 m，最大测深 2 000 m 的大功率探鱼仪，是当时我国自行设计生产的最大型垂直探鱼仪。90 年代又开发出数字显示的 TC 系列小型探鱼仪。

国内探鱼仪种类繁多且发展得很快，除了从固定单波束垂直式发展到全方位扫描外，终端信息处理部分及显示部分也随着电子技术的发展而迅速发展。最初为记录式，后来用阴极射线管作屏幕或者用液晶显示屏显示，并把深度标线同时显示在屏幕上，这样可直观地观察到鱼群的大小和深度。屏幕显示的颜色从黑白发展为彩色，借助不同色彩和等级分辨鱼群特征与海底状况。

探鱼仪分为垂直探鱼仪和水平探鱼仪，两者的工作原理相似，所不同的是垂直探鱼仪只提供渔船垂直下方的鱼群信息，而水平探鱼仪能实现对渔船周围各方向的探测，可提供鱼群的方位、距离、深度、游速等多种信息，其作用距离要求尽可能远，分辨率要求尽可能良好。水平探鱼仪又称渔用声呐，由于渔用声呐的声波传播途径比较复杂，受海况影响较大，且因各种鱼群的集群性和对声波的反射特性又有很大差异，故其结构比垂直探鱼仪复杂得多。它目前能达到的有效探鱼距离在浅海区一般为 1 km 左右，在深海区可达数千米，工作频率一般在 20 ～ 200 kHz。

三、目前几种先进探鱼仪的工作原理介绍

探鱼仪种类、型号众多，但基本结构都是相同的，主要由换能器、发射接收模块、信号采集与处理模块、显示器四个部分组成。

（一）回声探鱼仪

回声探鱼仪的工作原理为利用超声波回声探测渔船下方的鱼群，探鱼仪信号源发出的超声波在水中受鱼群阻碍可产生回声，根据发射脉冲和接收回波脉冲间的

时间间隔可计算出鱼群所处深度。其工作原理如图 12-1 所示。

图 12-1　回声探鱼仪的工作原理

（二）双频探鱼仪

双频探鱼仪的高频为 200 kHz，低频为 50 kHz，高频测量精度高，但能量衰减快，一般适用于探测浅水鱼群；低频测量精度略低，但能量衰减慢，适合于探测深水鱼群。在实际工作中，通常都选择高低频同时工作，利用高频功能精确测量鱼群所在水深，利用低频功能探测鱼群类型、鱼群分布情况等。其工作原理如图 12-2 所示。

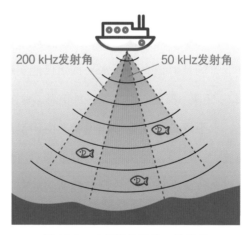

图 12-2　双频探鱼仪的工作原理

（三）多波速探鱼仪

多波速探鱼仪利用超声波换能器向海底发射超声波信号并接受各方向的回波信号，根据发射脉冲与接收脉冲之间的时间间隔计算出渔船下方鱼群所处的深度。通过对回波幅度、波形的概率密度分布或回波信号的包络等信息进行分析，可获得鱼群的密度、鱼群的大小以及鱼群种类等信息。一个多波速探鱼系统通常包括换能器

基阵、多通道发射模块、多通道接收模块以及信号处理平台。其工作原理如图 12-3
所示。

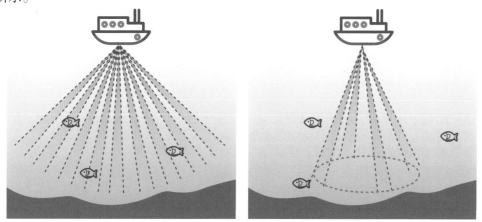

图 12-3 多波速探鱼仪的工作原理

四、智能探鱼设备今后的发展趋势

超声波探鱼系统由超声波探鱼器和独立的显示器组成，通过通信线缆把水底鱼
情数据传输到显示器上。因此，超声波探鱼系统的发展方向大都是通过改进超声波
探测技术提高探鱼器性能，如利用多波束技术进行探鱼，或是通过改善显示技术提
升探鱼效果。然而随之带来的是设备尺寸的增大及价格的增长，所以，生产出价格
便宜、更加小型化的探鱼仪将是今后的一个重要发展方向。

目前，有学者结合声学与光学技术对探鱼设备进行了研究[5]，通过声学、光学
融合，可以识别鱼的种类、性别等参数，实现精准捕捞，保护海洋生态系统。因此
运用数据融合的方法实现精准探测是一个发展方向。另外，由于操作复杂的探鱼设
备对从事渔业的工作人员专业素质要求相对要高，在雇佣渔业专业技术人员方面可
能要投入较大成本。再者，在一些特殊的情况下操作复杂的探鱼设备也会影响捕捞
作业的效率。为了让探鱼设备面向更广大的使用人群，操作简便的探鱼设备也是今
后研究的重点。

在渔业捕捞作业中，捕鱼的效率是重中之重，探鱼设备的智能化也是一个发展
的关键点。现在计算机行业发展迅速，这就为探鱼设备的智能化提供了基础，让计
算机代替人力从事更多的探鱼作业，可以提升现代渔业的高效性和精准性。

第三节　智慧捕捞船导航系统

一、渔船导航系统简介

海上渔业的作业环境复杂多变，决定了海洋渔业生产是高危事故多发行业。由于没有地物标示特征导致的迷失方向，由于不知详情造成的撞礁沉没，由于狂风暴雨造成的海上灾难等，都会给海洋渔业造成重大损失。随着渔用电子设备如卫星导航和各种通信设备的技术发展，渔业生产也有了可靠的保障。

目前我国大部分海洋捕捞渔船上均已装备了渔用无线电话机和渔用 GPS 导航仪，并逐步配备雷达、应急示位标、船舶自动识别设备。这些设备的配备，完善了我国近海渔业安全通信救助网络，为渔船航行的安全、生产效率的提高以及渔船的节能降耗提供了强有力的技术保障 [6]。

渔船导航监控系统（采用北斗 /GPS 双模接收机设备）是卫星定位功能与通信服务的结合，为海上船只与管理者提供了准确、快速、有效的信息交互方式，并为获取数据的采集分析，提供可靠、实时的途径。系统包括五个模块，即渔船监控模块、渔业作业数据管理模块、信息发布模块、系统管理模块以及行业应用信息管理模块。通过监控模块，监控中心能够及时了解渔船的运行状态，同时船舶能够与系统的监控中心保持即时联系，以便获取即时信息，紧急情况出现的时候监控中心能够快速援助，使得航行过程安全、快速。整个渔船导航监控系统中心能够管理整个渔业作业数据，例如可以查询各渔船中每种鱼的渔获量，分析各鱼种按季节、按地域的分布关系，还可以查询各渔船的收获量等。通过信息发布模块可以向渔船提供天气预报以及广播信息等信息服务。系统管理模块能够对系统进行自检，保证系统的稳定运行。行业应用信息管理模块主要负责维护本系统中的船载终端信息、业务信息、用户信息以及行业应用需要的管理信息 [7]。渔船导航监控系统让船载设备与渔船之间建立起对应关系，对船只的相关数据进行统计、维护、查询、存储，必要时还可以管理船只和驾驶员。

二、几种渔船导航系统简介

导航监控系统的使用有助于制定最安全、经济的航线，有助于快速准确地找到渔场，提高经济效益[8]。下面对几类常见的渔船导航系统进行介绍。

（一）基于 GPS 的渔船导航监测系统

GPS 由空间部分（GPS 卫星）、地面控制部分（主控站、监控站）和用户部分（GPS 接收机）组成。GPS 接收机在渔船上的主要应用功能包括以下七个方面。

1. 定位

显示即时经纬度、速度和航向，并每秒计算更新一次。

2. 导航

能制定计划航线，存储各条航线的各点位置及航路点，通过随时调用航线或航路点资料，计算航线或到达航路点的距离、航向、时间等。

3. 报警

GPS 接收机有多种报警功能，渔船常用的有：到达目的地范围报警，常用于接近渔场、障碍物预置范围时报警；锚位报警，主要用于海上抛锚时监视船舶防止拖锚、船舶漂流，一旦船舶离开锚位即报警；偏航报警，主要用于航行时防止偏离航向，一旦偏航超过设置的度数，即报警提醒修正。

4. 外接口

GPS 接收机带有附加接口时，可同时提供探鱼仪、测深仪、航迹仪等的信息资料，探鱼仪和测深仪荧光屏上可同时显示即时位置、速度、航向等，航迹仪可记录航行轨迹。

5. 多种图形显示

通过改变图示功能，可显示定位经纬度、航速、船舶航行的模拟航向、目的地的模拟位置、航行时的偏离信息、模拟简单航迹记忆等。

6. 多通道接收方式

多通道可同时跟踪接收多颗卫星，使接收定位时间大大缩短。目前的 GPS 接收机都具有多通道，常见的为 5 通道。

7. 查阅接收机卫星状况

可随时查阅所接收卫星的数量、编号、方位、仰角、信噪比（信号强度）等状况。

此外，目前国外有一种多功能卫星导航探鱼仪，即集 GPS 定位导航仪、彩色探鱼仪为一体，内部存有若干海区的海图，可同时定位导航，探测鱼群、水深、水温，并显示船舶在海图上的位置和记忆航迹，是目前比较先进的导航助渔设备，渔民常称之为"'二合一'卫导"[9]。

我国自主研制的北斗卫星导航系统不仅具有卫星定位的功能，还具备双向通信功能。目前，北斗卫星导航系统已经覆盖全球。北斗定位系统可在全球范围内全天候、全天时为各类用户提供高精度、高可靠性定位、导航、授时服务 [10]。李加林等 [11] 结合北斗和 RFID 技术，对渔船进行身份识别，将渔船的信息发送到北斗舰载终端，之后通过北斗卫星将信息传递到渔船调度中心，从而确定最优的调度方案，实现智能调度。

（二）基于电子海图的渔船导航系统

该系统由 GPS 接收机、导航终端、监控中心计算机及通信网络构成，主要包括海图管理、海图显示、航线导航、航行线路监控以及航迹回放等功能模块（图 12-4），具有海图无缝拼接、自动调度与显示等功能。实验表明，该系统能够满足渔船导航与监控的需要，使用它可以提高渔船行驶的安全性。

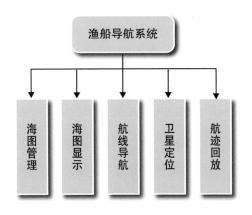

图 12-4　基于电子海图的渔船导航系统

1. 整体结构

海洋渔船动态导航系统主要由以下几部分构成：①移动终端，安装在海洋渔船的船体上，用于显示该船的当前位置以及电子海图；②定位及通信网络，主要包括 GPS，作为主要的位置信息提供源，具有授时功能；③监控中心，主要负责与移动终端的通信以及实时显示各个渔船的位置。本文重点关注移动终端和通信网络部分。

2. 功能结构

系统的主要功能有海图管理、船舶导航、路径回放、短消息通信以及定位管理。海图管理主要包括电子海图数据文件管理和电子海图的显示（包括放大、缩小以及平移等功能）。船舶导航的主要功能是为船舶提供航行路线的参考方案，并引导船舶航行。路径回放是指从记录的航迹文件中读取航迹信息并回放在电子海图上。短消息功能主要包括与服务器端的通信。

3. 系统功能实现

通信功能主要分为定位模块和消息通信模块。其中，定位模块将 GPS 与北斗集成于一体。首先，系统优先检测 GPS 信号，如果连续 15 次检测都接收不到 GPS 信号，系统将自动切换为北斗定位，从而保证了定位模块的连续工作。消息通信主要基于北斗通信实现，利用北斗的通信功能实现渔船与监控中心之间的通信以及渔船之间的通信。通信功能主要是借助于串口实现。在航程的监视过程中，系统每隔 5 s（用户可以自行设置时间间隔）自动记录船舶的当前位置、速度以及航向等要素，为今后的航行过程再现和航行分析提供必要的分析数据。

为了保证航行的安全，当船舶快要碰到障碍物，如浅滩、礁石、其他船舶的时候，就需要有报警功能。系统每隔固定时间间隔（例如 1 min）就根据船舶当前位置检测船舶前进方向有无碍航物，水的深度是否满足船舶航行要求，以及船舶是否偏离航线。一旦出现异常，系统会自动报警，以声音或者文字提示信息的形式展现。

航迹回放中，用户可以自由选取要回放的时间段。在航迹回放时，需要设置一个定时器，每隔一定的时间取一个时刻的点加入原来的航迹点中回放，这样回放的过程清晰可见，保证了航迹回放过程真实、连续[12]。

（三）基于 MapX 的渔船导航系统

基于 MapX 的渔船导航系统以 VB 为开发平台，通过串口通信控件接收 GPS 定位信息，采用 MapX 控件进行二次开发，完成渔船导航智能模块的开发，实现在动态图层上实时记录并表达船只位置、速度、航向、距目标距离等航行要素，以及以动态数组存储和回放渔船航行轨迹。该系统能为渔船快速到达指定位置、顺利返航、精确估算扫捕面积及后期对作业信息的统计分析提供便利。

系统利用 GPS 接收卫星信号，以 NMEA 0183 协议标准，通过串口数据线传输空间信息到计算机，在计算机端以 VB 开发工具，通过串口通信控件（mscomm32.ocx）来采集 GPS 定位信息，并以 MapX 为二次开发工具，实现在计算机上以动态图层形式对 GPS 空间信息的瞬时表达、存储与管理。内陆水域数字化地图可从国家地理信息中心下载获取。

系统采用 VB 为开发环境，结合 MapX 控件实现渔业导航及捕捞数据统计等基本功能，并提供人机交互界面，在动态图层上显示实时信息，用户能直观地了解渔船航行和捕捞的实时信息。通过该系统，能存储航迹，为日后的航线分析、精确到达指定渔场并准确估算实际拖距提供了便利，相对内陆水域在传统上依据目测估算到达渔场距离、以参照地标物来估算拖曳距离，在精准度上有了显著的提高。因此采用此智能导航模块使获得的渔业作业数据更具科学性、可靠性和可比性，能更好地服务于内陆水域渔船作业和科学调查 [13]。

三、渔船导航系统今后的发展趋势

渔船导航助渔系统直接关系到渔船的航行安全和捕捞生产效率，是渔船电气设计的一个重要组成部分 [14]。目前，船舶导航通信技术已经得到了广泛的应用，而更加稳定、快速、高效的导航通信将是重要的需求。通过融合微电子、计算机等前沿技术，使导航通信技术向智能化、集成化发展，将使其得到更广泛的应用。

第四节　智能捕捞装备系统

一、起网机简介

在 20 世纪 50 年代，加拿大渔业人员初次将起网机安装在小型艉滑道拖网船上。现在起网机已在世界范围内各种型号的渔船上得到了广泛使用，成为现代渔船捕捞生产不可缺少的关键装备，其主要作用是收放网具和提拉渔获。现在，世界各大沿海国家都在从近海浅水渔业向远洋深水渔业发展，与此同时，起网机也在很大程度上得到了发展。起网机在远洋深水拖网渔船作业时起着至关重要的作用。渔船拖网捕捞作业的效率主要由起网机设备的先进性和可靠程度两个因素决定，这也标志着一个国家海洋拖网捕捞业生产力的高低。起网机的工作性能参数要依据渔船和捕捞工作需求来设定。

起网机的工作性能在极大程度上影响着拖网捕捞作业的效率，具有减轻渔业人员劳动强度、加快起网速度和增加渔获产量等优点。现在的渔船使用的起网机主要包括以下四种类型：①三滚筒液压围网起网机，中高压液压驱动，三滚筒起网；②落地式尾部起网机，中高压液压驱动，落地式起网；③中高压液压围网起网机、理网机（动力滑车），中高压液压驱动；④流网起网机，液压驱动，操作方便安全。

起网机主要分成容绳和动力两个部分。其中包括支架、卷筒、液压马达、刹车和液压控制元件等。卷筒的主要作用是收绞缆绳以及容纳网具，马达的主要作用是为起网机拖、撒渔网作业时提供动力，刹车和液压控制元件起着控制起网机的制动和工作状态的作用。现代渔船配备的起网机动力主要由液压系统提供[15]，主要是因为液压传动的各种元件可以根据需要方便、灵活地来布置。而且，其重量轻、体积小、运动惯性小、反应速度快，操纵控制方便，可实现大范围的无级调速及自动过载保护。

二、起网机的工作原理与基本结构

起网机的起网过程是根据柔性件摩擦传动原理进行的，起网时把网片贴附于外表包敷花纹橡胶的滚筒上，随着橡胶滚筒的旋转，并借助于人的辅助后梢力，不断把网具从水中绞收到渔船上，其原理如图 12-5 所示。

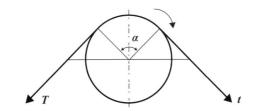

注：T—起网阻力；t—人的辅助后梢力；α—网具在滚筒上的包角。

图 12-5　起网机工作原理

T 为起网阻力，当其为一个定值时，摩擦系数 f 和包角 α 越大，后梢力 t 的值就会越小。因此，在保证滚筒花纹橡胶有足够强度的前提下，尽可能增大橡胶弹性以加大摩擦力，同时尽可能增大网具与滚筒之间的包角，以大大减小人的辅助后梢力，达到减轻渔业工作人员劳动强度和提高生产效率的目的[16]。

起网机和众多绞车功能相似，但它又有自己的特点。流网起网机在现代渔船上的广泛应用，不但结束了人力拔网的历史，而且提高了工作效率。然而，其仍然存在一些缺点，如网具多、锚重，每次起网耗时长，大约在 3 h 以上。工人为缩短起网时间，会通过提高线速度来完成，由此网机伤人的事故也频频发生。拖网起网机和拖网渔船甲板上的其他捕捞设备相比明显较大。一般情况下，拖网起网机安装在拖网后工作甲板上靠近驾驶室的一侧。在中小型拖网渔船上一般只配备一台，而在大吨位的深水拖网渔船上都安装有两台大功率的起网机，可同时工作，提供更大的动力。但由于捕捞作业的分工安排，其功能主要包括起网和放网两种，这也决定了起网机的结构相对简单。针对远洋深水拖网的网具比较大，起网机滚筒的尺寸也相对较大一些。由于在海上作业，考虑到实际工况，起网机采用齿轮传动的方式，动力源为液压马达，经过齿轮转动将动力输入到滚筒主轴上，使得滚筒能够根据工作的需求进行相应的转动。

远洋拖网渔船捕捞机械主要包括曳纲绞车、起网机和网具等设备。一般一条拖网渔船上会配备两台起网机，可同时工作，也可互为备用。它们的主要作用是将网具收纳起来、稳固网具和节省甲板空间，以及在绞纲机的辅助下将渔获拖至甲板。拖网捕捞在我国现有的渔业捕捞技术应用方式中具有最大的产量规模，是借助渔船对囊袋形捕捞网具的拖拽作用，以机械强制力迫使被捕捞对象进入网具的圈定空间而实现的渔业捕捞作业方式[17]。渔船起网机的工作内容主要包括放网作业和收网作业。放网时，网机反转将连接好的网具部分置于甲板。甲板上的工作人员或借助绞车将网囊部分拖至船尾，从艉滑道抛入海中。网具进入水中以后，由于水的阻力作用，网具会自动被拖入水中，达到继续放网的目的。在达到一定长度时连接拖网渔船的辅助绞车不再放网，以确保网具在水中的安全性。拖拽作业时，船体受力主要是在船尾部左右两台辅助绞车上。收网时，辅助绞车将网具拉至船尾后，绞车正转收网，将网具和渔获拖上渔船甲板。

三、绞纲机简介

拖网渔业在我国海洋渔业中占有特别重要的地位。拖网绞机（绞纲机）是其中一种关键性设备，直接影响渔船的作业效果。渔船绞机的作业方式经历了机械传动、低压液压传动、中高压液压传动、直流电力传动的发展过程。目前，我国大部分拖网绞机主要配备中低液压传动系统。然而，液压系统往往面临传动效率低、管路复杂和油污污染等问题，探索一种全新、高效的传动系统迫在眉睫。近些年来，由于交流变频电力传动与控制技术的迅速发展，人们开始探索应用全电力驱动技术，以取代液压传动。交流变频电力传动与自动控制技术是远洋渔船捕捞设备实现节能环保运行的重要方向[18]。

绞纲机在渔船上的效用不言而喻，即起到绞收渔网的作用，与以前传统的人工捕捞相比，它不仅极大地节省劳动力，而且提高捕捞的效率。因此，现代捕捞渔船装备性能优越的绞纲机能够极大提高渔船捕捞效率和渔获量。绞纲机是我国沿海捕捞渔船使用最广泛的绞纲、起网设备，自 20 世纪 70 年代由浙江省海洋水产研究所和舟山船厂共同研发以来，至今已有 50 多年的历史。由于它具有结构简单、易于维修、价格适中和使用寿命长等优点，深受渔业工作人员欢迎。我国渔船配备的捕捞机械最初都是低压传动系统，到目前为止已有 40 多年的历史。20 世纪 70 年代到 80 年代，我国大中型渔船上的绞纲机正在由机械传动式向低压传动式转变。随着科技的不断进步，低压绞纲机逐渐被中高压绞纲机取代，因为低压传动已无法满足现代渔船大吨位、高效率的需求。但由于地域因素的限制，中高压绞纲机在我国北方地区的发展仍十分缓慢，低压绞纲机在北方渔船仍普遍使用，就山东烟台地区而言，除了几艘进口的渔船和几条围网船外，所有的大中型渔船全部使用低压绞纲机。

四、绞纲机的工作原理与基本结构

绞纲机主要分为串联式、并联式和分列式三种，传动方式有液压传动、电气传动和机械传动。机械传动绞纲机通过摩擦鼓轮的后拉力来绞收纲绳。绞纲机根据摆放位置的不同分为立式和卧式两种类型。卧式绞纲机具有拉力大、工作平稳等优点。立式绞纲机与卧式相比，纲绳来向不受限制，因而操作方便，适应性强。绞纲机由工作鼓轮、制动器、离合器和传动系统等组成。原动机通过传动系统转动滚筒卷扬曳纲、括纲等绳索。其主要性能参数有绞拉力、绞收速度和容绳量三项。绞拉力是绞纲机的主要参数，其大小直接影响到渔船的作业能力，同时又受到主机功率的制约；绞收速度影响投网次数，从而决定渔货量高低，但绞收速度不能够无限制地提高，因为随着绞收速度的加快，需求的功率也将变大，而渔船主机在起网时所能提供的功率有限；绞纲机的容绳量的大小决定了渔船的作业水深，通常渔船容绳量的设定根据其作业的水域深度及配备的网具大小来决定。

拖网捕鱼作业时，拖网绞机拖曳网具随渔船在水面前行，绞机大部分时间处于恒张力状态，绞机只受网具在水中的阻力。由于风浪、渔获量的变化或渔船转向等因素会引起绞机钢丝绳张力的变化或不平衡，导致网具变形，影响捕捞效果，甚至对作业设备造成破坏。因此，绞机应满足以下条件：操纵应灵活，在轻负荷时速度不能上升太快，重负荷时速度亦不能太慢，因为轻负荷时速度过快会使网具和船体受到损伤，重负荷时速度过慢会影响渔业人员工作效率；根据曳纲张力变化而在小范围内收绳、放绳，调节拖网曳纲张力平衡。根据以上条件，设计性能优越的绞机必须具备以下特点：两种转向（正反转）的速度范围要大，并能实现无级变速；起网速度减小时，力矩要增大；超载时能够自动停止起网或松出曳纲。

五、其他捕捞装备

捕捞装备主要是围绕渔船作业方式来匹配的，捕捞机械是渔船上为配合捕捞生产而配备的专用机械，按渔船作业方式可分为拖网、围网、流刺网、定置网和钓具等捕捞机械。我国围网作业的捕捞装备主要有绞纲机、动力滑车、舷边滚筒、尾部起网机、理网机等。我国的捕捞机械研究始于 20 世纪 60 年代，随着海洋渔业船只从木帆船向机帆渔船和钢质渔船的转型，捕捞机械的研究在个别进口仪器或设备的基础上开始起步。到了 70 年代，尤其是整个 80 年代，进入了全面发展时期，中高压液压技术的应用推动了我国捕捞机械技术的快速发展，使捕捞机械技术水平跃上了新台阶，但在控制技术和自动化方面的技术水平还相对落后，产品规格也相对较少。另外，生产企业对于捕捞机械的安全性能缺乏关注，导致渔民在作业过程中身体受到伤害的事件时有发生[19-20]。

世界渔业发达国家，如日本、韩国和欧美一些国家，以及我国台湾省利用电子信息技术的发展契机，在海洋渔业装备科技上基本实现了与船舶工业的同步发展，以大型化远洋渔船为平台的捕捞装备技术呈现自动化、信息化、数字化和专业化的特点，产品配套齐全，系统配套完善。

捕捞装备自动化主要体现在大型变水层拖网、围网、延绳钓和鱿鱼钓等作业中。其中，大型变水层拖网除起放网实现电液控制自动化外，在拖网过程中也实现了曳纲平衡控制和结合助渔仪器探测信号实现作业水层的自动调整，捕捞效率同比提高30%；围网采用起放网集中协调控制模式，围网起网实现了边起网边理网的自动化操作作业过程；金枪鱼和深海鱼类延绳钓作业装备也实现了起放钓和装饵操作全过程的自动化；鱿鱼钓捕捞采用电力传动与微电子控制技术，实现了起放钓循环控制及模拟饵料仿生运行自动控制。

捕捞装备信息化主要体现在助渔仪器方面，利用现代化的通信和声学技术开发探鱼仪、网位仪、无线电和集成 GPS 的示位标等渔船捕捞信息化系统。先进的信息化装备包括：360°远距离电子扫描声呐高分辨探鱼仪以及深水垂直探鱼仪、拖网无线网位仪、金枪鱼围网、海鸟雷达、流木和延绳钓无线电跟踪示位标。欧美发达国家通过开展卫星遥感渔业信息技术研究，建立了海洋渔业分布式管理系统、地理信息系统和决策支持系统，以及主要经济鱼类作业渔场的鱼群预报、资源评估和渔业生态动力学数学模型的信息系统；通过开展卫星遥感技术、捕捞装备与渔船操控技术的集成，结合助渔仪器声呐探测技术，进行海洋渔业选择性精准捕捞的探索性研究；通过开展变频电力驱动技术在海洋捕捞装备中的应用研究，促进变频电力传动代替以液压传动为主的自动化捕捞装备，解决因液压传动泄漏液压油所造成的环境污染影响以及液压传动效率低的问题。

由于海洋作业尤其是深海作业的环境恶劣，水下机器人得到了比较广泛的应用，成为人类探索、开发海洋资源的必备工具。水下机器人研究方向也是当前科学研究的热点之一。水下捕捞属于水下机器人功能应用的一种，包括海底资源的采集、沉船物体的打捞、海洋生物的捕捞等，它依靠多功能机械手或吸管等装置实现水下取样、海洋生物捕捞，替代人工在危险环境中作业[21]。ROV（remote operated vehicle，遥控无人潜水器）型机器人是目前技术成熟度最高、应用最为广泛和实用的水下机器人，具有经济性好、环境适应性好、灵活性高、作业效率高、续航能力强等优点，应用领域包括海洋勘探、水文调查、捕捞作业等。

我国从 20 世纪 70 年代末开始 ROV 的研究，第一台水下机器人"海人一号"样机于 1985 年 12 月试验成功，其前端装有 6 个自由度主从伺服机械手，最大作业水深 200 m。"海马"号是我国自主研制的首台 4 500 m 级 ROV，是迄今为止自主研发的下潜深度最大、国产化率最高的无人遥控潜水器系统，国产化率达到 90%，已达到国外同类 ROV 的技术水平，目前已成功完成水下布缆、沉积物取样、海底地震仪布放等任务。

随着世界经济的发展，未来人类对水产优质蛋白的需求将越来越大，加上人力资源和油耗成本不断上涨，渔船捕捞装备向专业化、自动化方向发展是必然趋势。捕捞装备专业化和自动化是提高渔业捕捞效率、效益和加强选择性捕捞的技术保障，针对各类捕捞对象，应研发专业化的捕捞装备，并集成现代工业自动化控制技术，使大型变水层拖网、磷虾捕捞、大型围网和金枪鱼围网、延绳钓和鱿鱼钓、秋刀鱼舷提网等主要捕捞活动的作业方式实现专业化和自动化。

本章小结

随着人类对海洋渔业资源的需求和开发力度的不断增大，近海渔业资源开始衰退，深水渔业资源越来越受重视。我国加大对远洋深水拖网渔业的开发不但可以满足国民对海洋食品日益增加的需求，还可以缓解已经遭到严重破坏的近海渔业资源。从我国远洋深水拖网渔业捕捞设备的现状可以发现，对新捕捞设备的研发不但可以为渔业企业节约成本，还可以大大地提高生产效率。起网机与绞纲机作为远洋深水拖网渔船上的关键设备，在捕捞作业中起着重要的作用。开展对深水拖网起网机等捕捞设备的研究，可以为我国发展远洋渔业提供支持。

长期以来，渔业捕捞装备质量的安全性备受渔业管理部门和广大渔民的关注，性能优良的捕捞装备是保证渔业捕捞产量与质量的关键，是现代渔业发展的重要保障。捕捞机械标准作为渔业标准化体系的重要组成部分，在促进捕捞机械技术改进、规范市场、提高我国渔业捕捞生产能力与竞争力等方面发挥了重要的作用。捕捞机械标准的基础是捕捞机械技术，将新技术转化为标准，可显著地提升其推广应用的覆盖面，减少风险，增加效益，促进渔业的发展。此外，标准化也是新技术的体现形式之一，对科技创新有强有力的推动作用[22]。渔船装备和网具的技术创新在渔业发展过程中发挥了重要作用，随着消费需求以及对海洋生态资源重要性认识的不断上升，捕捞技术创新与改进的重要性将不断提高。不同的捕捞技术对环境的影响程度和类型也有所差异。捕捞技术的改进对捕捞操作和环境都存在一定的影响，一般而言，利益增加型技术对环境的影响大，影响减缓型技术则对环境影响较小。从我国近海捕捞渔业技术，如渔船功率的增大、合成纤维在网具方面的应用等的发展来看，多以经济效益型装备技术发展为主[23]。

随着我国综合国力的不断增强，我国的养殖技术水平得到了迅速提高，在捕捞领域，捕捞渔船在功率、吨位、劳动力上也发生了质的改变。随着捕捞船整体性能的提高，工作地由近海向远海转移，传统的机械式、低压式绞纲机已经无法满足现代渔业大功率、高功效的需求，这些对绞纲机的功率与效率提出了更大的挑战。近几年，由于我国基础工业的发展，液压元件的质量也越来越高，这就为液压系统的发展提供了有利条件，促进了渔船绞纲机的系统类型由低压向中高压的发展，尤其在我国南方，如宁波、温州等地发展尤为迅速，基本达到了普及的程度。随着人类对全球渔业资源的不断开发，过度开发和充分开发的海洋渔业资源种类、数量不断增加，为了保护海洋渔业资源，实现对人类重要蛋白质资源库的可持续利用，国际社会非常关注渔业资源的管理和保护，对海洋渔业资源开发利用装备与技术提出了"负责任"的要求。结合我国海洋渔业发展现状特征，今后我国海洋捕捞装备技术的发展趋势也将围绕生态和可持续的方向展开[24]。

参考文献

[1]ZHANG F,CHEN Y,CHEN Q, et al. Real-World emission factors of gaseous and particulate pollutants from marine fishing boats and their total emissions in China[J].

Environmental Science & Technology. 2018,52(8):4910-4919.

[2] 张铮铮, 李胜忠. 我国远洋渔业装备发展战略与对策 [J]. 船舶工程 ,2015,37 (6):6-10,66.

[3] 张淑娟. 多波束探鱼仪相控阵设计及信号处理平台实现 [D]. 哈尔滨 : 哈尔滨 工程大学 ,2011.

[4] 栾忠世. 双频探鱼仪显示与控制软件开发 [D]. 哈尔滨 : 哈尔滨工程大学 ,2009.

[5]KITAZAWA D, MIZUKAMI Y. Combined optical and acoustic monitoring of fishes in the demonstration site of marine renewable energy development[C]//International Conference on Off-shore Mechanics and Arctic Engineering. American Society of Mechanical Engineers, 2016,49972:V006T05A008.

[6] 石瑞, 张祝利. 我国渔船用通信导航设备技术与质量现状 [J]. 渔业现代化, 2009,36(3):65-68.

[7] 魏来, 张婷. 基于 GNSS 的渔船导航监控系统 [J]. 电子世界 ,2016(15):129.

[8] 崔照明. 南海海区渔船无线电导航仪器选用浅见 [J]. 湛江水产学院学 报 ,1991,11(1):36-40.

[9] 李媛媛. 基于 GPS-GPRS 的渔船监测系统的设计 [D]. 大连 : 大连理工大 学 ,2011.

[10] 王永鼎, 田晨曦, 董亚龙. 基于北斗卫星定位的金枪鱼钓船混合动力节能系 统设计 [J]. 全球定位系统 ,2017,42(1):122-126.

[11] 李加林, 虞丽娟, 陈成明, 等. 北斗 /RFID 技术在远洋渔业中的应用 [J]. 全 球定位系统， 2016,41(3):117-120,125.

[12] 周旭光, 陈崇成, 蔡志明. 基于电子海图的海洋渔船导航系统设计与实现 [J]. 水运工程 ,2013(22):20-22.

[13] 裘海雅, 施炜纲. 基于 MapX 的渔船导航系统的研究 [J]. 广东海洋大学学 报 ,2009,29(6):55-60.

[14] 陈冠洲. 渔船导航助渔设备选型分析 [J]. 船舶 ,1992(5):49-57.

[15] 聂孟威. 深水拖网起网机结构有限元分析及液压系统研究 [D]. 大连 : 大连

海洋大学 ,2015.

[16] 王小凡 , 朱建康 , 陈绍光 .LYXG—4/40—Q 型舷侧滚筒起倒式液压流刺网起网机研制报告 [J]. 福建水产 ,1993(2):4-7.

[17] 熊杰 . 渔业捕捞机械标准现状与发展方向 [J]. 华东科技 (学术版),2016(3):483.

[18] 王志勇 , 谌志新 , 徐志强 . 渔船拖网绞机电力控制技术研究 [J]. 渔业现代化 ,2015,42(1):53-56.

[19] 谌志新 . 我国渔船捕捞装备的发展方向与重点 [J]. 渔业现代化 ,2005(4):3-4.

[20] 门涛 , 王玮 . 渔业捕捞机械标准现状与发展方向 [J]. 现代农业科技 ,2010(17):251-252.

[21] 丛明 , 刘毅 , 李泳耀 , 等 . 水下捕捞机器人的研究现状与发展 [J]. 船舶工程 ,2016(6):55-60.

[22] 常玮 . 浅谈捕捞机械现状 [J]. 科技致富向导 ,2011(24):98.

[23]VALDEMARSEN J W. Technological trends in capture fisheries[J]. Ocean & Coastal Management, 2001,44(9/10):635-651.

[24] 岳冬冬 , 王鲁民 , 张勋 , 等 . 我国海洋捕捞装备与技术发展趋势研究 [J]. 中国农业科技导报 ,2013(6):20-26.

第十三章

智慧养鱼工船

本章从养鱼工船的育苗、养殖、收获、加工、储藏等生产环节，构建了集成陆基工厂化养殖技术。养鱼工船是我国工厂化水产养殖向深远海网箱养殖发展的新的养殖载体，它将海洋工程装备与工业化养殖、新能源开发、海洋生物资源开发相结合，进一步探索效益高、可移动和绿色生态的海洋渔业。

第一节 概述

在当今世界，渔业是亿万民众食物、营养、收入和生计的重要来源。据联合国粮食及农业组织 2022 年统计，2020 年全球渔业总产量为 2.14×10^8 t，其中捕捞产量 9.03×10^7 t，养殖产量 8.75×10^7 t，创历史新高 [1]。随着社会的发展，人类对优质蛋白的需求越来越大，但同时我们也面临着气候变化、经济及金融形势的不确定性和与自然资源的竞争日益激烈等严峻挑战。因此，大力发展水产养殖具有重要的战略意义。

我国是一个水产养殖大国，水产养殖的产量占全世界的 60% 以上，但在我国水产养殖业快速发展的同时，由于缺乏科学的管理和规划，设施化和机械化的程度相对较低，这在一定程度上造成了水环境的污染和退化 [2]。所以，我国必须发展工业化养鱼以实现科学的管理，从而提高水产养殖的效率。

养殖工船是一种可移动的海上养殖平台，相当于一个超大的浮动网箱，能深入普通养殖网箱无法到达的深海区 [3]。它不仅具有养殖密度高、环境污染小、产品质量高等优点，而且可以布置到水温和水质条件适宜的海域进行养殖生产，有效避开台风等自然灾害 [4]。

目前，养鱼工船主要用于远洋渔业，其投入高，但产量也非常高，生态效益好，所以世界上的渔业发达国家纷纷投入到养鱼工船的研究与应用中。20 世纪 90 年代，欧洲的瑞典、西班牙和亚洲的日本、新加坡等一些国家已经将海上工业化养鱼的范围发展到公海乃至深海，形成了规模发展，并取得了可观的经济效益。挪威、日本等国建造的养鱼工船年产量可达几百至几千吨，而船员仅仅需要几人。养殖工船作为一个新的养殖载体，将海洋工程装备业与工业化养殖、新能源开发、海洋生物资源开发相结合，较好地解决了传统养殖业发展不可持续的问题，具有可移动、污染小、绿色高效等优势，是离岸养殖业发展的一个新方向 [5]。

一、定义

养鱼工船集养殖、加工、储藏、育苗、看护周围网箱于一体，可以实现由"捕"向"养"的转变[6]，可保证长期运行于深远海，是涉及船、机、电、生物、化学、经济、法律等多个领域的庞大系统工程。养鱼工船系统集成了陆基工厂化养殖系统构建技术，利用船舱进行高密度集约化养殖，能获取优良水质与适宜水温，是一套具有相当的抗风浪和游弋能力的专业化养殖渔船及生产管理机械化装备的系统。养鱼工船系统与常规的石油平台、海洋船舶不同，需要有特殊的设计来满足其特殊的功能需求。

大型的养鱼工船系统是依托养殖工船等核心装备，配套深海网箱设施、捕捞渔船、物流补给船和路基保障设施所构成，是集工业化绿色养殖、渔获物装卸与物资补给、水产品海上加工与物流、基地化保障、数字化管理于一体的渔业综合生产系统，构建形成了"养、捕、加"相结合、"海、导、陆"相连接的全产业链渔业生产新模式。

二、结构和功能

早在20世纪80至90年代，发达国家就提出了发展大型养殖工船的理念，包括浮体平台、船载养殖车间、船舱养殖以及半潜式网箱工船等多种形式，并进行了积极的探索，为产业的发展储备了相当多的技术基础[7]。近年来，养殖工船系统越来越完善。图13-1所示为"十二五"期间徐皓等设计的建立在10万吨级船体平台上的养鱼工船系统。图13-2为用于改造养鱼工船的阿芙拉型油船。

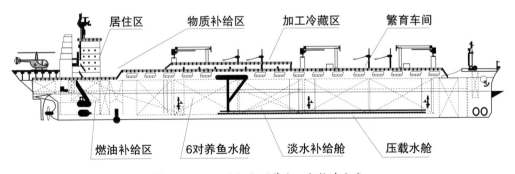

图 13-1　10 万吨级大型养鱼工船构建方案

养鱼工船系统主要由四部分组成，分别是：办公/居住区；捕捞/养殖设备；轮机设备；控制部分。

图 13-2 用于改造养鱼工船的阿芙拉型油船

办公／居住区是船员生活和工作的主要区域，因此应该有能够满足船员生活需求的一系列设施，例如海水淡化系统、生活用电系统等。

捕捞／养殖设备是养鱼工船中最重要的部分，其中包括：饵料加工、鱼舱海水置换、鱼舱采光、鱼舱供氧、鱼舱清洁、鱼舱投料、鱼类捕捞、死鱼处理、鱼产品加工冷藏设备等。

轮机设备包括船体以及养鱼工船的动力设备等，由于养鱼工船作业的特殊性，船体的设计除了应该具备较强的抗风浪能力外，还应该能够实现养鱼工船的高效率生产。

控制部分包括养鱼工船的计算机控制部分和机械执行部分。为了实现养鱼工船的高效率生产，养鱼工船上的定员需要尽量减少，这就需要实现工船的高度自动化，因此，计算机控制部分和执行部分对于养鱼工船非常重要。

由于养鱼工船系统相当于将一个完整的陆上养殖工厂的功能搬到海上，因此，需要有许多特殊的技术要求来保证养鱼工船系统的正常运行。其功能和技术内涵如下 [8]。

"完全养殖"要求：具有水产苗种自繁、自育直到养成的成套设备与技术。

"独立生产"要求：如同一个海上城市，具有独立生产的功能，从发电、供水、排水、控温、冷藏，到污水处理、海水淡化、太阳能及风能利用等。

"养殖三化"要求：因为要减少定员，要求养殖过程机械化、自动化、信息化。饵料加工，饵料投喂，从鱼卵、鱼苗到成鱼的输送及计量，水质监测，网具升降，均需机械化、自动化。采用饵料软件、养殖软件与国际联网，及时了解商业信息，制订养殖计划。

"纳米功能"要求：远洋网箱必须采用纳米功能涂料，抗菌、抗藻，这样可以保证长时间不被附着，可以免冲洗。这种纳米涂料也用于全部鱼舱内壁。

"结合旅游"要求：可将开发养鱼平台产业生产与海上特色旅游、海上牧场资源流放结合，一举多得。

"绿色食品"要求：海洋水质无污染，完全可以做到"有机""绿色""无公害"，应具有水产品加工、冷藏功能，生产海洋绿色无公害水产品。

"全年生产"要求：海上苗种生产要求有海水升温及鱼舱保温设施、水循环处理系统，以保证海上全年生产，苗种供应稳定。

"后勤保障"要求：陆上要有后勤基地，有补给船、直升机保障供给。

"安全消防"要求：要有海上自救与安全消防系统、预案处理系统，结合气象监测与海洋监测。

"采捕饵料"要求：具有天然饵料采集系统，以及海上游钓、诱鱼、捕鱼装置，用于生产与生活。

第二节　智能水质监控系统

一、定义

养鱼工船智能增氧系统是指通过传感器实时监测养殖池中的溶解氧含量，通过网络将其传递给智能控制系统，根据用户设置的溶解氧含量的下限和上限控制增氧机工作的新技术 [9]。循环水养殖装备是对养殖水进行沉淀、过滤、去除水溶性有害物和消毒等一系列处理后，根据养殖对象及其生长阶段的生理要求，进行调温、增氧和补充适量的新鲜水，再输送到养殖池中进行反复循环利用的一套设备 [10]。

二、原理

工厂化养殖要实现高产，主要途径就是高密度养殖。随着养殖密度的增加，各种水质参数会严重地影响鱼类的生长，如溶氧量急剧减少、亚硝酸盐富集等。因此，要对养殖水体进行处理，使其适宜鱼类的生存。同时，为了减少工厂化养殖对环境的影响，减少养殖废水的排出，应当循环利用养殖水。本部分介绍智能增氧设备和循环水设备的原理。

通常水中存氧的方式有大气中的氧气与水接触溶于水和水生植物光合作用产氧溶于水两种方式。影响水中溶氧的因素主要有浊度、风速、温度、气压、空气湿度等。增氧技术根据增氧方式不同可分为物理增氧、化学增氧、生物增氧和机械增氧等，其中机械增氧最为普遍 [11]。在养鱼工船系统中，可以通过加强海水置换、充气式增氧机或液态氧增氧设备来提高养殖水体中的溶氧量。其中充气式增氧机和液态氧增氧设备都属于机械设备增氧，可使得水体与氧气充分混合来达到增氧的目的。

循环水设备是将养殖的废水通过一系列处理后，使水质参数达到鱼类适宜生活的水平，再输送到养殖池中。水处理程序为：①经过物理过滤和沉淀去除较大的杂物；②通过静电或生物化学的方法过滤较小的杂质；③采用生物化学方法，将水中的有害物质（亚硝酸盐等）去除；④通过紫外线照射或通臭氧的方式进行杀菌消毒；⑤经过温控系统对水的温度进行控制；⑥通过充气或加液氧的方法提高水体的溶氧量；⑦处理后的水循环回到养殖车间。

使用循环水设备，可以使工厂化水产养殖更加生态环保，符合绿色生产的要求。

三、结构和功能

智能增氧系统由三部分组成，分别是溶解氧传感器、控制器和增氧设备。智能

增氧系统结构如图 13-3 所示。智能增氧系统能够提高养殖水安全系数，改善水质，提高水产养殖产量[12]。

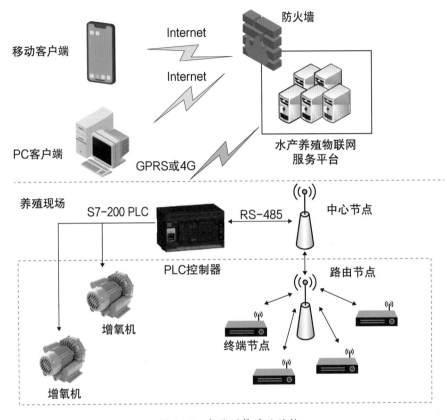

图 13-3　智能增氧系统结构

溶解氧传感器包括溶氧检测探头以及信号处理电路。溶解氧传感器可分为化学型溶解氧传感器、电化学溶解氧传感器、光学型溶解氧传感器。溶解氧传感器的基本原理：首先，将氧分子在化学、电化学和光化学反应中产生的电学或光学信号，转化为电学信号；然后，经放大电路或模数转换电路处理后，将结果输出显示，最终获取溶氧含量[13]。化学型溶解氧传感器的依据为碘量法，碘量法是国际公认的用于测定水中溶氧的基准方法。电化学溶解氧传感器根据检测原理的不同可分为 Clark 型溶解氧传感器和原电池型溶解氧传感器。光学型溶解氧传感器主要分为基于分光光度法的溶解氧传感器和基于荧光猝灭原理的溶解氧传感器，图 13-4 所示为一种荧光猝灭法无膜溶解氧传感器的结构。图 13-5 所示为一种荧光法溶解氧分析仪。

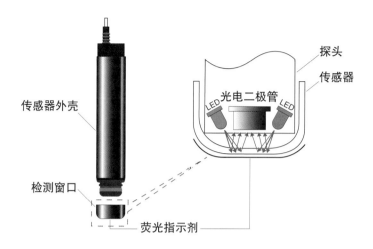

图 13-4 荧光猝灭法无膜溶解氧传感器结构

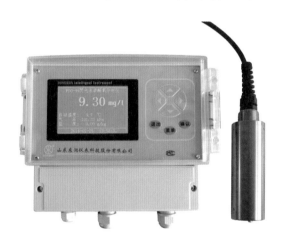

图 13-5 荧光法溶解氧分析仪

溶解氧传感器采集到的数据传输到控制中心，计算机使用特定的控制算法分析采集到的数据，并根据预先设定好的最佳溶氧值做出相应的决策，决定增氧设备的开关，从而将养殖水体中的溶解氧调控到最适宜鱼类生长的浓度值。

近年来，我国集约化养殖规模不断扩大，人们生活水平快速提升，福利养殖越来越被提倡。福利养殖不仅是人与动物和谐共存的需要，也是保障食物质量安全的需要[14]。在水产养殖中，养殖水质对水产品的质量起着关键的作用。通过循环水装备将水质参数调控到鱼类生长最适宜的范围，不仅能实现鱼类福利养殖，而且可以减少工厂化养殖对环境的污染。循环水立体养殖水处理工艺结构及流程分别如图

13-6、图 13-7 所示。养鱼工船上的循环水系统流程与之类同，由养殖池、微滤机、蛋白质分离器、超级增氧机、生物滤池、紫外线消毒、冷热换热器及水质在线监测八大部分组成。循环水养殖具有节水、节地、高产、保护海洋环境、健康养殖等优点[15]。

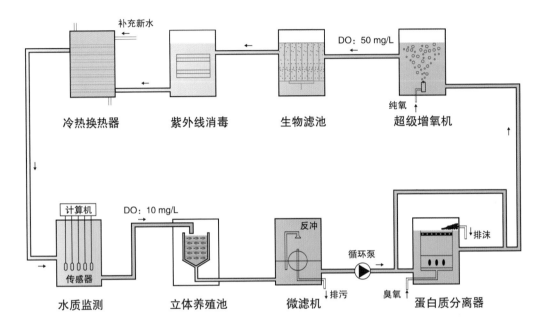

图 13-6　循环水立体养殖水处理工艺结构

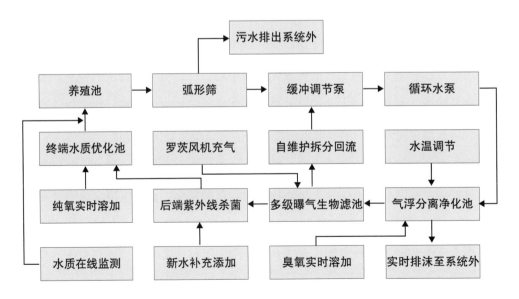

图 13-7　循环水立体养殖水处理工艺流程

第三节 智能投喂系统

养鱼工船自动投喂装备是利用计算机技术、自动化与机电一体化技术、环境与养殖技术等，运用水下摄像机对养殖鱼类生长情况和水下环境进行实时监测，并通过计算机准确控制投喂时间与数量，实现养鱼工船精准化养殖[16]。

一、养鱼工船智能投喂系统发展现状

由捕到养，由近海向远海是未来海洋渔业经济的出路[17]，其中远海养鱼工船养殖尤为重要。养鱼工船有诸多优点，例如抗风浪强、养殖容量大、养殖的鱼类肉质和营养价值与野生鱼相近、集约化和自动化程度高等[18]。发展养鱼工船养殖业有利于海洋资源的开发，减少近海养殖所造成的水体污染和鱼群疾病传染，提高鱼类产品的质量，调整渔业产业结构，帮助渔民转业转产等[19]。

目前我国水产养殖主要采用人工投喂，投喂过程中存在劳动强度大、投喂不均匀、效率低、饵料量难以准确控制等缺点。饵料的浪费不仅会污染水质，恶化养殖环境，还会增加鱼类病害的发生，影响鱼类的生长，增加养殖成本，降低养殖效益。因此，饵料的投喂技术是否科学合理，是影响养殖效果和生态环境的一个重要的因素[20]。

随着嵌入式系统硬件技术和以嵌入式技术为核心的图像处理技术的飞速发展，嵌入式机器视觉处理速度更快，性能更加稳定，用机器视觉检测的方法代替人工视觉检测，可以提高生产的柔性和自动化程度。利用机器视觉技术获取进食鱼群取食参数实现鱼群养殖精准投喂的方法，很好地解决了精准智能投喂的问题。

二、养鱼工船智能投喂系统整体设计

在水产养殖中，改善水产品养殖基础设施、投喂质好量足的饵料和提升饵料利用率是提升水产品养殖效益非常关键的途径。研发智能投喂系统将有利于我国水产养殖业加快由数量型向质量型、由污染型向可持续型转变的步伐，使水产养殖业最终成为可以提高我们生活水平的重要手段。

研究人员通过对投喂时养殖池养殖鱼群进食面积与饵料投喂时间进行量化分析研究，开发出基于机器视觉技术的智能投饵控制系统[21]。根据用户需求，将整个投喂控制系统进行功能划分，主要有五个模块，分别为投喂装置的机械结构设计、光伏供电系统、无线视频传输系统、远程数据传输系统以及养殖管理系统，如图 13-8 所示。

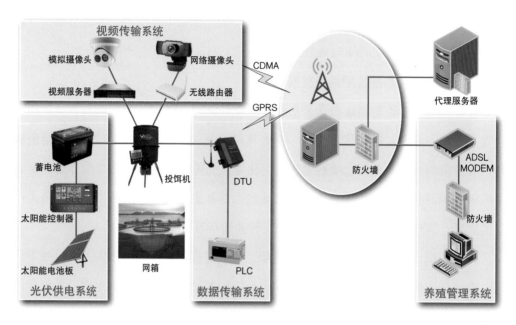

图 13-8　智能投喂系统整体方案

基于机器视觉实时决策智能投喂系统由图像采集、图像处理、执行机构及智能控制等 4 个部分组成，如图 13-9 所示。图像采集系统将采集到的实时图像传输给

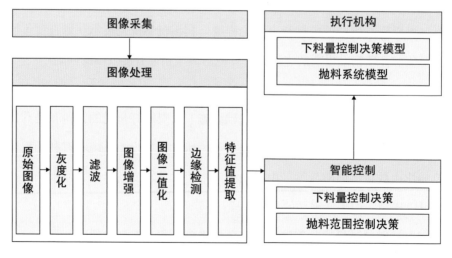

图 13-9　智能投喂系统的组成与工作原理[22]

图像处理系统进行处理，通过滤波、增强、二值化、特征识别等方法获取鱼群图像特征值，如位置、大小、数量、聚集度等；智能控制系统根据图像采集系统获得的特征值来识别鱼群的活动状态，结合鱼群的先验摄食规律，决定饵料投放量及抛撒距离，并对执行系统的动作进行控制，从而实现智能投喂。

三、浮饵自动投放系统

目前我国水产养殖中饵料投放基本都是根据养殖人员的经验，一次性投放大量的饵料，无法实现精准投喂，极易出现鱼群摄食不足、饵料浪费或者水质污染问题。在智能投喂机控制系统中引入图像分析和嵌入式技术已成为一种发展趋势，在实现剩余饵料检测和饵料投放控制一体化方面具有重大意义[23]。浮饵自动投放系统主要由现场浮饵信息采集部分、浮饵投放控制部分、养殖远程管理系统三部分构成，其总体系统结构如图13-10所示。

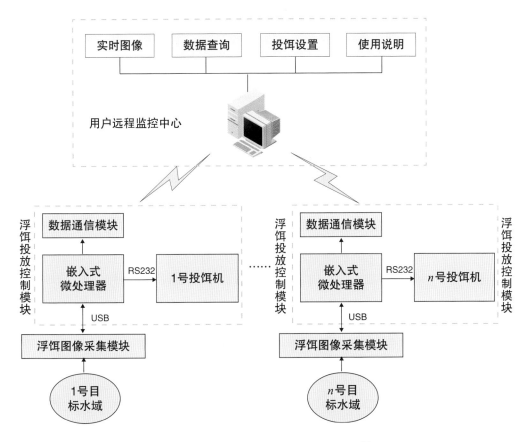

图 13-10　浮饵自动投放系统整体结构[24]

自动投喂主要流程如下：浮饵信息采集部分的图像采集模块定时采集多个养殖池护料栏内浮饵剩余图片；将采集到的图片数据通过 USB 传输协议上传到嵌入式处理器，处理器通过图像处理算法识别出所捕获图片内所有浮饵；通过公式统计并计算出浮饵个数及鱼群摄食活力；嵌入式处理器依据这些信息发送指令控制投饵机给对应的养殖池补充饵料或者结束投饵，形成一个闭环的浮饵自动投放系统。

四、基于机器视觉的浮饵自动识别技术

利用该技术，可通过对不同网箱和鱼种条件下预先采集的鱼群水面摄食图像进行处理，提取图像的特征参数，再通过对特征参数进行处理，分析鱼类的摄食特点，掌握鱼群的摄食规律，进而确定投饵量，通过投喂方案的设计，实现科学合理投喂[25]。为了更好地了解鱼群进食情况，一种基于嵌入式机器视觉和支持向量机的浮饵自动识别技术被提出，其检测过程如图 13-11 所示。

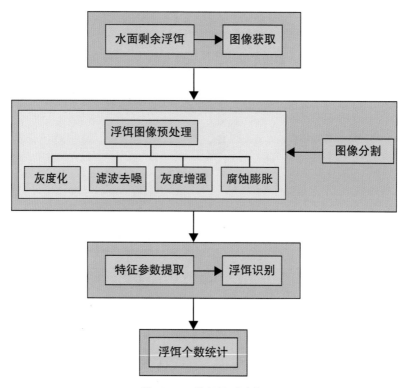

图 13-11　浮饵检测过程

（一）浮饵图像获取

浮饵图像动态获取是由图像采集模块实现的。图像采集模块获取的是多张图片，相邻图片之间存在重叠区域，这是图像拼接能否实现的重要影响因素，所以在图像采集模块动态获取浮饵图像前，需要对旋转机构中舵机的转动次数和角度进行设定，既要实现图像拼接，又要获取目标水域内全部浮饵图像信息。

（二）浮饵图像处理

浮饵图像处理部分由浮饵图像预处理和浮饵图像分割两部分组成。

1. 图像预处理

浮饵图像预处理主要包括灰度化、滤波去噪、灰度增强和腐蚀膨胀四个过程。为了简化图像数据量，获得更好的视觉效果，需将彩色图像转换成灰度图像。首先使用中值滤波消除噪声干扰，然后通过灰度增强提高图像质量，最后通过腐蚀膨胀对浮饵图像进行边缘平滑处理和目标分割。

2. 图像分割

浮饵图像经过相应预处理后，选取合适的图像分割算法对预处理过的浮饵图像进行分割。视频监控系统采集的图像通常为真彩色 RGB 格式。彩色图像分割在计算机视觉技术方面是一个相对较新的领域。

（三）浮饵识别

浮饵识别部分由特征参数提取和浮饵识别两部分组成。分割后的浮饵图像中并不只有单个浮饵，往往还存在一些相连的浮饵和非浮饵目标，这都会使软件自动计数不准确。为排除这些干扰，需提取出单浮饵、非浮饵和粘连浮饵图像的几何特征参数，把这些有代表性的特征参数作为支持向量机的训练样本，进行训练建模。模型建立完成后，提取出需要识别的图像的几何特征参数，把这些参数输入该识别模型以实现目标物体的识别分类。

五、投喂技术研究

为了克服传统人工养殖投喂过程中依赖人工经验的缺点，可以采用基于模糊控制技术的投喂控制方法，使得投出的浮饵量既要让鱼群吃饱又不能剩余过多，实现自动投饵机投饵量的精细化。实现精细化投喂的思路：根据水面浮饵实时图像分析鱼群摄食活力和水面剩余浮饵量；通过模糊控制器将鱼群摄食活力和水面剩余浮饵量这两个输入变量模糊化；根据这两个模糊变量预测鱼群在下一个摄食周期需要的

投饵量，即模糊输出变量；将模糊输出变量转化成电机控制参数并控制投饵机投饵。

（一）模糊控制原理

模糊控制系统是一种以模糊数学、模糊语言形式的知识表示和模糊逻辑规则推理为理论基础，采用计算机控制技术构成的闭环控制系统，其组成核心是模糊控制器[26]。其工作原理如图 13-12 所示。

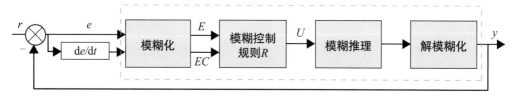

图 13-12　模糊控制器原理

通过采样得到被控对象的值，将采样值与给定值 r 进行比较，得到它们的偏差 e 和偏差变化 de/dt。此时的 e 和 de/dt 还是一个精确值，要想在模糊控制器中使用，必须进行模糊化，将其转换成模糊量。将 e 和 de/dt 输入模糊控制器中，用相应的模糊语言来描述偏差 e 和偏差变化 de/dt 的模糊量，可以得到偏差 e 和偏差变化 de/dt 模糊集合的一个模糊子集 E 和 EC，再将此模糊子集 E 和 EC 与模糊控制规则 R 由模糊推理进行决策，得到模糊控制量 U。通过数模转换器进行解模糊化，将 U 变成精确的模拟量 y，然后送给执行机构实现对被控对象的精确控制。

1. 模糊化

模糊化是将输入的实测物理量变换为模糊控制量。

2. 模糊推理

模糊推理是模糊控制器的重要组成部分，它根据模糊控制规则库中提供的规则和控制系统当前的情况，推断出应施加的控制量。此时得到的控制量是一个用语言描述的定性的量，它只说明了某一确定的输出范围，即模糊输出量。模糊推理系统常用的有 Mamdani 模型。

3. 解模糊化

通常情况下，模糊推理得到的结果是一个模糊量，但控制器传输给具体执行机构的信号必须是清晰值，所以，必须将推理得到的模糊量进行转化，一般称这个转化过程为解模糊化或去模糊化，它与输入量的模糊化过程相反。

（二）模糊变量论及其隶属函数

在传统养殖过程中，投入的饵料量是根据鱼群总体质量的 5% 来确定的。例如，池塘里中华鲟平均质量在 500 g 左右，所在池塘里大约有 200 条，所以每个时间段总投饵量大约是 $500 \times 200 \times 0.05 = 5\,000$（g）。为了使投喂过程更加精细化，将单次投 5 kg 分成 25 次小量投饵：$5\,000 \div 25 = 200$（g），即每次投饵料 200 g。由于投饵机控制投饵量时其精度无法到克，为了增强投喂系统的鲁棒性，需要对与投饵相关的变量进行模糊化处理，为此需做如下工作。

因为单次投饵 200 g 左右，所以其论域范围在 [0,200]，将水面剩余浮饵数量化为 [1,2,3,4,5] 五个等级，并把论域划分为 5 个模糊子集，用模糊变量 NB、NS、ZO、PS、PB 对其进行赋值，采用三角形和梯形隶属函数，其中 NB、PB 的隶属函数为 "Trapezoid"，NS、ZO、PS 的隶属函数为 "Triangle"。水面浮饵量的隶属度函数曲线如图 13-13 所示。

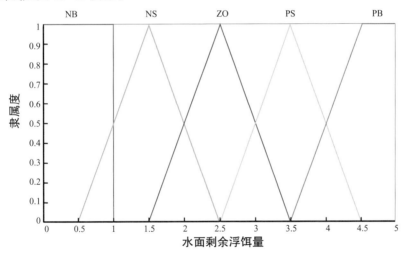

图 13-13 水面剩余浮饵的隶属度函数曲线

第四节 智能水泵监控系统

水产品已逐步成为人们重要的食物蛋白质来源，在生活中的地位愈来愈重要[27]。养鱼工船具有可移动性、污染小、绿色高效等优点，解决了传统养殖业发展不可持续的问题，是海上工业化养鱼的一种主要形式。养鱼工船是通过海上浮动的载体，运用机电、化学、自动控制学等理论，对养鱼生产中的各个指标和参数实行半自动或全自动化管理，从而使鱼类始终处于最佳生长状态的一种高效养殖方式。养鱼工船的养殖网箱如图 13-14 所示。

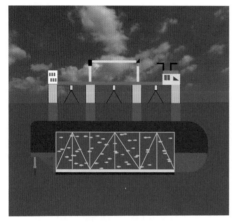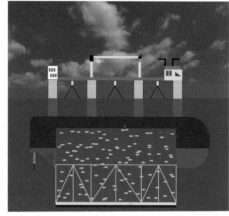

网箱收起状态　　　　　　　　　　　　　网箱伸出状态

图 13-14　养鱼工船的养殖网箱

在水产养殖中，排灌设备主要是水泵，有离心泵、潜水泵、轴流泵、混流泵等。水泵在水产养殖中主要用于注水和排水，保证处于不同生长阶段的鱼类的不同水位需求，如：可通过注水调节水温，增加溶氧量，调节水质、盐度和 pH 值；抽排多余和老化的水体等，使鱼类一直处于适宜的生存环境。

一、水泵的作用

（一）水泵的增氧作用

溶解氧在水产养殖中的作用非常重要。大规模的养殖会增加溶解氧的需求量，当耗氧量大于供氧量时，鱼可能出现"浮头"现象甚至死亡，有害细菌和病毒也会大量地繁殖生长，影响鱼类的生长[28]。

很多养殖者通过水泵注水来达到增氧的目的，水泵经常用于增氧或调水[29]。在大面积高密度水产养殖中常使用增氧泵增氧，其中叶轮式增氧泵最常用[30]。需要注意的是，在压缩空气进入鱼舱前，应经过减压，除油水和干燥后方能喷入鱼舱。

（二）水泵的排污作用

养鱼工船的排污主要包括死鱼的清除和残余饵料、排泄物的清洁。养鱼工船采用循环换水系统，通过深层水泵、循环水泵等进行换水和排污[31]。

1. 死鱼的清除

鱼死之前鱼鳔内有空气，死后空气慢慢排空，所以先沉入水底，待内脏器官等腐烂产生气体后，密度减小，才浮起来。因此，在密闭的鱼舱中，需要在死鱼沉入舱底时，及时地进行清除。首先，利用舱内监控及时发现沉入舱底的死鱼，随后启动收网装置，将设于舱底的渔网通过滚轮、绳索，贴着底部从前到后，从左到右聚拢，然后用网兜打捞出舱，收集完成后从鱼舱死角拖拽渔网复位。

2. 残余饵料、排泄物的清洁

残余饵料和排泄物主要通过污水泵排至舱外。残余饵料和排泄物的清洁主要是依靠物理方法，利用压缩空气的供氧管路进行吹洗，将沉入舱底的排泄物撕裂揉碎，然后随水流经溢流孔流出。应注意在换水泵进口处设置高密度的滤器，并定期进行清洗。

（三）水泵的取水作用

通过取所需温度的深层海水，并利用这些富含矿物质、水温及盐度适宜的海水，可以保证鱼类的生长环境。通过取水管和循环水泵可以实现对养殖舱供水，并且循环水泵可以根据养殖舱内的液位传感器自动启停。也可以通过提水泵和取水管实现水流交换。

二、水泵的种类

（一）潜水泵

潜水泵增氧机在水产养殖中使用较为广泛[32]，其原理为：当具有一定压力的潜水泵喷出的水流经喷嘴时，会引起接收室内压力急速下降；由于大气压力的作用，接收室内高速的水流会带走空气一同进入混合管，在混合管内形成了水、空气混合物，同时压力升高；然后水、空气混合物进入扩散室，压力继续升高；在扩散室出口处，混合液喷入水体，产生溶解氧[33]。

（二）离心泵

离心泵的工作原理为：水在叶轮的高速旋转所产生的离心力的作用下被提到高处。在启动离心泵前，必须保证泵壳和吸水管内充满水。通过叶轮不停地转动，使

水在叶轮的作用下不断流入与流出，达到输送水的目的。养鱼工船上使用潜水泵抽吸深层海水，离心泵用于加压，再连接喷射泵来进行海水的置换，用加压的深层海水作为工作水。

（三）换水泵

渔用换水泵主要是针对现有网箱养殖，因网目污堵会造成被动交换水体不畅及去污困难的问题。换水泵的工作原理是：当夜间或阴雨天时，电机通过传动轴直接驱动叶轮旋转，使水面附近溶氧量较高的水体水平进入网箱，达到主动交换水体和增氧的目的。与此同时，可以稀释和排除箱内鱼类的排泄物[34]。

三、水泵的选择

（一）确定实际的流量

水泵的流量与灌排的面积、深度，灌排的天数和每天的工作时间等有关。

（二）初步确定需要的扬程

水泵的扬程是指水泵能够将水抽到的最高高度，通常用米或英尺表示。

（三）初步选择

根据流量和扬程的需要查找适合的水泵型号。

（四）校验

校验水泵的运行工况是否符合所需的工作情况且在高效区的范围内工作，否则另选水泵[35]。

（五）注意事项

一是动力机与水泵功率配套，二是水泵和电动机转速配套。

四、水泵监控系统组成及功能

目前水泵监控系统常用于城市隧道、煤矿、火电厂、高速公路等方面。例如，城市隧道水泵监控系统由可编程控制器系统、人机交互系统、上位机系统组成。其中，上位机系统与可编程控制器系统采用以太网通信，人机交互系统与可编程控制器系统采用串口通信，进而控制底层设备，两种控制方式互补，可以提高系统稳定性[36-39]。

养鱼工船上的水泵监控系统主要由水泵、无线监控终端、互联网、客户端组成，其主要工作原理是：通过无线监控终端将采集到的各项参数通过互联网传输到客户端，由用户进行实时监控，从而最终实现对各水泵的远程集中监视和控制。如图13-15所示。

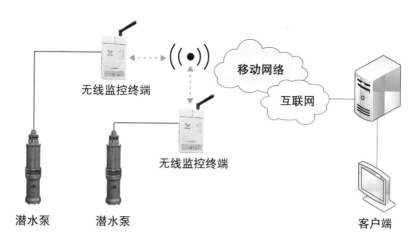

图 13-15　水泵监控系统组成

水泵监控系统的主要功能包括以下五个方面。

（一）控制功能

系统将传感器采集的水泵状态信息和水泵的工作环境等信息传递给用户，用户对数据进行处理和控制。也可通过程序设计进行全自动控制。

（二）保护功能

系统具有故障自诊断功能，能对供电电压、电机电流、电机轴承温度、水泵前后轴承温度、进出口压力等各项参数进行检测。当某项参数异常或超出设定值时，系统会判断故障并报警。

（三）实时显示参数功能

系统能够实时显示水泵的流量、排水管路压力、水泵轴承温度、水位等参数，有利于用户进行实时监测和调控。

（四）数据存储功能

系统能够将系统工作时间内进行的各项操作及采集到的参数信息进行存储。

（五）联网功能

系统能够方便地进入以太网平台，供其他设备终端接入网络后实施现场的远程监控。

随着动力渔船、新型网材料和探鱼仪等新技术的出现，资源的利用程度大大提高[40]。养鱼工船水泵监控系统在水泵的设计、水泵工作状态参数的检测和采集、远程操控及自动化、智能化方面还有很大的提升空间。目前，操控自动化与集成化、监控智能化和能源消耗绿色化已成为水产养殖及渔船装备发展的主要趋势[41]。

第五节　智能管理系统

为了提高养殖效率，水产养殖必然会朝着高密度养殖、精细化管理的方向发展。其中通过监控水产养殖水环境来创造一个稳定并适宜水产品生长繁殖的水环境将会成为一个重要议题[42]。随着科学技术不断应用和渗透到水产养殖领域中，农业生产已从自动化向智能化转换。尤其是物联网技术在农业中的引入，使得原本分散的、时空差异大的水产养殖，可在物联网中实现集中生产管理和远程智能化控制。

一、系统功能需求分析

在人工渔业养殖的过程中，水环境不适宜将会引起鱼类发病率升高，进一步影响鱼类的存活量。衡量养殖水质好坏的指标主要有温度、pH 值、溶氧量等，详述如下。

（一）监测对象

智能管理系统能够实现对养殖水环境水温、pH 值、溶氧量、水位等四项基本参数的监测。另外，根据养殖户反映，最好能实现远程视频监控，以便及时了解水透明度、水面环境等参数。

1. 温度

不同鱼类对水温的要求不同。鲢鱼、鳙鱼、草鱼、鲤鱼、团头鲂等属温水鱼类，适宜生活的水温为 20 ~ 30 ℃。

2. pH 值

pH 值既影响鱼类的生长生活，又影响池水中的营养素，因此人们常用石灰来调节鱼池中水的酸碱度。鲢鱼、鳙鱼、草鱼、鲤鱼、团头鲂等温水鱼类喜偏碱性水，其适宜的 pH 值为 7.5 ~ 8.5。

3. 溶氧量

溶氧量是指水中氧气的溶解量。一般鱼类适宜的溶氧量为 3 mg/L 以上，当水中溶氧量小于 3 mg/L 时，鱼停止摄食和生长；小于 2 mg/L 时，鱼就会浮头；在 0.6 ~ 0.8 mg/L 时，鱼开始死亡。

（二）监测时效性

能实现水质的长时间在线测量，并自主设置监测采样周期，最长不超过半小时就能自动对水质参数采样测量一次。

（三）监测数据分析和统计

监测数据能够及时上报并存储到服务器，养殖户可在家用电脑、手机等信息终端上远程访问，自主设定水质标准，在监测参数超标时及时告警或启动反馈控制设备进行调节。另外，最好能建立特定鱼种的养殖水环境生长模型，系统可根据生长模型自动调节参数。

二、系统总体结构

物联网技术在监控水产养殖水环境中应用，可以改善传统监控方式监控周期长、措施采取不及时等种种弊端，实现对水产养殖水环境的实时监测、自动化控制、远程监控。水产养殖智能管理系统由水质传感器、数据采集、GPRS 数据传输、智能控制系统组成，如图 13-16 所示。

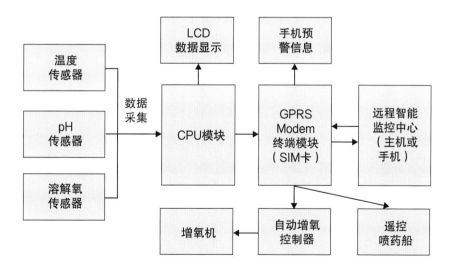

图 13-16　水产养殖智能管理系统设计

养鱼智能管理系统由主机和子机构成，每个子机负责一个监控点，用于检测水温、pH 值、溶氧量、饵料量等参数，然后，控制喂饵机和增氧泵等装备子机监控点将采集到的水温、pH 值、溶氧量、饵料量等数据，通过无线的方式定时打包发送给主控机，主控机把数据传给 PC 端分析处理，PC 端通过养殖池实际温度、pH 值、溶氧量与用户预设值比对，来显示"正常""异常"的工作状态，在溶氧值不足时自动启动增氧泵[43]。

（一）子机数据采集与控制节点

每个子机集水温测量、pH 值测量、溶氧量测量、增氧泵控制、投饵控制、状态指示于一体，并与主控机进行数据交换。子机通过无线方式将采集到的数据打包发送到主控机做预处理，最终由上位机分析比对。

（二）主控机

整个系统以主控机为通信的纽带，PC 管理界面的控制命令通过主控机路由发送给各路子机，同时将子机通过无线传来的数据发送给 PC 机进行数据交换。主控机包含 GSM 模块，通过 AT 指令操作，将采集的养殖池的相关信息以短信的方式发送至用户手机，提醒用户关注。

（三）无线通信

主控机和各子机以无线的方式进行数据交换。PC 机采用点名的方式控制主控机依次巡检各路子机，子机通过拨码开关标定自己的 ID，等待主控机呼叫。主控机对发送的数据包进行 SUM 1 求和，同时子机对接收的数据包进行 SUM 2 求和，并与 SUM 1 求和结果进行比较。结果一致，说明数据接收正常，进入 ID 校验；如果不一致，说明数据接收出错，则丢弃当前数据，进行下一轮的数据接收。在数据帧接收正确的情况下，每个子机提取主控机发来的数据包中的 ID，与自身的 ID 值对比，如果一致，再进入下一步的控制量和后续数据的提取，子机接收控制量并执行后，将自身状态、位置一并打包到数据帧中告知主机自己已经开始执行指令，这样避免主机重复发送同一指令。

三、终端管理

终端是用户使用业务的载体。在下一代网络中，终端设备具有多样化和渗透到生活的方方面面等特征。对终端设备进行统一的管理可以保障已有业务及网络融合后出现的各种新业务的开展，终端管理成为网络管理领域的新热点。

（一）终端的管理需求

终端设备是用户使用和体验各类新业务的窗口，是最接近用户的网络末梢，用户对终端的管理需求体现在以下几方面。

1. 终端设备的远程监控

终端设备的类型繁多，终端设备的性能与日俱增，终端的组网也日益庞大和复杂，对终端设备进行远程监控，并为其提供正确的网络和业务配置参数，及时更新所需的软硬件并提供故障的远程检测、诊断，是保障终端设备及其组成的网络能够正常、可靠、安全运行的关键。

2. 具有自组织特性的终端的管理

终端设备具有随机接入与退出、便携可移动等特点。当终端设备的接入情况发生改变时，终端设备的组网需要自动、快速地调整，因此终端设备同时具有自组织的特点。为了提高具备自组织特性的终端的管理效率，需要研究出一种高效的终端自主管理方法。

3. 终端的个性化服务

终端的个性化服务指终端可以根据用户的偏好、所处环境提供最个性化的服务。其目标是为了方便用户对终端的管理，提高用户的工作效率。

4. 支持获取个人用户最终感知的终端管理

终端是业务通道的末梢，可以记录用户对业务的满意度指标。从终端采集这些信息并进行深入的分析，有助于推进网络的精益化管理。

（二）终端管理模型的研究进展

近年来，越来越多的标准化组织和科研机构对终端管理技术进行研究，其中基于 DM（device management，终端管理）的移动终端管理模型和基于 TR-069 的家庭终端管理模型分别由 OMA（open mobile alliance，开放移动联盟）和 BBF（broadband forum，宽带论坛）提出。

面向具有自组织特性的终端的管理，3GPP（3rd generation partnership project，第三代合作伙伴计划）启动了相关的研究项目。虽然在支持普适通信业务的终端管理方面没有成型的成果，但 3GPP 等组织对所需的关键技术进行了研究。另外，ITU-T（ITU Telecommunication Standardization Sector，国际电信联盟电信标准部）等组织

定义了 QoE（quality of experience，用户体验质量）指标，并开始关注终端在采集 QoE 指标方面可以发挥的作用。

（三）基于 DM 的移动终端管理模型

OMA 和 3GPP 是在移动终端管理方面成果较为突出的两大标准化组织。消费者、全球移动运营商、设备运营商、内容提供商共同组成的一个开放式论坛，被称为 OMA 论坛。DM 工作组在 OMA 论坛中负责终端管理的研究，并发布标准集。UEM（user equipment management，用户设备管理）工作组负责研究 3GPP 终端管理，其成果已经并入 OMA DM。目前，技术较为成熟、使用较为广泛的终端管理标准是 DM 2.0。

DM Server 远程管理终端设备的管理框架是由 OMA DM 提出的，移动终端管理模型如图 13-17 所示。OMA DM 可以实现终端参数的远程配置、终端固件的远程下载更新、终端故障的远程诊断及维护等功能。利用 DM Tree 来组织终端设备上的资源，并通过对 DM Tree 的操作实现对移动终端设备的管理。

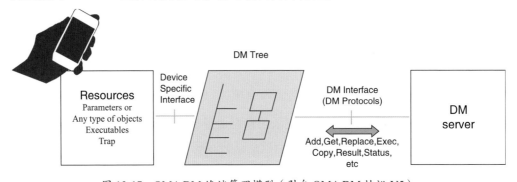

图 13-17　OMA DM 终端管理模型（引自 OMA DM 协议 V5）

该终端管理模型（图 13-18）是一种功能参考模型，主要关注与终端管理相关的功能组件以及组件间的关系，终端管理节点面向多种用户提供服务。通过终端管理节点，运营企业可以实现对终端设备及其组成网络的集中管理。终端设备商可以发布终端设备软件包和设备参数，普通用户则可以对异地终端设备进行远程设备管理。终端管理节点是模型中关键的组件，实现了各类终端的集中管理，并将管理能力进行封装，对外提供服务[44]。

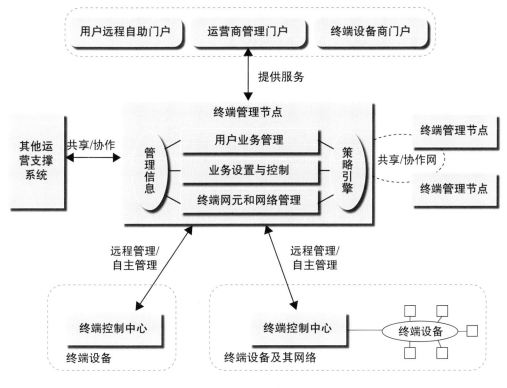

图 13-18　终端管理模型

本章小结

　　养鱼工船是我国工厂化水产养殖向深远海网箱养殖发展的新的养殖载体，将海洋工程装备与工业化养殖、新能源开发、海洋生物资源开发相结合，进一步探索效益高、可移动和绿色生态的海洋渔业。本章从养鱼工船的育苗、养殖、收获、加工、储藏等生产环节，构建了集成陆基工厂化养殖技术，配套深海网箱设施、捕捞渔船、物流补给船和路基保障设施，能获取优良水质与适宜水温，具有相当抗风浪和游弋能力的专业化养殖渔船及其生产管理机械化装备的系统。

　　海洋渔业经济发展的关键在于深远海网箱养殖，其有利于减少近海渔业造成的生态环境污染和调整渔业结构。养鱼工船系统需与计算机技术、自动化与机电一体化技术、环境与养殖技术深度结合，利用现代化的通信和声学技术开发生物量估计仪、探鱼仪和定位仪等装备，实现深海网箱智能水质监测、自动投饵、溶解氧预测控制和能源高效利用。未来，操控自动化与集成化、监控智能化和能源消耗绿色化将成为水产养殖及渔船装备发展的主要趋势。

参考文献

[1] 联合国粮食及农业组织 .2022 年世界渔业和水产养殖状况：努力实现蓝色转型 [R/OL].[2022-02-20].http://www.fao.org/3/cc0463zh/cc0463zh.pdf.

[2] 纪春艳 . 浅析我国水产养殖业的发展现状 [J]. 渔业致富指南 ,2016(22):14-16.

[3] 顾红钰 . 养殖工船安全管理注意事项 [J]. 航海 ,2021(3):65-68.

[4] 宋协法，郑书星，董登攀，等 . 利用 CFD 技术对养殖工船养鱼水舱温度场和流场模拟及验证 [J]. 中国海洋大学学报 (自然科学版),2018,48(6):37-44.

[5] 王永生，王靖，董登攀 . 某海上养殖工船的制冷系统设计 [J]. 船海工程 ,2017,46(2):132-134.

[6] 张光发，安海听，刘鹰，等 . 散货船改装养殖工船的经济论证模型及系统设计 [J]. 渔业现代化 ,2018,45(2):1-5.

[7] 徐皓，谌志新，蔡计强，等 . 我国深远海养殖工程装备发展研究 [J]. 渔业现代化 ,2016,43(3):1-6.

[8] 丁永良 . 海上工业化养鱼 [J]. 现代渔业信息 ,2006(3):4-6.

[9] 张淋江，刘亚威 . 水产养殖智能管理系统水质调节应用 [J]. 科技创新与应用 ,2017(5):45-46.

[10] 卢建青，李友胜 . 浅析自动化控制在现代农业生产中的应用 [J]. 农业机械 ,2009(6):63-64.

[11] 房燕，韩世成，蒋树义，等 . 工厂化水产养殖中的增氧技术 [J]. 水产学杂志 ,2012,25(2):56-61.

[12] 沈楠楠，袁永明，马晓飞 . 基于水产物联服务平台的智能增氧控制系统的开发 [J]. 农业现代化研究 ,2016,37(5):981-987.

[13] 尚景玉，唐玉宏 . 溶解氧传感器研究进展 [J]. 微纳电子技术 ,2014,51(3):168-175,202.

[14] 黄滨, 刘滨, 雷霁霖, 等. 工业化循环水福利养殖关键技术与智能装备的研究 [J]. 水产学报 ,2013,37(11):1750-1760.

[15] 刘国虎, 刘晨雨. 陆基循环水立体养殖工艺设计及设备分析 [J]. 中国水产 ,2017(7):93-95.

[16] 张静. 国内外远洋渔业捕捞装备与工程技术研究进展综述 [J]. 科技创新导报 ,2018,15(10):22,24.

[17] 张旭泽, 周敏珑, 穆晓伟. 深海网箱全自动投饲机械结构设计 [J]. 机械工程师 ,2015(9):120-124.

[18] 汪昌固. 网箱智能投喂系统开发及关键技术研究 [D]. 太原 : 太原科技大学 ,2014.

[19] 常抗美, 吴常文, 吴剑锋. 论深水网箱鱼类养殖技术 [J]. 现代渔业信息 ,2005(3):26-28.

[20] 刘吉伟, 王宏策, 魏鸿磊. 深水网箱养殖自动投饵机控制系统设计 [J]. 机电工程技术 ,2018,47(9):145-148.

[21] 王勇平, 聂余满, 谢成军, 等. 基于机器视觉的养殖鱼群智能投饵系统设计与研究 [J]. 仪表技术 ,2015(1):1-4.

[22] 乔峰, 郑堤, 胡利永, 等. 基于机器视觉实时决策的智能投饵系统研究 [J]. 工程设计学报 ,2015,22(6):528-533.

[23] 王吉祥. 基于嵌入式机器视觉的浮饵自动投放装置研制 [D]. 镇江 : 江苏大学 ,2016.

[24] 钱阳. 基于图像动态获取的水产养殖智能投饵机控制系统研究 [D]. 镇江 : 江苏大学 ,2017.

[25] 胡利永, 魏玉艳, 郑堤, 等. 基于机器视觉技术的智能投饵方法研究 [J]. 热带海洋学报 ,2015,34(4):90-95.

[26] 伦淑娴, 张化光. 一类非线性时滞离散系统模糊 H_∞ 滤波器的设计 [J]. 电子学报 ,2005(2):231-235.

[27] 李道亮, 傅泽田, 马莉, 等. 智能化水产养殖信息系统的设计与初步实现 [J]. 农业工程学报 ,2000(4):135-138.

[28] 刘晃. 浅谈水产养殖中的增氧方法 [J]. 渔业现代化,2004(2):15-16.

[29] 黄平. 水产养殖中水泵增氧的使用技巧 [J]. 渔业致富指南,2003(18):24.

[30] 王科峰. 水产养殖中叶轮式增氧泵智能控制及报警电路解决方案 [J]. 科技创新导报,2017,14(9):65-66.

[31] 黄温赟,鲍旭腾,蔡计强,等. 深远海养殖装备系统方案研究 [J]. 渔业现代化,2018,45(1):33-39.

[32] 江涛,陈廉裕,徐皓. 潜水泵式增氧机的机理及运用 [J]. 渔业机械仪器,1996(1):4-6.

[33] 邱洪奎. 潜水泵射流增氧机 [J]. 渔业现代化,1982(1):5-7.

[34] 尉伟敏. YHB 型渔用换水泵的设计依据 [J]. 渔业机械仪器,1995(5):4-6.

[35] 董艳风. 渔业上常用水泵的选择和配套 [J]. 中国农村小康科技,2007(8):89.

[36] 王华斌. 城市隧道监控系统中水泵监控系统的设计与实现 [D]. 武汉:武汉理工大学,2008.

[37] 袁小平,白楠,王泽林,等. 煤矿井下排水泵监控系统的设计 [J]. 工矿自动化,2010,36(3):113-114.

[38] 杨小言,高松. 火电厂循环水泵监控系统应用 [J]. 江西电力,2008(1):44-46.

[39] 曹荣富,刘福庆. 高速公路水泵自动化监控系统的设计与应用 [J]. 公路交通技术,2010(3):139-141.

[40] 陈新军,周应祺. 国际海洋渔业管理的发展历史及趋势 [J]. 上海水产大学学报,2000(4):348-354.

[41] 陈琦,韩立民. 基于 ISM 模型的中国大洋性渔业发展影响因素分析 [J]. 资源科学,2016,38(6):1088-1098.

[42] 周婷婷. 基于物联网的水产养殖监控系统设计 [D]. 曲阜:曲阜师范大学,2015.

[43] 徐东明,曹清,邹宇汉. 基于物联网的养鱼智能管理系统 [J]. 电子测试,2014(2):130-131.

[44] 芮兰兰. 终端管理模型及其应用的研究 [D]. 北京:北京邮电大学,2010.

第十四章

智慧鱼菜共生

　　现代鱼菜共生模式结合了工厂化养殖与无土栽培蔬菜技术，是高科技的有机结合所形成的边缘优势与综合累加效益，比单独的养殖与种菜更省空间与资源，更省设备与成本管理投入。本章介绍了鱼菜共生关键技术和未来鱼菜共生智慧工厂的发展趋势。

第一节　概述

当前农业生产资源日渐匮乏，土地资源、淡水资源、可利用无污染的农业资源越来越少，农业生产面临着生态与资源的危机，如水的污染让很多水体的鱼虾资源面临危害，更不能进行生产性的规模化养殖，而种菜也因化肥的大量运用导致土壤严重退化而遇到困难，可持续性成为当前农业生产的主要问题。那么，能否将污废生态化，甚至资源再利用，实现渔业、种植业协同可持续共生和发展？

一方面，传统的水产养殖中，随着鱼的排泄物积累，水体的氨氮增加，毒性逐步增大，需要大量换水或者水处理才可以使水质条件适合水生物生长。但氨氮代谢形成的硝酸盐却是植物生长需要的氮肥。另一方面，种植业需要大量的灌溉用水，并且蔬菜类作物生长又需要大量额外的营养元素，依靠天然条件或者经验来灌溉和施肥，无法做到精准化，会带来一系列环境污染问题。水产养殖和无土栽培的结合，恰好实现了需求互补、生态互补。养殖废水是资源化的种植用水，种植用水净化后又可以补充水产养殖用水。如此循环，鱼、菜、微生物形成了和谐的生态平衡关系，这就是鱼菜共生系统。鱼菜共生是未来可持续循环型零排放的低碳生产模式，更是有效解决农业生态危机和发展危机最有效的方法 [1]。

鱼菜共生技术看似一项全新的技术，但如果从它的特点和源头进行分析，在我国 1 500 年前的古代农耕技术中就可以找到它存在的痕迹。纵观近代的鱼菜共生技术发展史，也可以从中追寻到该技术的发展踪迹，比如鱼粮共生、鱼草共生、鱼芰共生等形式。

现代鱼菜共生模式结合了工厂化养殖与无土栽培蔬菜技术，是高科技的有机结合所形成的边缘优势与综合累加效益，比单独的养殖与种菜更省空间与资源，更省设备与成本管理投入，实现了养鱼不换水而无水质忧患、种菜不施肥而正常成长的生态共生效应，是一种资源节省型的可循环有机耕作模式。更为重要的是，生产的蔬菜与鱼皆为有机产品，在市场上极具竞争力，是符合现代食品消费趋势的一种较好的生产模式。

第二节   工厂化鱼菜共生系统总体结构

现代鱼菜共生需要通过工程化的方法把水产养殖和作物种植互联互通起来，实现鱼、菜生长环境的互作组合，建立植物、微生物、鱼三者共生循环系统。为了实现鱼菜的合理搭配和大规模种养，国际上的主流做法是将鱼池和种植区域分离，鱼池和种植区域通过水处理系统实现水循环和共生。

鱼菜共生系统中包含了水产养殖、蔬菜种植、过滤分解、运行动力四大部分，如图14-1所示。水产养殖多使用养殖池，蔬菜种植可采用不同的水耕栽培方式，从而形成不同类型的鱼菜共生系统。常用的水耕栽培技术包括基质栽培、薄层营养液膜技术循环栽培、气雾栽培等。过滤分解的目的是在植物吸收水中微小分子和离子前，为微生物分解有机物创造有利条件。除自然沉淀分解外，基质栽培方法中颗粒状固态基质，例如陶粒、砾石也达到了类似效果；而气雾栽培等其他方法，往往需要经过硝化床等过滤净化辅助装置来实现过滤分解。运行动力主要包含重力动力和人工动力，贯穿了鱼菜共生技术的各个环节，从水产养殖的水质调节、植物灌溉，到水循环过程，运行动力供应是人工生态系统区别于自然生态系统的特殊需求[2]。

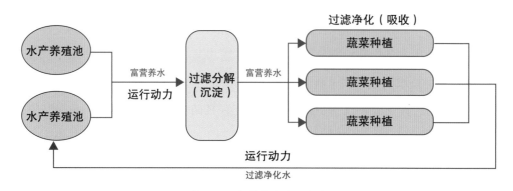

图14-1   鱼菜共生系统组成

鱼菜共生系统必须包括循环水养殖单元、水处理单元、蔬菜种植单元、辅助支撑单元等。但由于每个地域气候、生产方式、生产需求等都存在差异化，且每个单元的实现和组合方式不同，可以延伸出很多种鱼菜共生系统，比如开环模式和循环模式。其中开环模式实现较为容易，但资源利用率较低。循环模式可以实现较好的经济和生态效益，但实现成本偏高，技术依赖度高。

开环模式是指养殖池与种植槽（或床）之间不形成闭路循环，由养殖池排放的废水作为一次性灌溉用水直接供应蔬菜种植系统而不形成返流，每次只对养殖池补充新水。在水源充足的地方可以采用该模式[3]。

循环模式是指养殖池排放的水经由硝化床微生物处理后，以循环的方式进入蔬菜栽培系统，经由蔬菜根系的生物吸收过滤后，又返回养殖池，水在养殖池、过滤系统、种植槽三者之间形成一个闭路循环。

第三节　智能循环水养殖系统

循环水系统是鱼菜共生系统的重要组成部分，其中，水产养殖池的富营养水过滤分解之后，经过植物的过滤净化，产生的纯净水又循环到水产养殖池，这样鱼菜共生系统的水就实现了循环利用。

循环水系统的核心部分是水处理的装备模块和链接技术，其技术的成熟度取决于整个系统的先进性、稳定性和经济性。在循环水处理的主要技术环节上，国内研发单位都已涉及，目前装备的种类基本齐全，技术总体上也已达到较高水平。

鱼池集排污方面：鱼池的集排污工艺在整个养殖系统中看似不太复杂，但作为水处理系统的第一道工艺就显得十分重要，因为它是实现系统净化的前提。目前国内主要采用两种集排污（水）方式：一是传统的单通道底排模式，其结构相对简单，但无法去除鱼池水表面的泡沫和油污；另一种是底排与表层溢流相结合的模式，即通过大流量的底排，有效排出沉淀性颗粒物，并在鱼池上方水体表面设置多槽或多孔的水平溢流管，使漂浮于水表面的油污和泡沫得以排出，同时还起到保持水位的作用，现已成为传统单通道底排模式的替代技术。

物理过滤方面：物理过滤是控制水体固体悬浮物浓度的主要手段。用于海水养殖系统的物理过滤设备主要有转鼓式微滤机、弧形筛和泡沫分离器，这三种装备和过滤技术国内都已较为成熟。转鼓式微滤机用于去除直径 $60\,\mu m$ 以上的固体颗粒物质（TSS）。转鼓式微滤机最大的特点是拥有自动清洗筛面的功能，可满足系统连续运行要求，不足之处在于运行过程中易使颗粒物质造成二次破碎，过滤筛网受反冲洗水流的冲击容易损耗，同时设备造价也较高。弧形筛是一种技术上源于矿砂筛分的分离装置[4]，在养殖水处理上主要是利用筛缝排列垂直于进水水流方向的圆弧形固定筛面实现水体固液分离。泡沫分离器（又称蛋白分离器）是海水处理上去除微小颗粒物质和可溶性有机物的有效装备。

生物净化方面：生物净化是循环水处理的核心技术环节，在控制养殖水体中氨氮、亚硝酸盐等有毒有害物质浓度方面起着十分重要的作用[5-7]。目前国内海水系统中采用的生物滤器一般为浸没式生物滤器，通常采用立体弹性填料、立体网状填料、生物球、生物陶粒等。

气体交换方面：主要有两大功能，一是向水中增氧，二是脱除水体中的二氧化碳。增氧一般有鼓风曝气增氧和工业氧增氧两种。传统的鼓风曝气因增氧效果低等原因，在鲆鲽养殖系统中已逐步为工业氧增氧所取代。纯氧、液态氧和分子筛富氧装置逐渐得到推广应用[8]。低压溶氧器是国外近十年来广泛应用的一种新型纯氧混合装置，其氧利用率虽然低于上述两种增氧方式，约为70%[9]，但其结构简单，造价低，无须机械动力，所需能量仅为 0.6 m 的水体势能，耗能不到氧气锥的 6%，性价比在目前几种纯氧混合器中是最高的，国内现已掌握了该项技术，并且应用良好。二氧化碳去除（脱气）是保证养殖水体 pH 值稳定的关键工艺。国外的循环水系统采用的主流工艺是滴淋结合吹脱法，也有如挪威 AKVA 公司那样与泡沫分离结合的工艺。目前我国在这方面的研发尚处于起步阶段，少数企业因原有系统在 pH 稳定性上出现问题而在水处理工艺中增设了该环节，虽有一定效果，但因相关技术参数研究还不够充分，技术尚未成熟。

杀菌方面：目前主要有臭氧杀菌和紫外线杀菌两种。臭氧对水中细菌、病毒、寄生虫卵等具有良好的杀灭作用，同时对水体脱色也有良好效果，但易产生对鱼类和生物膜有害的臭氧残留和溴酸盐，杀菌浓度和残留量的控制有一定难度。紫外线杀菌是目前广泛使用的水体杀菌技术，具有杀菌效果好、无残留、易控制等优点。水产养殖上主要选用对杀灭细菌效果最佳的 253.7 nm 波长的紫外装置[10]。因紫外线杀菌器的商品价格较高，故有的养殖企业采用自行拼装的封闭式或开放式装置来进行杀菌。

调温方面：为保证养殖鱼类始终处于一个适宜的水温环境下生活和生长，需对养殖水进行加温。加温主要有四种方式：一是采用传统的锅炉加温，二是利用地下热水资源通过换热器进行加温，三是热电厂附近的养殖场可利用电厂余热进行加温，四是采用以太阳能为主体的清洁能源加温。降温主要采用低温水源调温的方式。

第四节　无土栽培系统

无土栽培是指以水、草炭或森林腐叶土、蛭石等介质作植株根系的基质固定植株，植物根系能直接接触营养液的栽培方法。无土栽培中营养液成分易于控制，且可随时调节。通过技术手段，工厂化鱼菜共生系统中的无土栽培可与工厂化水产养殖有效结合起来，使工厂化水产养殖产生的废物、废水、废料被重新利用，变废为宝，转为可控制、可调节的无土栽培营养液，供植物生长需要。

鱼菜共生中的无土栽培根据栽培介质的不同可分为水培、气雾式栽培和基质栽培。

一、水培

水培是指植物根系直接与营养液接触，采用营养液代替土壤进行植物培植的栽培方法。在水培环境中，植物生长没有基质固定根系，植物根系生长在营养液或含有营养液的潮湿空气中。

最早的水培是将植物根系浸入营养液中，这种方式会使植物出现缺氧现象，严重时造成根系死亡。目前的水培技术主要包括深液流技术（deep flow technique，DFT）、营养液膜技术（nutrient film technique，NFT）和浮板毛管水培（floating capillary hydroponics，FCH）。

深液流水培的营养液层较深，根系伸展在较深的液层中，每株占有的液量较多，因此营养液浓度、溶解氧、pH 值、温度以及水分存量都不易发生急剧变动，为根系提供了一个较稳定的生长环境。

营养液膜水培技术是一种将植物种植在浅层流动的营养液中的水培方法，因液层浅，作物根系一部分浸在浅层流动的营养液中，另一部分则暴露于种植槽内的湿气中，可较好地解决根系需氧问题，但由于液量少，易受环境温度影响，要求精细管理。

浮板毛管水培技术采用栽培床内设浮板湿毡的分根技术，为培养湿气根创造丰氧环境，解决水气矛盾，同时利用较长的水平栽培床贮存大量的营养液，有效地克服了营养液膜栽培的缺点，作物根系环境条件稳定，液温变化小，不怕因临时停电而影响营养液的供给。

二、气雾式栽培

气雾式栽培是将营养液压缩成气雾状而直接喷到作物的根系上，根系悬挂于容器的空间内部。容器通常是用聚丙烯泡沫塑料板制成，其上按一定距离钻孔，于孔中栽培作物。两块泡沫板斜搭成三角形，形成空间，供液管道在三角形空间内通过，向悬垂下来的根系上喷雾。一般每间隔 2 ~ 3 min 喷雾几秒，营养液循环利用，同时保证作物根系有充足的氧气。此方法的缺点是设备费用太高，需要消耗大量电能，且不能停电，没有缓冲的余地，还只限于科学研究应用，未进行大面积生产，因此最好不要用此种方法。此方法栽培植物机理同水培，因此根系状况同水培。

三、基质栽培

基质栽培是用固体基质（介质）固定植物根系，并通过基质吸收营养液和氧的一种无土栽培方式。用基质固定栽培作物的根系是基质栽培的特点。基质种类很多，常用的无机基质有蛭石、珍珠岩、岩棉、沙、聚氨酯等，有机基质有泥炭、稻壳炭、树皮等。因此，基质栽培又分为无机栽培、有机栽培等。

基质栽培采用滴灌法供给营养液，其优点是水、肥、气三者协调，供应充分，设备投资较低，便于就地取材，生产性能优良而稳定；缺点是基质体积较大，填充、消毒及重复利用时的残根处理费时费工，困难较大。

基质栽培中的一种经典栽培方式是岩棉栽培。岩棉栽培是将植物栽植于预先制作好的岩棉中的栽培技术。岩棉是由 60% 的辉绿岩、20% 的石灰岩和 20% 的焦炭，在 1 600 ℃ 的高温下熔化，喷成 0.005 mm 的纤维，并压成块，使其密度在 77 ~ 80 kg/m³

的无机固体基质。岩棉具有很好的透气性和保水性，经过 1 600 ℃的高温提炼，无菌、无污染，且能避免水分流失或渗漏。由于岩棉栽培的种种优点，在鱼菜共生系统中也常采用此种栽培技术作无土栽培。

四、无土栽培的主要优点

（一）节水、省肥、高产

无土栽培水分损失少，营养成分保持平衡，吸收效率高，因此作物生长发育健壮，生长势强，可充分发挥出增产潜力。

（二）清洁、卫生、无污染

土壤栽培施有机肥，肥料分解发酵，产生的臭味会污染环境，还会使很多害虫的卵滋生，危害作物。而无土栽培施用的是天然鱼粪分解后形成的无机肥料，不存在这些问题，并可避免土壤中的重金属等有害物质的污染。

（三）省工省力、易于管理

无土栽培不需要中耕、翻地、锄草等作业，省力省工，浇水追肥同时解决，并由供液系统定时定量供给，管理方便，不会造成浪费，大大减轻了劳动强度。

（四）避免连作障碍

在蔬菜的田间种植管理中，土地合理轮作、避免连年重茬是防止病害严重发生和蔓延的重要措施之一。而无土栽培特别是采用水培，则可以从根本上解决这一问题。

（五）不受地区限制、充分利用空间

无土栽培使作物彻底脱离了土壤环境，不受土质、空间、水利条件的限制，无形中扩大了栽培面积。

（六）有利于实现农业现代化

无土栽培使农业生产摆脱了自然环境的制约，可以按照人的意志进行生产，所以其是一种受控农业的生产方式，有利于实现机械化、自动化，从而逐步走向工业化。

由于无土栽培的种种优点，无土栽培得以与水产养殖完美结合，二者相辅相成、互为补充，产生了鱼菜共生这样一种集养殖、种植为一体的绿色、高效的种养模式。

第五节　清洁能源管理系统

工厂化鱼菜共生生产模式是水产领域一种先进的，高能耗、高成本、高产出、高效益的生产模式。在这一生产模式中，产生能耗的主要是水体及温室环境恒定维持系统及其他因素控制系统。我国南北、东西地区有较显著的气候差异，因此为工厂化鱼菜共生系统建立保证鱼菜正常生长的清洁能源管理系统具有十分重要的意义。

建立清洁能源管理系统，对养殖水体和温室环境温度进行调控和管理，在保证生产要求的基础上，节约能源，保护环境，为用户节约了大量运行费用。一方面，养殖水体温度需要根据养殖对象和蔬菜生长环境维持在最佳区间；另一方面，由于温水鱼和热水鱼有很好的营养代谢效率，所以鱼菜共生系统生产对养殖水体温度恒定有特定要求。维持特定温度，尤其在北方越冬期间需要巨大的能量投入，若只使用传统电能会消耗巨大，能源管理系统宜采用多热源组合供热方式，如将地热、空气能热泵、太阳能热水器、沼气热电等清洁能源系统以多能互补技术组成综合型能源管理系统。在炎热的夏天，温室由于环境半封闭，水体降温维持是迫切需求，这需要利用制冷降温将水体和空气环境温度维持在特定的范围内，建议先使用遮阳网、湿帘、喷淋等方式实现物理降温，如不能满足，可利用多热源组合方式进行降温。

国家数字渔业创新中心研究团队依据水产养殖与水培的新型节水组合原则，构建了一种鱼菜共生供热系统，为鱼和植物提供最佳生存条件。该系统采用循环和节水相结合模式，可维护高效的生态平衡，实验平台拥有创新型水培和鱼菜共生蘑菇房两种模式，包括能源循环、水循环、空气循环以及废物循环四种循环。因水产养殖中的温水鱼（如罗非鱼、鲤鱼、鲫鱼等鱼种）养殖对水环境的要求非常苛刻，养殖水体的环境温度一般需要保持在 25 ~ 30 ℃，这需要消耗大量的能源来维持水体温度。为了解决由此带来的高能耗问题，该研究团队提出了多能互补的策略，即采用可再生能源和优化管理（多能互补）的方式来保持养殖水体水温在要求范围以内，并同时减少 CO_2 的排放，节约化石燃料，构建可持续的"粮食生产－水培"系统。具体实现方式为：采用管式换热器（tubular heat exchanger，THE）和热储能（thermal energy storage，TES）单元相结合的加热方法来取代电加热器，使养殖水体水温控制在 25 ~ 30 ℃。TES 装置由可再生能源供能，热能需要白天储存，夜间排放。采用计算流体力学（computational fluid dynamics，CFD）方法对研究模型进行瞬态分析和检验，研究结果表明，水箱中的水温分布满足温水鱼类的最佳生长条件（27.25 ~ 29 ℃），热效率高达 60% 以上。THE 每单位长度的传热速率为 600 ~ 1 300 W/m（热流介质：55 ~ 80 ℃），加热方式与可再生能源提供的 TES 单元常规热源兼容。用于加热鱼缸循环水的泵功率为 100 ~ 200 W，具有较低的电力消耗和运行成本，且换热时间短，3.4 m³ 鱼缸水需要 25 min。而热流介质在管式换热器内流动并没有改变水产养殖水环境的生态特性。

以太阳能辅助地源热泵组成能源管理系统为例，该系统由热管式真空管太阳能集热器作为主要供热装置，太阳能集热器取热不足时地源热泵补充，并配套自动控制系统和自动报警系统，在寒冷天气时也能保证热带水产品的正常生长，相比用电加热器加热或燃烧常规能源（主要是煤炭）加热方式，大大节省了运行费用。其系统原理如图 14-2 所示。

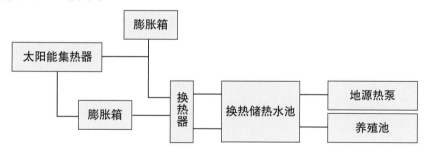

图 14-2　太阳能辅助地源热泵系统原理

概括而言，在不同气候条件下，为了使温室中鱼菜生长环境维持在最佳区间，需配套能量恒定调控管理系统，采用多能互补技术，将太阳能、地热、沼气热电等清洁能源系统有效组合，以多点采集的不同位置的空气环境和养殖水体的温湿度、光照强度等参数，进行优化调控模型运算，控制能源设备进行增温或者降温操作。

第六节　智能监控系统

鱼菜共生设备监控系统涉及诸多领域，是一项综合性的技术，它涉及的学科和技术包括生物学、设施园艺学、环境科学、计算机技术、控制和管理技术等。设计基于物联网的鱼菜共生设备监控系统，采用 RFID、智能化自动控制、无线传感器等现代化先进信息技术，可对鱼菜共生系统中的水和空气环境中的三氮（氨氮、亚硝酸盐氮、硝酸盐氮）、氧气、温度、pH 值、水培植物体内叶绿素、水培植物生长情况及鱼类生长情况等进行全程管理和检测。

鱼菜共生监控系统主要有环境监测、水质监测、视频监测、现场控制、远程控制等功能。该系统将传感器技术、计算机技术、网络通信技术、电子技术等结合起来，实现对鱼菜共生系统生产过程中的 pH 值、水温、溶氧量、光照、EC、水位等各项参数的监控，实现现场控制和远程控制。通过一些控制措施来调节鱼菜共生系统中的各项参数，同时根据水产养殖和水培蔬菜不同生长阶段的不同需求制定测控标准，通过对各参数的实时监测，对比系统设定标准参数与实测参数，自动调整鱼菜共生系统生产过程中的各个环境控制设备的状态，使环境达到最适宜生产的状态。系统通常可采用分散监控、分级管理、集中操作的方法，包括信息采集、信息处理、信息输出及控制三个模块。

系统综合利用智能处理技术、物联网传感技术以及智能控制技术，具有图像和数据的实时采集、无线传输，数据处理，预警预测和辅助决策等功能，可以实现现场控制和远程控制。通过远程控制启动水温调节装置，控制输氧装置在氧气不足时进行补充等，实现对鱼菜共生系统生产过程的实时控制。无线网络技术实现数据传输，将所有采集到的数据发送到中央处理系统，经过中央处理系统分析处理过的数据会被发送到控制中心，控制中心根据获取的信息进行生产控制。这样就真正实现了鱼菜共生监控系统的传感化、信息化、智能化，达到增产、提高经济效益的目的 [11]。

鱼类和水培蔬菜生长过程中的各个环境因子数据，如温度、溶氧量、pH 值等，由信息采集模块进行采集，经信息处理模块处理后，通过网络传送到控制中心，现场控制中心或者远程控制中心启动智能控制，或向现场工作人员下达命令采取人工控制措施。

在鱼菜共生系统中随意不定点布置适当的无线传感器，数据信息通过 RFID 无线传感器模块采集、转换，上传到网关；天线把 RFID 标签所含信息传输到 RFID

阅读器上，阅读器分析处理信息后将信息上传网关。

信息由网关通过 ZigBee 无线通信网络上传到 PC 机，PC 机整理信息，在数据库中与设定的指标比较，超出指标时，向现场控制中心及远程控制中心同时发出警报，实现鱼菜共生系统的实时监控。现场控制中心和远程控制中心进行智能控制，用户还可以依据监控系统做出人工决策。

鱼菜共生监控系统的软件设计以安全性、可靠性为基本原则，设计应模块化，可扩展升级。其主要用于对 PC 机监控系统和汇聚节点的软件设计。

根据鱼菜共生监控系统的需求，PC 机监控系统主要包括：数据查询模块、设备控制模块、节点管理模块、实时显示模块、用户管理模块、警报模块、数据库模块。数据查询模块可以实现历史采集数据、历史警报数据、设备分布数据等数据的查询；设备控制模块包括智能控制与人工控制两种不同方式，它们相辅相成，实现对系统内设备的控制，力求环境达到最适宜状态；节点管理模块实现节点获取数据的管理与传输、设定预警值；实时显示模块实现鱼菜共生系统的实时数据显示；用户管理模块实现用户信息的记录以及用户权限管理；警报系统在数据超过预设警报值时发出警报；等等。

第七节　智能管理系统与终端

鱼菜共生系统与智能装备主要包括温室系统与装备、循环水系统与装备、投饵系统与智能装备、设备监控系统与装备以及智能管理系统与终端。智能管理系统与终端[12-13]结构如图 14-3 所示，该系统主要用来实现水质管理、投喂管理和疾病预防，因此主要包括以下 3 个子系统：水质预警子系统、精细喂养决策子系统和疾病预警子系统。

一、水质预警子系统

鱼菜共生系统的水质预警不同于河湖及地下水的水质预警。鱼菜共生系统针对的是特定的鱼种，不同鱼种的水质指标不同，甚至同一鱼种不同生长阶段的水质指标也不相同，需根据鱼的生长需求建立相应的预警指标体系。

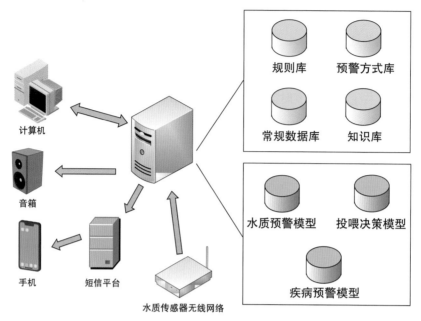

图 14-3　智能管理系统与终端

　　根据鱼菜共生系统的实际情况，水质的关键参数中，盐度、pH 值和水温在一天中随时间的变化很小而且缓慢，因而不进行预测，由预警模块根据实测值按照预警规则进行预警；溶氧量的变化相对较快，对鱼的影响也较大，故需要对溶氧量进行预测，利用预测值来进行溶氧量指标的预警。水质预警子系统如图 14-4 所示。

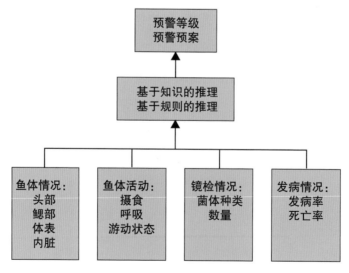

图 14-4　水质预警子系统

二、精细喂养决策子系统

精细喂养决策子系统如图 14-5 所示。精细喂养决策分为两个步骤：第一步，基于线性优化模型，在满足不同鱼种不同生长阶段的营养需求的前提下，进行价格最优的决策；第二步，根据使用的饵料及配比，结合鱼种、生长阶段、水温、鱼的尾数及体重等信息，利用基于知识的推理，为管理者提供最优投喂时间、投喂量决策信息。

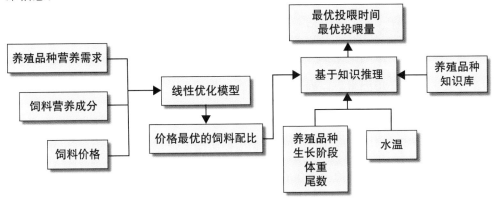

图 14-5　精细喂养决策子系统

三、疾病预警子系统

在疾病预警方面利用专家调查法，确定各种疾病各预警等级的区间，并形成预警知识规则。用户通过选择鱼体情况、鱼体活动、镜检情况、发病情况，系统经过基于知识的推理和基于规则的推理，采用"IF...THEN..."的推理过程得到预警等级和预警预案，帮助技术人员及时对出现的情况做出正确的反应。疾病预警子系统如图 14-6 所示。

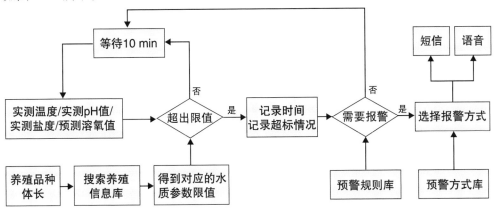

图 14-6　疾病预警子系统

本章小结

本章从鱼菜共生系统发展现状出发，确定鱼菜共生系统的基本操作环节，对其中重要部分进行详细分析。鱼菜共生系统中的水产养殖部分，对鱼的养殖环境详细分析，总结影响鱼类生长的外部环境因素，以确保在最适宜的生长环境下进行最高密度的鱼类养殖，达到最高产量。鱼菜共生水产养殖部分的环境因子有养殖水体的光照、温度、溶氧量、pH 值、投喂饵量、细菌含量、三氮含量以及鱼池加水周期等。鱼菜共生系统中的水培蔬菜部分，对水培蔬菜的种植环境详细分析，总结影响水培蔬菜生长的外部环境因素，以确保水培蔬菜在最适宜的生长环境下达到最高产量。鱼菜共生水培蔬菜部分的环境因子有种植水体的光照强度、温度、光照时间、溶氧量、pH 值、细菌含量、三氮含量以及其他植物生长所需各营养物质含量等。此外，水培植物本身的叶绿素含量和鱼类的生长状态也是值得注意的因素，有利于及早发现动植物病虫害，鱼菜共生系统中营养的供应与植物长势之间的平衡问题也值得注意。

目前，国际上涌现了众多鱼菜共生技术在都市农业中的应用案例。尽管大部分应用处于试验阶段，但还是反映了现代都市农业以技术为先导、复合立体发展的趋势。在我国，该系统的应用尝试以渔农业生产为主，包括直接在养殖塘水面放置种植浮床、建立鱼菜共生温室等，家庭版的产品也开始有研发，但多属于初级版的扁平化应用案例，少见复合立体化应用，亦未见结合城市公共空间的设计。

随着人民对可持续绿色生活方式以及创造低碳城市的日益重视，应将鱼菜共生系统这一资源自循环、自净化的生态农业技术结合立体景观设计，并进行研究推广。随着都市农业向城市内部延伸，风景园林师们应致力于简化操作和立体形态的灵活运用，充分挖掘资源并循环利用，高度重视产品的设计细节，量化分析系统的生态效益，并深入研究应用的地域差别，推动鱼菜共生系统走出专业农业种植机构，广泛应用于社区、商业和公共场所，最终成为城市景观空间体验和生态教育的一种重要途径。

参考文献

[1] 张明华, 丁永良, 杨菁, 等. 鱼菜共生技术及系统工程研究 [J]. 现代渔业信息, 2004(4):7-12.

[2] 王焕, 高文峰, 侯同玉, 等. 鱼菜共生浮排种类及制作工艺 [J]. 现代农业科技, 2016(8):183-185.

[3] 黄小林, 梁浩亮. 一种环保型池塘鱼菜共生浮排介绍 [J]. 当代水产, 2013(3): 79-80.

[4] 吴小伟, 史志中, 钟志堂, 等. 国内温室环境在线控制系统的研究进展 [J]. 农机化研究, 2013,35(4):1-7,18.

[5] 梁友, 王印庚, 倪琦, 等. 弧形筛在工厂化水产养殖系统中的应用及其净化效果 [J]. 渔业科学进展, 2011,32(3):116-120.

[6] 朱建新, 曲克明, 杜守恩, 等. 海水鱼类工厂化养殖循环水处理系统研究现状与展望 [J]. 科学养鱼, 2009(5):3-4.

[7] 张正, 王印庚, 曹磊, 等. 海水循环水养殖系统生物膜快速挂膜试验 [J]. 农业工程学报, 2012,28(15):157-162.

[8] 秦继辉, 孙建明, 班同, 等. 抽屉式生物滤器在漠斑牙鲆循环水养殖中的效果研究 [J]. 渔业现代化, 2012,39(2):6-9.

[9] 王雅敏. 鱼菜共生系统的研究及其开发: 上 [J]. 渔业机械仪器, 1991(10):2-4.

[10] 张宇雷, 倪琦, 徐皓, 等. 低压纯氧混合装置增氧性能的研究 [J]. 渔业现代化, 2008,35(3):1-5.

[11] 胡小平. 基于物联网的监控系统的应用研究 [D]. 上海: 东华大学, 2016.

[12] 于承先, 徐丽英, 邢斌, 等. 集约化水产养殖信息系统的设计与实现 [J]. 农业工程学报, 2008,24(S2):235-239.

[13] 田丽粉, 李雪光, 黄金洪, 等. 池塘鱼菜共生养殖实用技术 [J]. 海洋与渔业, 2014(4):68-69.

第十五章

无人渔场

本章主要介绍了无人渔场的内涵和系统构成，提出了适用于无人渔场的"云—网—边—端"物联网架构体系。无人渔场是一个高度集中的系统，它集现代化技术于一体，通过合理的调配实现智能化的生产，可以解决未来劳动生产中的不足，是未来渔业的发展趋势。

第一节 概述

渔业产品在各级粮食安全和营养战略中发挥着核心作用。1961—2017 年，全球食用鱼类消费年均增长率为 3.1%，几乎是同期世界人口年均增长率的两倍，也高于其他动物蛋白食品（肉类、乳制品、牛奶等）的平均消费增长率[1]。鱼类有很大潜力成为畜禽蛋白的重要替代品。出现这种情况的主要原因是鱼类中存在质量更好的廉价蛋白质，且水产养殖业不存在禽流感等流行病问题。目前，尤其在发达国家，从事渔业生产的农业劳动力逐渐进入老龄化阶段，劳动力短缺使全球水产品的正常供应难以保障。过度捕捞、落后的养殖方式、人类活动、工业污染等原因使养殖水质恶化，水生态系统遭到破坏，水产品病害频发。渔业全产业链科技创新和工程技术支撑不足，水产养殖工程化、机械化和信息化技术装备建设发展严重滞后。一些欠发达地区的养殖企业受养殖技术和环境条件限制，养殖种质退化，企业缺乏良种，水产品质量低下。此外，水产养殖生产中使用各种抗生素、激素和高残留化学药物不再是个别现象，不规范、不科学的用药使水产中的药物残留问题成为人们关注的焦点[2]。

水产养殖面临巨大挑战，但也有更大的机遇，以生态、设施、工业和智能为基础的无人渔场是水产养殖未来的发展方向[3]。无人渔场按照技术的先进程度，大致可以分为三个阶段：初级阶段，通过远程控制技术，实现渔场的大部分作业无人化，但仍需要人远程操作与控制；中级阶段，人不再需要 24 h 在监控室对装备进行远程操作，系统可以自主作业，但仍需要有人参与指令的下达与生产的决策，属于无人值守渔场；高级阶段，完全不需要人的参与，所有作业与管理都有云管控平台自主计划、自主决策，机器人、智能装备自主作业，是完全无人的自主作业渔场[4]。

目前，一些组织已经开始建设各类初具雏形的无人渔场。例如，ABB 公司在北冰洋建设了第一个新概念海上潜水养鱼场，实现饵料驳船远程控制，气象条件、洋流、溶氧量、水温、不同水层 pH 值、网箱生物量等环境数据的设备自动化采集，并通过无线通信上传至 ABB Ability。挪威的 ARTIFEX 项目试图通过无人船、无人机和遥控水下机器人的合作，在海基养鱼场开展检查、维护和维修作业 [5]。无人渔场作为水产养殖发展的高级阶段，将以数据驱动的方式，用智能机器替代人工，优化渔业资源配置，实现高效、绿色、智能养殖。

第二节　无人渔场系统构成

　　无人渔场是一种全天候、全流程、全空间的自动化生产模式，即在工人不进入养鱼场的情况下，利用数据、人工智能（AI）、5G、云计算和机器人对养殖场进行远程测控，或由机器人独立控制渔业设施、设备、机械，完成渔场生产环节中环境监测、水质管控、智能饲喂、智能收获等多种工作。无人渔场系统主要由四大系统组成，包括：基础设施系统、作业装备系统、测控系统和管控云平台系统。无人渔场四大系统相互协同，保障整个无人渔场的正常运行，实现渔场生产和管理无人化。无人渔场系统如图 15-1 所示。

　　如图 15-2 所示，无人渔场采用"云—网—边—端"架构体系，依靠数字化、智能化技术解决养殖业劳动力短缺、水体污染、风险高、效率低等问题，无人渔场是渔业生产方式的产业转型，也是未来渔业的发展方向，主要涉及池塘养殖、陆基工厂化循环水养殖、深海网箱养殖、海洋牧场四种模式。

　　池塘养殖无人渔场利用传感器实时采集水质信息，利用无人机巡查获取鱼类的水面活动情况。通过仿生鱼观察鱼类的生长状态和摄食过程，通过无人船装置施肥和喷洒化学品来调节水质，饵料由无人驾驶车辆运输，溶氧量由智能曝气系统精确控制，智能投饵器实现精准、自动投饵，通过自动拖网机和鱼分配器进行智能捕捞。各系统有序协同工作，保证池塘无人渔场的可靠运行。

　　陆基工厂化循环水养殖无人渔场主要实现自动化循环养殖。该养鱼场主要集成微滤器、生物滤池、智能投料机、养殖尾水净化利用装置，以及先进的模型和智能装备技术，构建鱼类循环立体养殖模式。在深入研究水产养殖生物学基本要求与 RAS 系统运行参数关系的基础上广泛采集生产数据，融合大数据分析技术，对循环

图 15-1 无人渔场系统

养殖模式下养殖对象的最佳养殖密度、适宜的水环境需求和高效养殖管理进行科学决策。

深海网箱养殖无人渔场利用传感器获取海水水质和洋流信息，利用机器视觉和声呐获取鱼类运动和摄食信息。饵料驳船可根据水质、鱼类生物量和摄食行为准确投放饵料，水下网由洗网机器人自主清洗，采用自动提网系统和鱼泵实现自动捕鱼工作，通过补光和应急供氧系统实现水质应急控制。养鱼场分为浮动式和固定式，

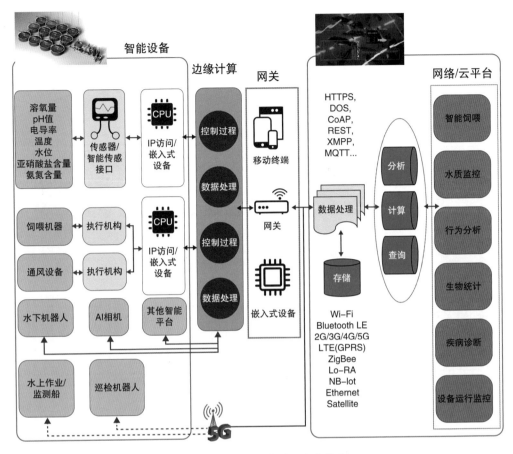

图 15-2　无人渔场物联网生态体系

并根据不同养殖对象生活的水层形成立体的养殖模式。饵料、能源和其他生产材料将由无人船从陆上仓库运送到养殖区。深海网箱可以缓解近海资源压力，有效解决陆上养殖占用空间大的问题。

　　海洋牧场通常使用高清水面摄像机和水下机器人实时采集牧场的视频信息，然后利用传输网络将视频传输至岸基信息控制中心的数据服务器，以达到生物识别、行为分析和生物量估计的目的。通过安装多普勒传感器、水下摄像机和声呐，海洋牧场可以获得洋流数据以及人工鱼礁附近动植物的分布情况。采用水质监测浮标、气象监测站、管理船、雷达等移动监测设备，实现海洋牧场的自动化全方位监测。使用卫星遥感技术可以监测洋流、气旋等渔业相关的海洋环境信息。海洋牧场的投饵方式可以选择使用无人机在空中撒饵，也可以选择使用无人船封闭水面自主投饵。

　　无人渔场系统组成与关键技术如图 15-3 所示，除了具体的渔业基础设施外，

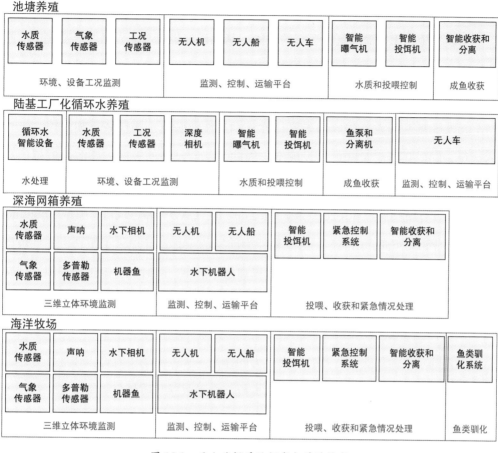

图 15-3 无人渔场系统组成与关键技术

四类智能养鱼场均包括水上和水下环境监测系统，水质和投喂控制系统，辅助监测、控制、运输任务的无人车平台以及成鱼捕捞系统。未来，智能养鱼场可以根据不同的养殖需求，灵活选择硬件平台。设备之间的合作是基于物联网和5G完成的。设备的精准控制完全依赖于智能算法的精准计算。

第三节　无人渔场规划和系统集成

无人渔场系统集成不是简单地实现功能化集成，它涉及无人渔场系统的各个部分，是保障全天候、全过程、全空间无人作业的基础。根据基础设施、作业装备、测控装备和管控云平台系统的组成和功能，无人渔场系统集成以"单元集成基础上的总体集成"为原则，在完成各个系统内部集成的基础上实现总体集成目标。

一、基础设施系统集成

基础设施是无人渔场正常运行的保障。基础设施集成受无人渔场养殖规模的制约，应首先根据预期养殖规模进行基础设施集成的方案设计，确定基础设施建设情况，然后根据选址处的地理条件和无人渔场的作业需求统筹考虑基础设施建设。

无人渔场基础设施集成的主要目标是满足作业装备、测控装备和管控云平台的运行，同时还要尽量降低建设成本。因此，基础设施的集成主要涉及模拟仿真以及布局、花费优化计算等问题。目前，许多软件应用于工程的前期设计和仿真上，例如计算机辅助设计（computer aided design，CAD）和建筑信息模型（building information modeling，BIM），这些软件为前期的工程设计提供了便利，并且可以通过模型仿真对设计进行优化，有效地提高工作效率，同时避免施工期间因设计缺陷导致返工造成的资源和成本浪费。

二、作业装备系统集成

无人渔场中的作业装备具有替换人力的作用。无人渔场中有许多作业任务，如自动投喂、自动增氧、死鱼捡拾、残饵捡拾、自动收获和质量分级等工作，需要不同的装备来完成。作业装备多且复杂是无人渔场的特点，这使得无人渔场作业装备系统集成具有赋予作业装备一定"思想"和"智慧"，使其可以自主、协同地完成渔场内的生产作业任务的功能。

无人渔场作业装备系统集成的目标是让作业装备"开口说话"，让养殖设备具有信息处理和交互的能力。物联网技术是新一代信息技术的重要组成部分，是实现物与物、人与物相连的重要技术。无人渔场作业装备系统的集成是将用于渔业生产作业的养殖设备通过物联网技术实现互联互通，在云平台的管控下进行自主和协同作业。M2M是一种数据通信技术，侧重于末端设备的互联和集控管理，通过将M2M硬件集成到无人渔场的每台作业装备中，可以实现各个作业装备数据互联。

无人渔场环境作业任务繁杂，通常需要不同的作业装备去完成相应的工作任务，且作业装备难以保证出自同一家生产厂商，因此存在作业装备之间参数差异的问题。所以，在前期设计无人渔场系统集成方案时，应在一定的标准下对作业装备进行选型，即使做不到各种参数均一致，也要尽可能降低因参数差异带来的集成难度，保证各作业装备能在基础设施支撑的范围之内正常工作。此外，无人渔场中的有些工作常常需要多种作业装备协同完成，这不仅要求每台作业装备都能接入物联网并可靠受控，还要求云平台对多台作业装备进行系统控制。另外，考虑到作业装备需要在渔场高湿的环境中自主作业，为了保证作业装备长久稳定地运行，需要对作业装备进行智能诊断以判断其是否出现故障。目前，基于神经网络、模糊数学和故障树的人工智能模型常用于设备故障诊断中。选择适用于无人渔场作业装备系统集成的模型算法有利于实时监测作业装备的工况，以便于在某一设备出现故障时及时预警并进行处置，实现作业装备系统故障的智能诊断和决策。

总之，对于作业装备的集成，首先要对作业装备的技术、参数标准做到统一，然后利用物联网技术将所有的装备接入到云平台，再通过智能算法控制作业装备运行，最后还需要加入智能诊断算法监控装备是否发生故障。这些联合在一起，才能达到作业装备集成并稳定控制的要求，实现渔场无人化作业的目标。

三、测控装备系统集成

测控装备系统是无人渔场的"感官"系统，为无人渔场运转提供关键信息支撑。测控装备系统包括数据测量系统和装备控制系统两部分，其中数据测量系统是指用于感知渔业环境的传感检测设备，装备控制系统是指接收到控制指令后对作业端快速做出响应的控制系统。测控装备系统作为无人渔场的"感官"，需要全面掌握渔场内水质环境、设备工况及水产品生长状况等。

无人渔场中测控装备集成的目标是接口统一、低功耗以及适用于渔业环境，实现渔场内各种参数的实时监测和控制。传感器是无人渔场中关键的测控装备，用来获取水质参数和设备工况信息。传感器的集成主要涉及多参数、微型化、低功耗和智能化方面。多参数传感器是利用集成电路技术和多功能传感器阵列技术，将多种参数传感测量数据集成到一个芯片上，可有效减小传感器的体积。无人渔场对传感器要求集成度高且功耗低，因此，可以考虑使用微型传感器技术结合多参数传感器集成技术，将各类传感器芯片及电路做到微型化，将各种传感器和电路集成到一个芯片上，实现多参数传感器集成和低功耗的要求。另外，考虑到渔业环境的复杂性，可在微型多参数传感器设计的基础上，应用边缘计算技术实现传感器故障的自诊断，

保障传感器数据的可靠性 [6-7]。

此外，还有基于机器视觉技术的感知技术，目前已经有许多学者研究机器视觉对水产品的行为识别以研究其生长状态。机器视觉技术通过图像增强、图像分割、图像特征提取及图像目标识别等步骤即可完成对目标对象的监测。利用机器视觉技术结合深度学习算法检测目标对象的各种行为是当前的研究热点，通过一个摄像机来获取养殖对象的特定或异常行为，即可了解其是否需要进食和养殖水质是否异常等情况，这大大提高了无人渔场的工作效率，该方法在无人渔场中将会有广泛的应用前景。

四、管控云平台系统集成

管控云平台是无人渔场的"大脑"，是大数据与云计算技术、人工智能技术与智能装备技术的集成系统。无人渔场管控云平台通过大数据技术完成各种信息、数据、知识的处理、存储和分析，通过人工智能技术完成数据智能识别、学习、推理和决策，最终完成各种作业指令的下达。此外，云平台系统还具备各种终端的可视化展示、用户管理和安全管理等功能，养殖户可以通过客户端对无人渔场进行远程控制 [8]。

无人渔场管控云平台集成的目标是解决各子系统之间存在信息孤岛的问题，将各个系统组成一个有机的整体以实现无人渔场的智能化决策与管理。目前，M2M、面向服务架构（service-oriented architecture，SOA）、企业应用集成（enterprise application integration，EAI）、云计算等技术是信息系统集成的常用工具，具有整合各分离子系统的能力，以消除信息孤岛，实现各系统间的互联互通。

M2M 技术是指机器与机器、网络与机器之间通过互相通信与控制达到协同运行与最佳适配的技术。M2M 系统包括通信网络、智能管理系统、通信模块及终端，通过管理平台，可以实现大量智能机器互联，各个子系统中的数据集中、融合、协同以实现信息的有效利用。M2M 技术是物联网中重要的数据传输手段，很多研究人员通过将 M2M 硬件嵌入农业装备中实现了终端设备与云平台的连接。因此，无人渔场中各子系统的设备和设施可以通过 M2M 硬件进行组网接入云平台。

SOA 是一种组建模型，它可以将应用程序的不同功能单元进行拆分，并通过这些功能单元之间定义良好的接口和协议联系起来，使得构件在各种各样系统中的服务可以一种统一和通用的方式进行交互。SOA 技术在农业信息系统的集成中得到了广泛应用，成功应用的案例为无人渔场云平台信息系统的集成提供了借鉴。因此，可基于 SOA 技术将无人渔场中的各个子系统整合到统一的云平台上，通过云平台调用所有的信息，统一对所有的信息进行处理，并给出正确的工作指令，保障无人渔场有效运行。

EAI 是将基于不同平台和方案建立的异构系统进行集成的技术。EAI 可以建立底层结构，这种结构贯穿所有的异构系统、应用和数据源等，能够实现系统整体及其他重要的内部系统之间无缝地共享和交换数据。因此，无人渔场中各个子系统可以通过 EAI 实现应用集成，解决数据不共享、不交换的问题。

云计算是近些年来研究比较多的一个技术，它是分布式计算的一种，指的是通过网络"云"将巨大的数据计算处理程序分解成无数个小程序，然后通过多部服务器组成的系统进行处理和分析，最后将这些小程序得到的结果返回给用户。云计算具有较高的灵活性、可扩展性和高性价比特点，它可以按需部署，即根据用户的需求快速配备计算能力及资源，在无人渔场信息化建设和发展中具有重要的作用。

无人渔场云平台系统集成就是集成各个子系统，解决它们之间的信息孤岛问题。前述的相关技术都可以用于解决信息孤岛问题，为云平台集成提供思路。云平台中还要加入人工智能算法，实现无人渔场云平台的智能运算，保障决策的准确性。此外，远程控制技术也是云平台的核心，用于保障云平台对作业装备系统中各个设备的控制。

第四节　无人渔场的技术挑战和未来

一、无人渔场的技术挑战

无人渔场采用智能数字技术解决养殖业劳动力短缺、水体污染、养殖风险高及效率低等问题，但仍有一些技术细节需要考虑。

（一）水产养殖机器人技术

随着农业技术与物联网、云计算、大数据、人工智能等先进信息技术的深度融合，农业机器人作为新一代智能农机将突破创新瓶颈，得到广泛应用。未来的养鱼场将需要大量的农业机器人。农业机器人新技术的研究包括深度学习、新材料、人机集成和触觉反馈。由于智能养鱼场工作环境复杂多变，养殖种类繁多，生长状态各异，水产养殖机器人在目标识别和定位算法优化等方面面临巨大挑战，如导航与路径规划算法优化，作业对象排序与监控算法优化。

（二）物联网技术

物联网技术在无人渔场各种生产要素的协同工作中发挥着重要作用，为了实现可持续发展，水产养殖物联网需要克服三个问题。①水质传感器易受生物元素表面附着的影响，在线测量的可靠性较差。传感器寿命短、智能低。智能养鱼场环境的复杂性和传感器的低功耗对农业物联网数据传输提出了更高的要求。②在网络传输安全技术方面与工业过程测控相比还有一定差距，如低功耗下的抗干扰技术和自动动态组网技术。网络传输的不稳定性给后端数据处理和智能数据分析带来了一定的困难。③支持农业物联网的标准滞后，养殖场传感器网络架构建设缺乏统一的指导和规范文件。物联网设备的设计者通常会定义私有数据传输协议。传感器数据融合的应用和上层应用系统的设计没有统一的标准可循，不利于产业技术的发展。

（三）水产养殖大数据技术

无人渔场水生动物的生物多样性及其生长环境的复杂性对数据采集提出了挑战。目前，许多研究都是在实验室环境中进行的。传统的用于监测自然环境条件下鱼类疾病发生和鱼类异常行为的视频图像采集精度不高，一直是水产养殖大数据准确采集的瓶颈。大数据技术与水产养殖的结合只是简单直接地应用现有的智能方法，而很少关注水产养殖的特点，导致水产养殖大数据分析的实用性滞后于市场需求。提高水产养殖业智能化程度，还需要突破智能化关键技术，增加深度学习、知识计算、群体智能、混合增强智能在水产养殖中的应用深度和广度。此外，目前对水产养殖大数据的研究只关注单个或部分生产过程，缺乏横向和纵向关联性，没有针对整个养殖业的解决方案。

（四）人工智能（AI）技术

人工智能在智能养鱼场的突破点是深度学习，与传统机器学习相比，深度学习可以更好地提取农业图像和结构化数据的特征，并与农业机械有效结合，更好地支持水产养殖智能装备的发展。研究发现，深度学习在水产养殖中的应用还存在以下不足。①深度学习需要大量的数据集进行模型训练、验证和测试，这就需要构建摄像头或传感器设备来采集数据信息。不同的环境下，水下成像系统的模糊性和不稳定性，以及传感器的高频扰动和漂移增加了深度学习算法的设计复杂度。②基于深度学习研究方向的水产养殖问题大多属于监督学习，需要对对应的样本数据进行标注。一般来说，需要更多的专业人员参与并手动标记目标类别。③虽然深度学习可以很好地学习训练数据集的特征，但不能泛化超出数据集的表达能力，这意味着深度学习算法的泛化能力需要进一步提高。

二、无人渔场的未来

无人渔场的实现需要一个过程，不能一蹴而就，要从机械替代人到部分自动化，直到实现作业和管理过程的全无人化，无论从技术层面抑或是管理层面，都需要一个循序渐进的过程。笔者认为，无人渔场的发展要经历4个阶段，即从"渔业1.0"到"渔业4.0"。

渔业1.0主要还是传统渔业，依靠人力、手工工具和经验进行养殖。渔业2.0目前用得比较多，它是设施养殖，通过装备、机械、设施来实现养殖的集约化和机器对人的部分劳动的替代。渔业3.0是在装备数字化、网联化和部分环节决策智能化的基础上形成的所谓智慧渔业。这个智慧渔业实际上是以数字化为基础，以在线化、网络化、精准化为目标，实现资源、环境、装备、养殖过程的全方位优化。渔业4.0实际上指的是无人渔场，达到装备对人的全部替代，人不参与到生产过程中，实现养殖全过程无人化。

无人渔场是水产养殖未来的发展趋势。从发展战略上来说，无人渔场的实现一定要在技术上取得重大突破，在政策上给予相关支持，在发展机制上进一步完善，这是一个基本的战略目标。因此，无人渔场的发展对推动人工智能在渔业的应用是非常重要的。基于此，我们需要在以下六个方面发力。

（一）提前布局新一代信息技术研究

准确把握无人渔业技术的切入点，加强基础研究和"卡脖子"技术研究。设立专项补贴撬动社会投资，推进物联网、大数据、人工智能、机器人等新一代信息技术在渔业领域的研究和应用示范；加大对芯片传感器，基于人工智能、大数据的生长调控模型等"卡脖子"关键技术的投入。

（二）产业拉动

龙头企业承担引领行业、率先推进、提升现代农业的责任，引领行业和区域发展。充分发挥物联网、大数据、人工智能、机器人等方面的龙头企业、明星企业的优势，全面进军渔业4.0，开展大规模试验示范。

（三）体系支撑，打造渔业4.0技术产业生态圈

无人渔场实际上是智能装备产业、现代信息技术产业、新一代信息服务业的系统集成，所以要围绕无人渔场打造产业的集成。

（四）加强产、学、研联合体

要推进产、学、研的融合，尤其是协同创新平台的搭建，协同政府、高校、科研院所、企业共同推进无人渔场的实现。

（五）人才为先

培育信息化人才，推进现代渔业。无人渔场的实现涉及物联网、大数据、5G、人工智能和机器人，其中人才的培养是最为重要的。我们要通过人才的培养来推进无人渔场的实施。

（六）提升无人渔场的经营组织和管理水平

信息技术与农机农艺深度融合是无人渔场发展的趋势。规模化和规范化养殖是无人渔场产业化生产的先决条件。标准化和绿色化的精深加工是保障水产品质量与安全的基础。品牌建设是构建无人渔场产品化营销生态圈的关键。

鉴于近海鱼类种群退化、海洋污染、农业工人平均年龄增加和水产养殖从业人员减少等现实问题，水产养殖革命势在必行。传统体验式养殖要向数字化智能化养殖发展，AI、大数据、物联网、传感器、机器视觉、机器人等现代新兴技术将逐步参与水产养殖生产全过程，直至彻底解放传统劳动力，最终实现多场景全天候生产实时监控环境、基于云平台的大数据分析和实时智能决策。

本章小结

本章主要介绍了无人渔场的内涵和系统构成，提出了适用于无人渔场的"云—网—边—端"物联网架构体系，阐述了无人渔场在池塘养殖、陆基工厂化循环水养殖、深海网箱养殖和海洋牧场四种场景下所涉及的主要关键技术，同时分析了无人渔场的技术挑战和未来的应对举措。通过对无人渔场基础设施系统、作业装备系统、测控装备系统和管控云平台四大系统的介绍，描绘了无人渔场的应用蓝图，为建设无人渔场提供参考和指导。

无人渔场是一个高度集中的系统，它集现代化技术于一体，通过合理的调配实现智能化的生产，可以解决未来劳动生产中的不足，是未来渔业的发展趋势。技术上的突破与政策的支持是发展无人渔场的有效动力。无人渔场是渔业信息化与装备智能化的集中体现，它依托于物联网、大数据、云计算、机器人、人工智能等现代技术，机器人与人工智能技术是目前发展无人渔场的主要挑战，而材料科技与智能算法是解决挑战的关键。未来，随着这些技术的发展以及社会化进程的推进，无人渔场的应用将更加具有现实意义。

参考文献

[1]FAO. The State of World Fisheries and Aquaculture 2020. Sustainability in Action [R/OL].[2022-02-25].http://www.fao.org/3/ca9229en/ca9229en.pdf.

[2]WANG C , LI Z , WANG T , et al. Intelligent fish farm-the future of aquaculture[J]. Aquaculture International, 2021,29(6):2681-2711.

[3]ANTONUCCI F ， COSTA C . Precision aquaculture: a short review on engineering innovations[J]. Aquaculture International, 2020,28(1):41-57.

[4] 李道亮 . 无人渔场引领农业智能化 [J]. 机器人产业 ,2020(4):6.

[5]FORE M, FRANK K,NORTON T, et al. Precision fish farming: A new framework to improve production in aquaculture[J]. Biosystems Engineering,2018(173):176-193.

[6] 尹军琪 . 系统集成为设备技术研发开拓思路 [J]. 现代制造 ,2022(2):2.

[7] 章来胜 , 袁童群 . 信息系统集成技术与软件开发策略 [J]. 通讯世界 ,2021,28 (6):2.

[8] 崔佳 . 云计算与边缘计算 [J]. 电子技术与软件工程 ,2020(10):159-160.